# Altium
## Designer 19 设计宝典:
## 实战操作技巧与问题解决方法

○ 李崇伟 陈宇洁 苏海慧 编著

U0347358

清华大学出版社

北京

## 内 容 简 介

本书以Altium Designer 19 为平台，通过大量的实战演示，详细讲解了超过350个问题的解决方法及软件操作技巧。Altium Designer 19 是一套完整的板级设计软件，目的是为工程师提供PCB一站式解决方案。该软件利用Windows平台的优势，具有更好的稳定性及增强的图形功能和超强的用户界面，工程设计者可以选择最优设计途径，实现更高效率的工作。

**图书在版编目（CIP）数据**

Altium Designer 19设计宝典：实战操作技巧与问题解决方法 / 李崇伟, 陈宇洁, 苏海慧编著. —北京：清华大学出版社，2019.10 （2020.9重印）

ISBN 978-7-302-53841-7

Ⅰ.①A… Ⅱ.①李… ②陈… ③苏… Ⅲ.①印刷电路—计算机辅助设计—应用软件 Ⅳ.①TN410.2

中国版本图书馆 CIP 数据核字（2019）第 209028 号

责任编辑：杨迪娜
封面设计：罗　星
责任校对：徐俊伟
责任印制：杨　艳

出版发行：清华大学出版社
　　　　　网　　址：http://www.tup.com.cn，http://www.wqbook.com
　　　　　地　　址：北京清华大学学研大厦 A 座　　　　邮　　编：100084
　　　　　社 总 机：010-62770175　　　　　　　　　　邮　　购：010-62786544
　　　　　投稿与读者服务：010-62776969，c-service@tup.tsinghua.edu.cn
　　　　　质 量 反 馈：010-62772015，zhiliang@tup.tsinghua.edu.cn
印 装 者：三河市铭诚印务有限公司
经　　销：全国新华书店
开　　本：203mm×260mm　　　印　　张：28　　　字　　数：692 千字
版　　次：2019 年 12 月第 1 版　　　印　　次：2020 年 9 月第 2 次印刷
定　　价：99.00 元

产品编号：084626-01

　　本书以Altium Designer 19 为平台，通过大量的实战演示，详细讲解了超过350个问题的解决方法及软件操作技巧。全书共六章，第1章主要讲解软件基础，内容包括软件安装、软件汉化、自定义菜单、快捷键设置及重置、光标设置等；第2章主要讲解原理图库，内容包括修改元器件引脚标识及引脚名字字体大小、捕捉栅格的设置、含子部件的元器件创建、智能粘贴的使用、库的添加和移除、利用Excel表格智能创建元器件符号、利用Symbol Wizard快速创建元器件符号等；第3章主要讲解PCB封装，内容包括参考点的设置、绘制3D模型、导入3D模型、集成库的创建、异形焊盘的创建、利用极坐标创建封装焊盘等；第4章主要讲解原理图，内容包括图纸大小的设置、网络标签的使用、总线的使用、放置差分对指示、放置手工节点、节点颜色的更改、插入图片的方法、给原理图添加网络颜色、原理图编译与查错、快速定位元器件位置、输出PDF格式原理图等；第5章主要讲解PCB，内容包括CAD文件导入、Keep-Out线的绘制、器件位置交换、显示与隐藏飞线、排列工具的使用、添加Class、选中飞线、自动优化布线的功能、过孔盖油、快速调整丝印、叠层设计、合并多个铜皮、位号图输出、阻值图输出、Gerber文件的输出等；第6章主要讲解软件高级操作技巧及应用，内容包括Mark点的放置、正片与负片的区别、二维码LOGO的添加、PCB Filter功能的使用、高亮网络类、BGA中放置禁布区等。全书内容由浅入深、通俗易懂、规范严谨，并结合作者多年高速PCB设计培训的经验，总结了项目设计过程中遇到的难点与重点，提出了快速解决问题的方法，进而提高工程师的设计效率。

　　随着工业4.0的发展，电子产品的功能越来越多、元器件尺寸越来越小，信号传输速率越来越高，相应地对工程师的技术水平和经验要求也越来越高。在板级PCB设计期间，很多工程师在面对高速率、高密度的产品时很难考虑周全，从而导致项目在后期调试时存在诸多不确定因素，严重的会导致PCB报废，这样不仅耽误项目进度，还浪费人力、物力。就算整改后重新开始，也有可能丧失产品最佳发布期，失去市场竞争力。

　　本书由一线专业高速PCB设计工程师和金牌讲师编著，包含作者多年在高速PCB设计和培训中积累的经验，通过对Altium Designer 19软件使用部分、原理图库及PCB封装库部分、原理图部分、PCB部分与软件高级操作技巧部分的详细讲解，让每一位工程师在遇到问题时能更快找到解决方法，同时熟练运用书中的技巧，也可极大地提升工作效率。

## 一、编写目的

　　基于Altium Designer 19 强大的功能和深厚的工程应用底蕴，我们力图编写一本较为全面描述

Altium Designer 19 在实际工程应用中出现的问题并加以规范解答的书籍。针对电子工程专业和行业需要，将Altium Designer 19 知识脉络作为导向，以实例作为切入点，帮助读者快速掌握Altium Designer 19工程设计中的基本技能和操作技巧。

## 二、本书特点

本书的特点是专业性强。作者们是一线专业的高速PCB设计工程师，具有丰富的项目实战经验与教材编写经验。本书也是作者们多年的设计经验总结以及教学心得体会的分享，历时多年精心准备，力求全面、细致地为读者剖析在使用Alium Designer 19过程中遇到的各种问题，并详细介绍软件操作技巧，帮助读者提升工作效率。

## 三、作者团队

本书由志博教育Altium设计组组织编写，更好更专业的知识请关注"志博PCB"微信公众号。参加编写的有李崇伟、陈宇洁、苏海慧、潘杨鑫、陈春来、陈小勇、廖光铖等，对他们在本书编写工作中付出的巨大努力表示衷心的感谢。同时，还要感谢Altium官方技术团队对本书提供的技术指导与建议，以及清华大学出版社的所有编审人员为本书的出版所付出的辛勤劳动。

作者

2019年8月

# 第1章　软件基础部分

# 第2章 原理图库部分

# 第3章 PCB封装库部分

# 第4章　原理图部分

# 第5章 PCB部分

# 第6章　高级技巧及应用

第1章

# 软件基础部分

# 1.1 安装Altium Designer 19软件时，提示Program files location is not empty.Modify the path to install this product，如何解决？

安装Altium Designer 19软件时，出现错误警告，无法单击Next按钮继续安装，如图1-1所示。

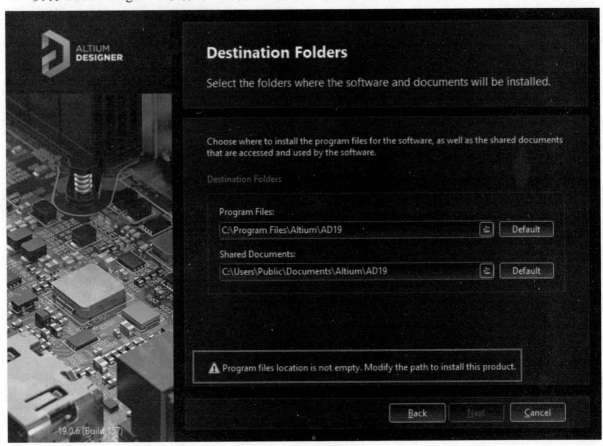

图 1-1 软件安装向导

**解决方法：**

这是由于安装软件时，安装路径下的文件夹被占用或者没有清空所致，重新选择安装路径或者将文件夹下的文件清空即可继续安装软件。

# 1.2 软件汉化的方法

打开Altium Designer 19软件，单击工作区右上角的"设置系统参数"按钮✿，打开Preferences对话框，如图1-2所示。

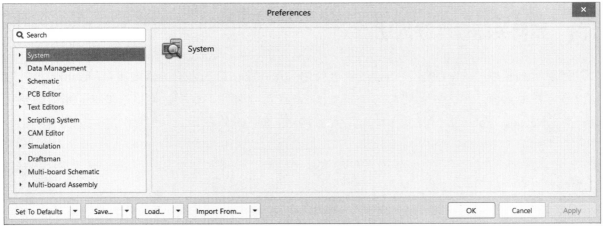

图 1-2　Preferences（优选项）对话框

展开System菜单，单击General*选项，勾选Use localized resources复选框，然后单击Apply按钮再单击Ok按钮，如图1-3所示。关闭软件后再重新打开即可完成软件的操作界面本地语言格式转换，Altium Designer 19软件语言本地化功能支持包括中文简体、中文繁体、日文、德文、法文、韩语、俄语和英文等7种操作系统语言体系。

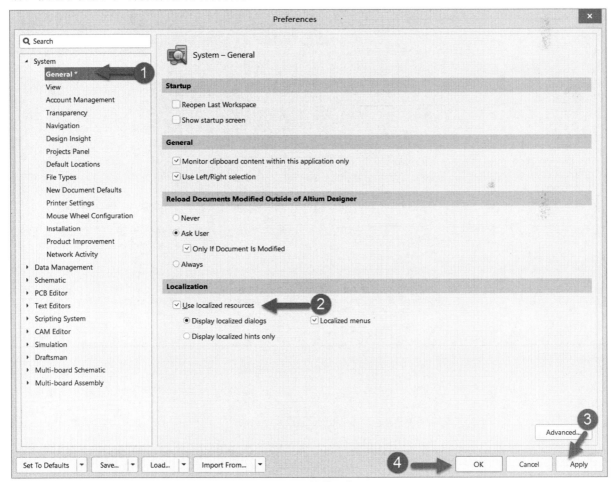

图 1-3　软件汉化

## 1.3  如何关闭软件联网功能

使用Altium Designer 19软件的设计者可以使用互联网和第三方服务器连接到Altium云,供应商以及寻找更新等。在某些情况或环境中,用户可能需要离线工作。打开优选项中的系统参数页面,单击Network Activity选项,取消勾选"允许网络活动"复选框,并单击"确定"按钮,如图1-4所示。

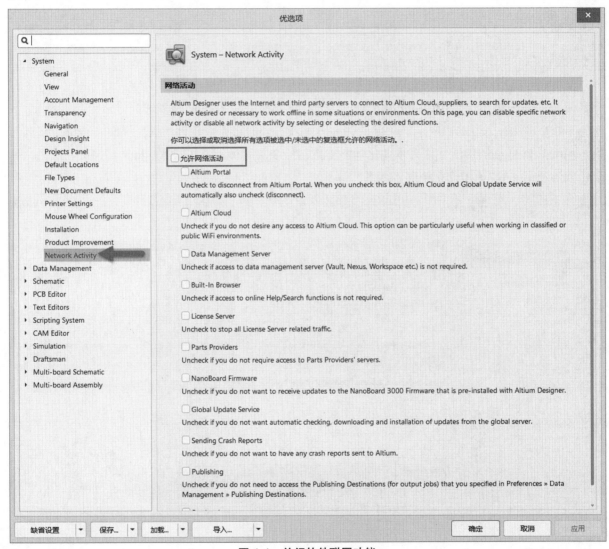

图 1-4  关闭软件联网功能

## 1.4　系统参数的导出与导入

### 1. 系统参数的导出

Altium Designer 19是一款很强大的PCB图纸绘制软件，在做PCB设计之前，需要对软件的环境做一些常规设置，为了方便下次调用设置好的系统参数，首先需要先将设置好的系统参数导出，即另存到指定的路径下，下面介绍详细的导出步骤。

（1）单击工作区右上角的"设置系统参数"按钮 ，打开"优选项"对话框。

（2）单击左下角的"保存"按钮，打开"保存优选项"对话框，选择好保存路径并输入文件名，如图1-5所示。

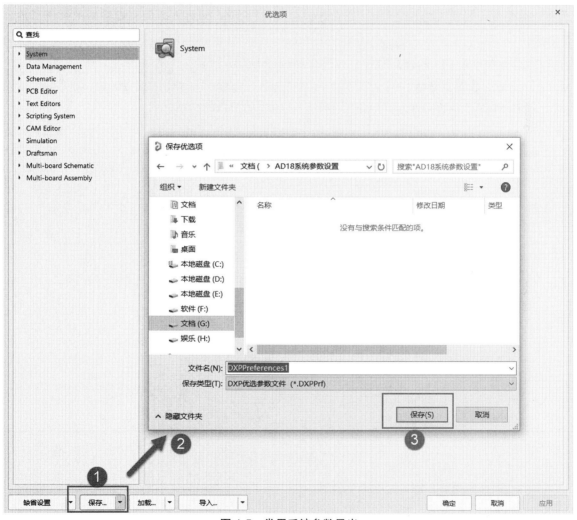

图 1-5　常用系统参数导出

（3）确定路径选择无误以后，单击"保存"按钮，等待软件将系统参数导出，导出结果如图1-6所示。

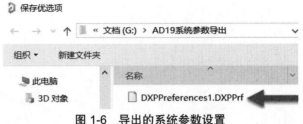

**图 1-6 导出的系统参数设置**

## 2.系统参数的导入

有时候因计算机系统故障或者Altium Designer 19软件的重装等原因，用户设置的系统参数可能会丢失，这时候可以通过导入之前导出的常用系统参数设置，即可恢复原先设置好的系统参数。导入步骤为：

（1）打开Altium Designer 19软件，按照上述同样的方法打开"优选项"对话框。

（2）单击加载"优选项"对话框左下角的"加载"按钮，在弹出的"加载优选项"对话框中选择对应的DXP优选参数文件，并单击"打开"按钮，如图1-7所示。

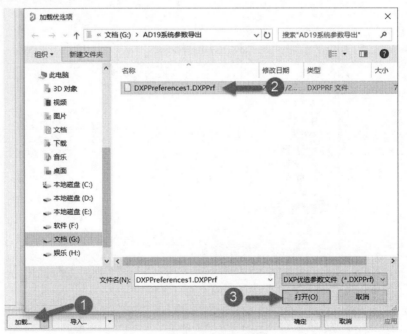

**图 1-7 常用系统参数的导入**

（3）弹出Load preferences from file对话框，单击"确定"按钮，等待软件导入完成即可，如图1-8所示。

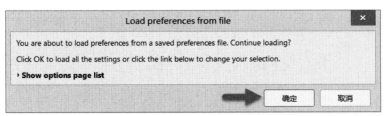

图 1-8　系统参数导入确认对话框

## 1.5　Altium Designer 19插件的安装方法

首先说明一下插件的作用，插件就是Altium公司为了扩展Altium Designer 19的功能所提供的一些小工具，最常用的例如导入与导出工具，可以导入其他PCB设计软件创建的PCB文件，或者导入低版本的DXP（如Protel 99）的PCB文件，如果没有这些插件，是无法打开这些PCB文件的。插件的安装步骤如下：

（1）进入插件安装页面，如图1-9所示为Altium Designer 19进入插件安装界面的方法。

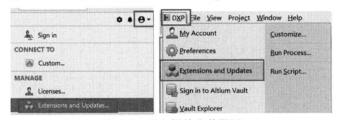

图 1-9　进入插件安装界面

（2）在弹出的插件安装界面中选择Installed选项并单击Configure按钮，如图1-10所示。

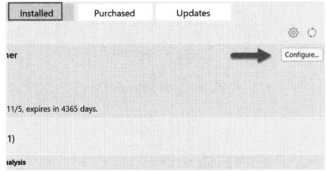

图 1-10　插件安装主页

（3）在弹出的插件选项对话框中选择需要安装的插件，其中Importers\Exporters复选框建议全部勾选上，其他复选框根据需求勾选。选择好需要安装的插件之后，单击Apply按钮，如图1-11所示。

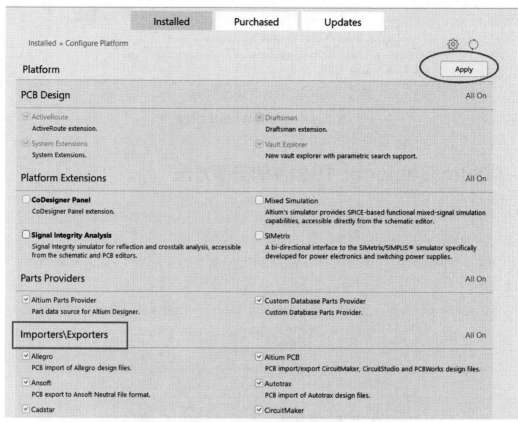

**图 1-11　选择需要安装的插件**

（4）在弹出的Confirm对话框中单击OK按钮，如图1-12所示。

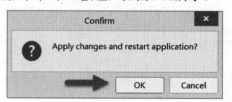

**图 1-12　执行插件安装**

（5）等待软件自动安装完插件即可。

## 1.6　恢复软件默认设置的方法

有时候使用Altium Designer 19软件的过程中，不小心把软件的一些参数设置改变了，如何恢复软件刚安装时候的设置呢？

恢复方法如下：

（1）单击工作区右上角的"设置系统参数"按钮 ⚙，打开"优选项"对话框。

（2）单击"优选项"对话框左下角的"缺省设置"按钮，单击"缺省（All）"选项，如图1-13所示。

图 1-13　缺省设置

（3）在弹出的Confirm对话框单击Yes按钮，如图1-14所示。

（4）单击OK按钮并重启软件使更改生效，即可恢复软件缺省设置，如图1-15所示。

图 1-14　确定缺省操作

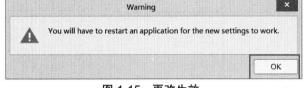

图 1-15　更改生效

## 1.7　在工作区移动面板时，如何防止面板吸附？

如图1-16所示，在工作区移动下移动面板，如何防止面板与其他面板吸附？

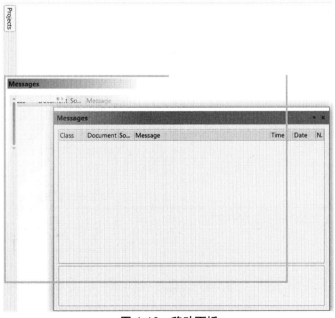

图 1-16　移动面板

方法：在移动的过程中按住Ctrl键即可防止面板吸附。

## 1.8 自定义快捷键的方法

Altium Designer 19软件提供了多种操作的快捷键，熟练使用快捷键进行PCB设计可以提高设计效率，也可以根据用户自己的设计习惯自定义快捷键。

（1）打开Altium Designer 19软件，双击菜单栏的空白位置，弹出Customizing Sch Editor自定义快捷键对话框，如图1-17所示。

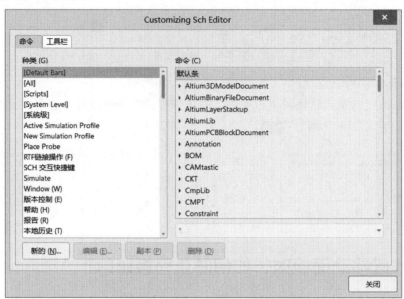

图 1-17 Customizing Sch Editor对话框

（2）在弹出的Customizing Sch Editor对话框中可以查看Altium Designer 19软件默认的所有快捷键组合。在对话框中选择想要更改的快捷键，然后单击"编辑"按钮，如图1-18所示。

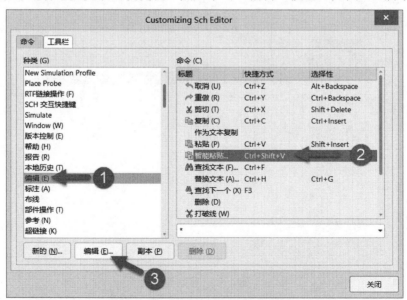

图 1-18 编辑想要更改的快捷键

（3）在弹出的Edit Command对话框中，在"快捷键"选项栏中将快捷键的默认值更改为想要的命令，单击"确定"按钮，如图1-19所示。这样快捷键就已经更改到想要的命令，在PCB设计中就可以使用了。

图 1-19　自定义快捷键

小提示：虽然用户可以根据自己习惯随意更改软件的快捷键，但也要注意不要与其他快捷键冲突。

## 1.9　自定义菜单栏命令的方法

按照上文中自定义快捷键的操作，双击菜单栏的空白位置，并找到其中一个菜单栏下的某个命令单击Edit按钮，在出现的Edit Command对话框中，在"标题"选项中将菜单栏下的某个命令的名称更改成想要的名称，单击"确定"按钮，如图1-20所示。这样菜单栏下的某个命令的名称已经更改为想要的名称，在菜单栏中就可以看到更改后的名称了。

此外，在Customizing PCB Editor对话框中，选中某个命令并按住左键直接拖动该命令，可以将其移动到其他的菜单栏下，如图1-21所示。

图 1-20　更改菜单栏下命令的名称　　　　　　图 1-21　移动菜单栏命令到其他菜单栏下

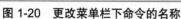

# 1.10　在菜单栏中添加命令的方法

Altium Designer 19的新版本更新以后，有些低版本的菜单栏命令没有了，例如原理图编辑界面下的"放置"菜单栏下的"手工节点"命令，以及PCB编辑界面下的"设计"菜单栏下的"板参数选项"命令等。这些命令在Altium Designer 19软件的菜单栏中默认是没有的，但是Altium Designer 19并没有取消这些功能，用户可以手动将其添加到菜单栏中。

这里以PCB编辑界面添加"板参数选项"命令为例，介绍在菜单栏中添加命令的方法。

（1）双击菜单栏的空白位置，弹出Customizing PCB Editor命令编辑对话框，在弹出的对话框中找到"设计"菜单栏，单击"新的"按钮，新建一个命令，如图1-22所示。

（2）弹出Edit Command对话框，如图1-23所示，并在其中输入相应的命令。如不清楚"板参数选项"对应的命令，可到低版本的Altium Designer 09软件中找到这一命令，单击"编辑"按钮，查看相应的命令，如图1-24所示，然后将对应的命令粘贴到Altium Designer 19的Edit Command对话框中。

（3）将对应的命令粘贴到Altium Designer 19的Edit Command对话框中，得到"板参数选项"命令如图1-25所示。

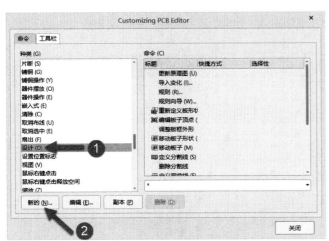

图 1-22 新建菜单栏命令

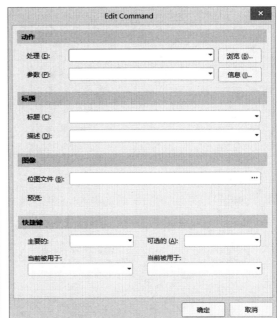

图 1-23 Edit Command对话框

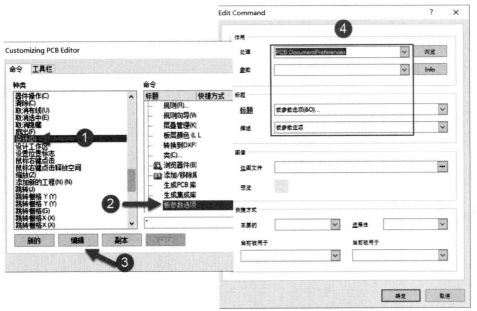

图 1-24 在低版本Altium Designer 09软件中复制命令

（4）单击"确定"按钮即完成菜单栏命令的添加。选中添加的"板参数选项"命令，按住鼠标左键拖动该命令，将其放置在任意一个菜单下，如图1-26所示。利用该方法可以添加其他菜单栏命令到相应的菜单栏中，但是需要确定该命令在相应的Altium Designer 19版本中是否有效。

图 1-25  "板参数选项"命令

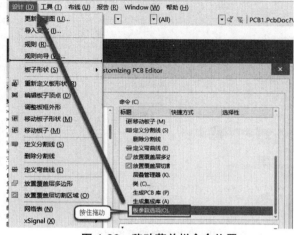

图 1-26  移动菜单栏命令位置

# 1.11  快捷键的设置与重置

用户还可以通过Ctrl+左键单击对应的命令来设置快捷键,该方法是一种简单快速设置快捷键的方法。具体实现方法为:按下Ctrl键,使用鼠标左键单击工具栏中的按钮或者菜单栏中的命令,之后进入快捷键设置对话框,如图1-27所示。

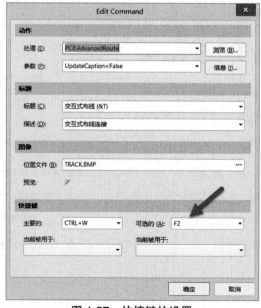

图 1-27  快捷键的设置

小提示：用户设置快捷键最好不使用键盘上的英文字母键，因为Altium Designer 19软件已经将26个英文字母键赋予了相对应的命令。设置快捷键时可以选择键盘上的功能键F2～F10及数字小键盘（注意：所设置的快捷键要避免和系统快捷键冲突）。

当发现当前设置的快捷键与其他设置键有冲突时，可以将之前设置的快捷键重置，如图1-28所示。

图 1-28　快捷键重置

## 1.12　光标的设置

Altium Designer 19系统提供了四种光标显示模式。

● Large Cursor 90：大型 90°十字形光标。

● Small Cursor 90：小型 90°十字形光标。

● Small Cursor 45：小型 45°斜线形光标。

● Tiny Cursor 45：极小型 45°斜线形光标。

光标建议选择Large Cursor 90的大光标类型，方便对齐操作，如图1-29和图1-30所示分别为原理图和PCB中光标的设置。

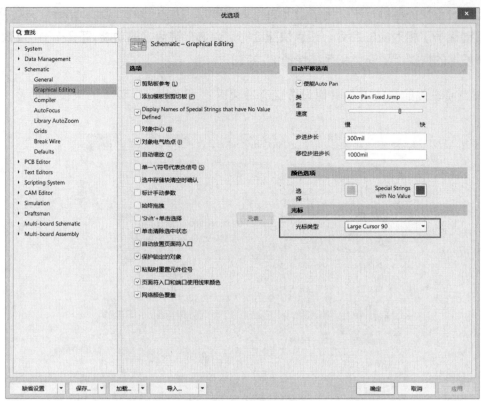

图 1-29  原理图光标设置

图 1-30  PCB光标设置

## 1.13 安装Altium Designer 19时，提示This Windows version not supported，如何解决？

安装Altium Designer 19时，计算机提示This Windows version not supported，如图1-31所示。

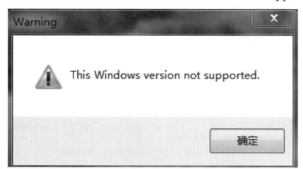

图 1-31 电脑系统不支持软件安装

**解决方法：**

这是因为计算机操作系统不支持，最新发布的Altium Designer 18和Altium Designer 19只支持Windows 7以上64位的操作系统。

## 1.14 如何避免软件启动时自动弹出Home界面？

如图1-32所示，每次打开软件时，都会打开Home界面，如何设置让软件不自动打开呢？

图 1-32 Home主页

**解决方法：**

打开"优选项"对话框，在System选项下的General选项中取消勾选"如果没有文档打开自动开启主页"复选框，如图1-33所示。

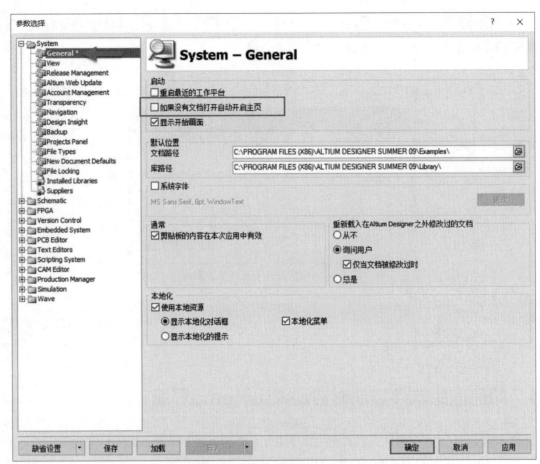

图 1-33　关闭自动打开主页

## 1.15　每次打开PCB文件总是弹出来一个.htm文件，如何设置让它不提示？

如图1-34所示，每次打开PCB文件时，总弹出一个扩展名为.htm的报告文件，如何设置让它不提示？

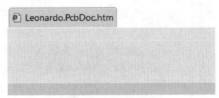

图 1-34　htm报告

**解决方法：**

单击工作区右上角的"设置系统参数"按钮，打开"优选项"对话框，在PCB Editor选项下的General*选项中勾选"禁用打开新版本/旧版本报告"复选框即可，如图1-35所示。

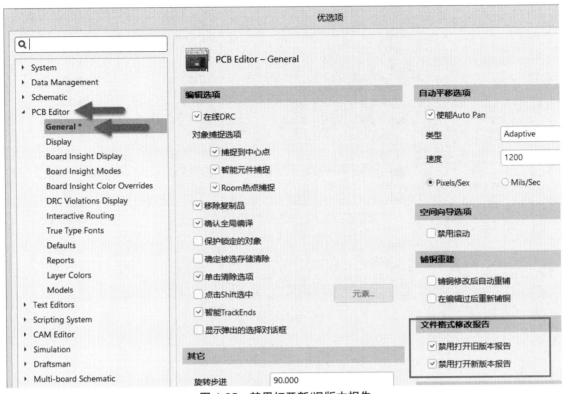

图 1-35　禁用打开新/旧版本报告

# 1.16　如何避免软件启动时自动打开项目？

如图1-36所示，每次打开软件时，系统都会自动打开上一次软件关闭前打开的项目，如何设置让软件不自动打开呢？

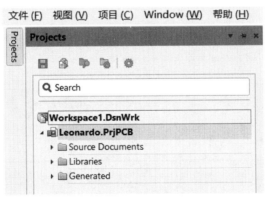

图 1-36　软件启动时自动打开项目

**解决方法：**

打开"优选项"对话框，在System选项下的General选项中取消勾选"重启最近的工作区"复选框，如图1-37所示。

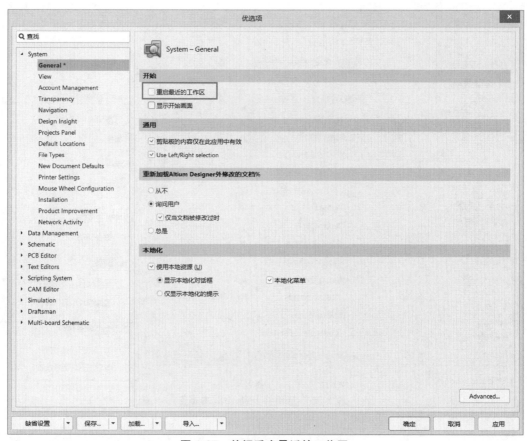

图 1-37　关闭重启最近的工作区

## 1.17　软件自动保存桌面的设置

在Altium Designer 19的编辑界面中打开了工具栏上面的一些选项，但是每次关闭软件后重新再打开，编辑界面之前打开的一些工具栏等没有显示，如图1-38所示，如何解决？

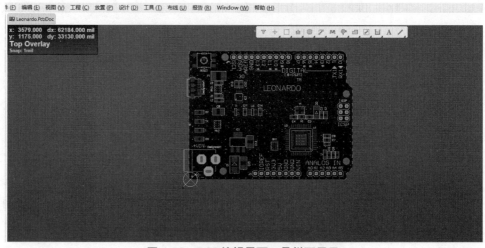

图 1-38　PCB编辑界面工具栏不显示

**解决方法：**

打开"优选项"对话框，在System选项下的View选项中勾选"自动保存桌面"复选框，如图1-39所示。此选项可在关闭时自动保存文档窗口设置的位置和大小，包括面板和工具栏的位置，以及可见性。

图 1-39　自动保存桌面设置

## 1.18　软件全屏显示与退出

按快捷键Alt+F5切换软件的全屏显示与退出。如图1-40所示，软件进入全屏显示状态。

图 1-40　软件全屏显示

# 1.19  给工程添加或移除文件的方法

### 1.给工程添加文件

在工程文件上右击，在弹出的快捷菜单中执行"添加已有文档到工程"命令，选择需要添加到工程的文件即可，如图1-41所示。

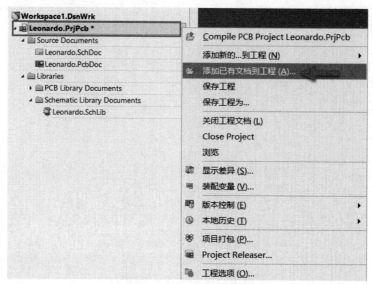

图 1-41  给工程添加文件

### 2.给工程移除文件

在工程文件下面的文件上右击，在弹出的快捷菜单中执行"从工程中移除"命令，即可从工程中移除相应的文件，如图1-42所示。

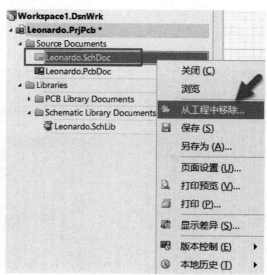

图 1-42  从工程中移除

## 1.20　如何快速查询工程文件所在的路径并对现有工程文件修改?

在工程文件上右击,在弹出的快捷菜单中执行"浏览"命令,即可浏览工程文件所在的路径,用户可以快速地找到文件的存放位置以便对现有工程文件进行修改,如图1-43所示。

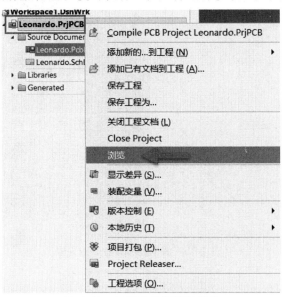

图 1-43　工程文件的路径查找

## 1.21　如何将软件的界面分屏,如将屏幕分割成左右两半,左边看原理图右边看PCB?

在需要进行分割的文件上或者旁边空白位置右击,在弹出的快捷菜单中执行"垂直分割"命令,即可完成左右分割的操作,如图1-44所示。

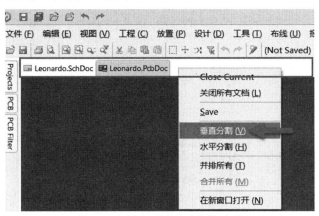

图 1-44　执行"垂直分割"命令

分割后的效果如图1-45所示,这样方便用户进行交互式布局布线。

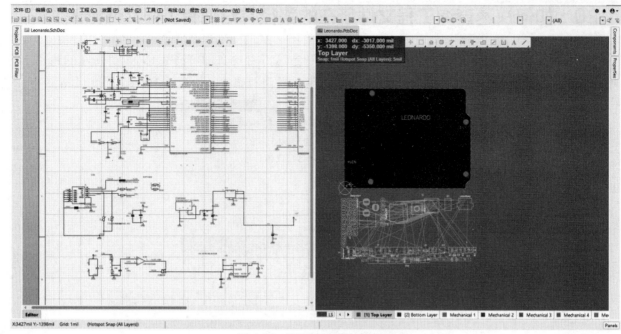

图 1-45　屏幕左右分割的效果图

# 1.22　Altium Designer 19的状态栏如何调出来？

有时候需要通过软件的状态栏来查看文件的信息以及当前正在执行的命令，这时候就需要打开状态栏。在"视图"菜单栏下将"状态栏"和"命令状态"这两个选项使能即可，如图1-46所示。

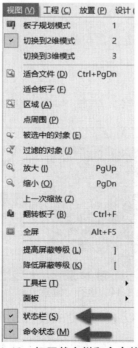

图 1-46　打开状态栏和命令状态

## 1.23 安装Altium Designer 19时出现账户登录的提示框怎么办？

如图1-47所示，软件安装的过程中出现账户登录的提示框，如何解决？

图 1-47 账户登录

**解决方法：**

如果是在线安装，则用户需要输入AltiumLive账户密码；如果是离线安装用户，则不会跳出相关界面。如果是软件安装包问题，换一个安装包即可。

## 1.24 添加美式键盘的方法

Altium Designer 19的快捷键操作都是基于英文输入法的状态下才能执行的，因此经常有用户遇到快捷键使用不了的问题，这是因为他们使用的是搜狗输入法或者其他输入法的英文状态，然而这种英文输入法的状态依旧会遇到快捷键使用不了的问题，最好的解决办法是添加一个美式键盘的输入法，在使用Altium Designer 19时切换为美式键盘。添加美式键盘的步骤如下：

（1）选择"Windows设置"→"时间和语言"→"区域和语言"→"添加语言"，如图1-48所示。

（2）单击"添加语言"按钮，选择添加一个English语言，如图1-49所示。

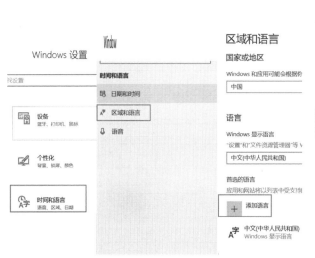

图 1-48 Windows时间和语言设置

图 1-49 选择需要添加的语言

（3）单击"下一步"按钮，继续完成语言的安装，安装好的美式键盘如图1-50所示。

（4）当使用Altium Designer 19软件时切换成美式键盘输入法即可（Windows 10系统是按Windows+空格键切换输入法），如图1-51所示。

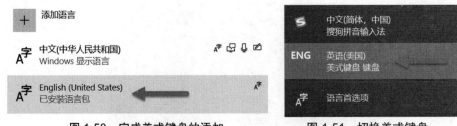

图 1-50　完成美式键盘的添加　　　　图 1-51　切换美式键盘

# 1.25　Altium Designer 19常用快捷键列表汇总

Altium Designer 19自带很多组合快捷键，下面列出常用的快捷键。表1-1为原理图编辑器与PCB编辑器通用的快捷键。

表 1-1　原理图编辑器与PCB编辑器通用的快捷键

| 快捷键 | 快捷键功能 |
| --- | --- |
| Shift | 当自动平移时，加速平移 |
| Y | 放置元器件时，上下翻转 |
| X | 放置元器件时，左右翻转 |
| Shift+↑（↓、←、→） | 在箭头方向以10个栅格为增量移动光标 |
| ↑、↓、←、→ | 在箭头方向以1个栅格为增量移动光标 |
| Esc | 退出当前命令 |
| End | 刷新屏幕 |
| Home | 以光标为中心刷新屏幕 |
| PageDown或Ctrl+鼠标滑轮 | 以光标为中心缩小画面 |
| PageUp或Ctrl+鼠标滑轮 | 以光标为中心放大画面 |
| 鼠标滑轮 | 上下移动画面 |
| Shift+鼠标滑轮 | 左右移动画面 |
| Ctrl+Z | 撤销上一次操作 |
| Ctrl+Y | 重复上一次操作 |
| Ctrl+A | 选择全部 |
| Ctrl+S | 存储当前文件 |
| Ctrl+C | 复制 |
| Ctrl+X | 剪切 |

| 快捷键 | 快捷键功能 |
| --- | --- |
| Ctrl+V | 粘贴 |
| Ctrl+R | 复制并重复粘贴选中的对象 |
| Delete | 删除 |
| V+D | 显示整个文档 |
| V+F | 显示所有选中 |
| Tab | 编辑正在放置的元器件属性 |
| Shift+C | 取消过滤 |
| Shift+F | 查找相似对象 |
| Y | Filter选单 |
| F11 | 打开或关闭Inspector面板 |
| F12 | 打开或关闭Sch Filter面板 |
| H | 打开Help菜单 |
| F1 | 打开Knowledge center菜单 |
| W | 打开Window菜单 |
| R | 打开Report菜单 |
| T | 打开Tools菜单 |
| P | 打开Place菜单 |
| D | 打开Design菜单 |
| C | 打开Project菜单 |
| Shift+F4 | 将所有打开的窗口平均平铺在工作区内 |
| Ctrl+Alt+O | 选择需要打开的文件 |
| Alt+F5 | 全屏显示工作区 |
| Ctrl+Home | 跳转到绝对坐标原点 |
| Ctrl+End | 跳转到当前坐标原点 |
| 鼠标左击 | 选择鼠标指针位置的文档 |
| 鼠标双击 | 编辑鼠标指针位置的文档 |
| 鼠标右击 | 显示相关的弹出菜单 |
| Ctrl + F4 | 关闭当前文档 |
| Ctrl + Tab | 循环切换所打开的文档 |
| Alt + F4 | 关闭设计浏览器DXP |

原理图编辑器快捷键如表1-2所列。

表 1-2  原理图编辑器快捷键

| 快捷键 | 快捷键功能 |
|---|---|
| Alt | 在水平和垂直线上限制 |
| Space | 将正在移动的物体旋转90° |
| Shift+Space | 在放置导线、总线和多边形填充时，设置放置拐角模式 |
| Backspace | 在放置导线、总线和多边形填充时，移除最后一个顶点 |
| 鼠标左键单击对象的顶点不放 | 删除选中线的顶点 |
| 鼠标左键单击对象上任意点不放 | 在选中线处添加顶点 |
| Ctrl+F | 查询 |
| T+C | 查询原理图对应PCB元器件位置 |
| T+O | 查找元器件 |
| P+P | 放置元器件 |
| P+W | 放置导线 |
| P+B | 放置总线 |
| P+U | 绘制总线分支线 |
| P+M | 放置电气节点 |
| P+Power | 放置电源和接地符号 |
| P+N | 放置网络标签 |

PCB编辑器快捷键如表1-3所列。

表 1-3  PCB编辑器快捷键

| 快捷键 | 快捷键功能 |
|---|---|
| V+C+S | 显示网络连接 |
| V+C+H | 隐藏网络连接 |
| Ctrl+Tab | 打开的各个文件之间的切换 |
| P+V | 放置过孔 |
| P+L | 画线 |
| P+S | 放置文字 |
| P+P | 放置圆盘 |
| P+V | 放置过孔 |
| P+T | 布线 |
| P+I | 差分布线 |
| P+G | 覆铜 |
| Ctrl+A | 选择所有信号 |
| Ctrl+B | 选择网络信号 |
| E+S+Y | 选择单层上的所有信号 |

| 快捷键 | 快捷键功能 |
|---|---|
| V+C+S | 显示网络连接 |
| V+C+H | 隐藏网络连接 |
| Ctrl+D | 试图配置显示和隐藏 |
| T+E | 加泪滴 |
| P+C | 放置元器件 |
| M+M | 移动元器件 |
| R+B | 查看PCB信息 |
| Ctrl+R | 一次复制，连续多次粘贴 |
| J+L | 定位到指定的坐标位置 |
| J+C | 定位到指定的元器件处 |
| R+L | 查看信号线长度 |
| D+O | 板卡选项 |
| G+G | 设置网格距离 |

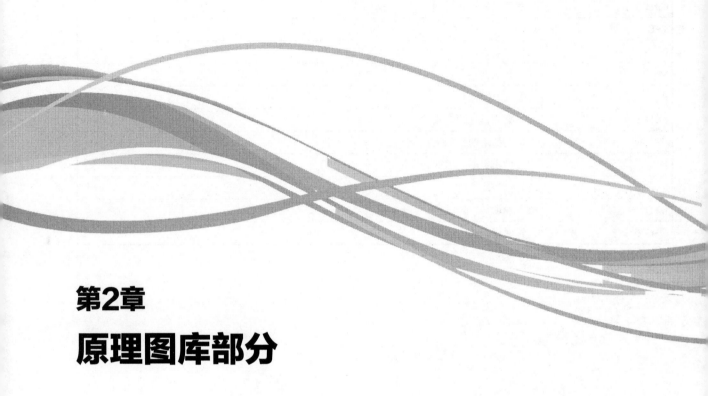

第2章

# 原理图库部分

## 2.1 如何修改元器件引脚标识的位置和字体大小?

用户在绘制原理图库的元器件符号时，如何修改引脚标识的位置和字体的大小呢？

**解决方法：**

在原理图库编辑界面双击需要设置的引脚或者在放置引脚的状态下按Tab键，在弹出的Properties面板中设置引脚的参数，具体设置方法如图2-1所示。

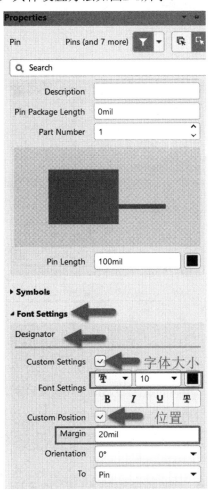

图 2-1   修改元器件符号引脚标识位置和字体大小

勾选Custom Settings复选框，并在下方的Font Settings中设置引脚标识的字体大小。

勾选Custom Position复选框，并在下方的Margin文本框中输入数值以设置引脚标识的位置。

## 2.2 如何修改元器件符号引脚名称位置和字体大小?

在原理图库编辑界面双击需要设置的引脚或者在放置引脚的状态下按Tab键，在弹出的Properties面板中设置引脚的参数，具体设置方法如图2-2所示。

**图 2-2 修改元器件符号引脚名称位置和字体大小**

勾选Custom Settings复选框，并在下方的Font Settings中设置引脚名称的字体大小。

勾选Custom Position复选框，并在下方的Margin文本框中输入数值以设置引脚名称的位置。

## 2.3 制作元器件符号时，如何修改放置的引脚的长度？

如图2-3所示，在原理图库中绘制元器件符号时，如何修改元器件引脚的长度？

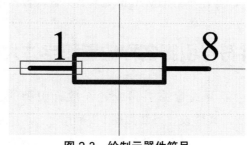

**图 2-3 绘制元器件符号**

**解决方法：**

在原理图库编辑界面双击需要设置的引脚或者在放置引脚的状态下按Tab键，在弹出的Properties面板中设置引脚的长度，具体设置方法如图2-4所示。

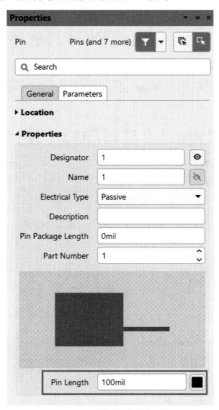

图 2-4　修改引脚长度

## 2.4　元器件符号引脚标识和引脚信息隐藏与显示

绘制元器件符号时，可以设置元器件符号引脚标识和引脚信息的显示与隐藏，设置方法如图2-5所示。

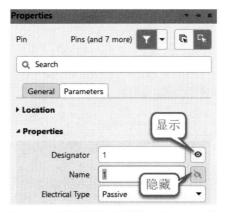

图 2-5　引脚标识和引脚信息显示与隐藏

33

## 2.5　原理图库捕捉栅格的设置

捕捉栅格（Snap）：其作用是控制光标每次移动的距离，设置大小合适的捕捉栅格可以更加方便实现捕捉和对齐。

例如：如果捕捉栅格设定值是10 mil，鼠标的光标拖动零件引脚，距离可视栅格在10 mil范围之内时，零件引脚自动地准确跳到附近可视栅格上，捕捉栅格也叫跳转栅格，捕捉栅格是看不到的。

在原理图库编辑界面按快捷键G，可在10mil/50mil/100mil之间循环切换捕捉栅格。

## 2.6　利用Symbol Wizard（符号向导）快速创建元器件符号

Altium Designer 19的原理图库元器件符号创建时可以使用其辅助工具Symbol Wizard快速地创建，特别适合集成IC等元器件的创建，如一个芯片有几十个乃至几百个引脚。

这里以ATMEGA32U4原理图元器件为例，来详细介绍使用Symbol Wizard制作元器件符号的方法。

（1）在原理图库编辑界面下，执行菜单栏中的"工具"→"新器件"命令，新建一个元器件并重新命名，这里命名为ATMEGA32U4。

（2）然后执行菜单栏中的"工具"→Symbol Wizard命令。打开Symbol Wizard向导设置对话框，如图2-6所示。在对话框中输入需要的信息，可以将这些引脚信息从元器件规格书或者别的地方复制并粘贴过来，不需要一个一个地手工填写。手工填写不仅耗时费力并且还容易出错。

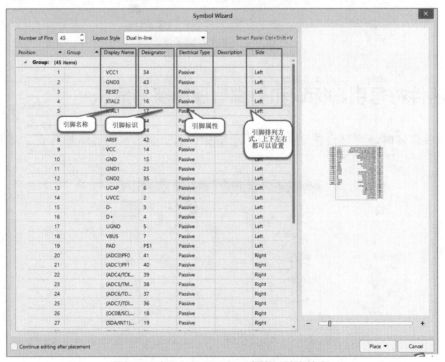

图 2-6　在Symbol Wizard中输入引脚信息

（3）引脚信息输入完成后，单击向导对话框右下角的Place按钮，执行Place Symbol命令即可将元器件符号放置在原理图库编辑界面中。这样就画好了ATMEGA32U4元器件符号，速度很快且不容易出错，效果如图2-7所示。

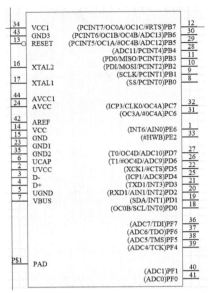

图 2-7　用Symbol Wizard制作的元器件符号

## 2.7　绘制含有子部件的元器件符号

在原理图库编辑界面中可以利用相应的库元器件管理命令，来绘制一个含有子部件的库元器件LMV358。

### 1. 绘制库元器件的第一个部件

（1）执行菜单栏中的"工具"→"新器件"命令，创建一个新的原理图库元器件，并为该元器件重新命名，如图2-8所示。

（2）执行菜单栏中的"工具"→"新部件"命令，给该元器件新建两个新的部件，如图2-9所示。

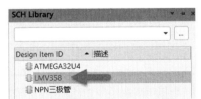

图 2-8　创建新的原理图库元器件

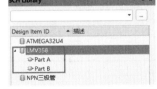

图 2-9　为库元器件创建子部件

（3）先在Part A中绘制第一个部件，单击原理图绘制工具栏中的"放置多边形"按钮 ⬠ 多边形，光标变成十字形状，在原理图编辑界面中心位置绘制一个三角形的运算放大器符号。

（4）放置引脚，单击工具栏中的"放置引脚"按钮 ，光标变成十字形状，并附有一个引脚符号。移动该引脚到多边形边框处，单击鼠标左键完成放置。使用同样的方法，放置其他引脚在运算放大器三角形符号上，并设置好每一个引脚的属性，如图2-10所示。这样就完成了第一个部件的绘制。

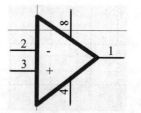

图 2-10　绘制元器件的第一个子部件

其中，1引脚为输出引脚OUT1，2、3引脚为输入引脚IN1-和IN1+，8、4引脚则为公共的电源引脚VCC和接地引脚GND。

### 2. 创建库元器件的第2个子部件

按照Part A中元器件符号的绘制，在Part B中绘制第2个子部件的元器件符号，这样就完成了含有两个子部件的元器件符号的绘制。使用同样的方法，在原理图库中可以创建含有多于两个子部件的库元器件。

## 2.8　绘制元器件符号时，放置的矩形等多边形遮盖住引脚信息的解决方法

如图2-11所示，在绘制元器件符号时，先放置引脚再放置多边形，会把引脚的名称遮盖住，如何解决？

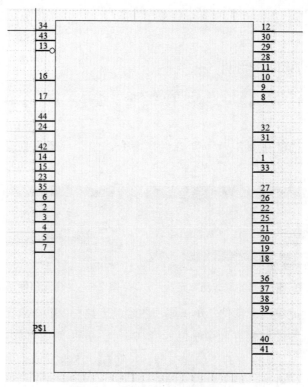

图 2-11　矩形框遮盖住引脚名称

**解决方法：**

使用鼠标左键双击已经放置的矩形框，在弹出的对话框中勾选Transparent复选框，如图2-12所示。

图 2-12 设置矩形框透明化

---

## 2.9 元器件符号绘制中阵列式粘贴的使用

原理图库编辑界面的阵列式粘贴是指将同一个对象按照指定的间距和数量粘贴到图纸上。

执行菜单栏中的"编辑"→"阵列式粘贴"命令，弹出"设置粘贴阵列"对话框，如图2-13所示。

图 2-13 "设置粘贴阵列"对话框

对象数量：用于设置所要粘贴的对象个数。

主增量：输入对象增量数值，正数是递增，负数则为递减。执行阵列式粘贴后，所粘贴出来的对象将按顺序递增或者递减。

间距：用于设置粘贴对象的水平和垂直间距。

阵列式粘贴具体操作步骤如下：

首先，在每次使用阵列式粘贴前，必须先通过复制操作将选取的对象复制到剪贴板中。然后执行阵列式粘贴命令，在"设置粘贴阵列"对话框中进行设置，即可实现元器件符号绘制中阵列式粘贴的使用。图2-14所示为放置的一组阵列式粘贴引脚。

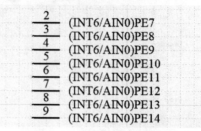

图 2-14　阵列式粘贴引脚

## 2.10　原理图库报告的使用

在原理图库编辑界面执行菜单栏中的"报告"→"库报告"命令，弹出"库报告设置"对话框，如图2-15所示。

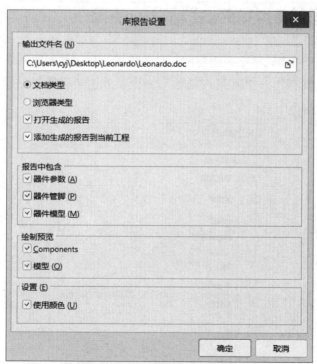

图 2-15　"库报告设置"对话框

在"库报告设置"对话框中设置报告所包含的参数，然后单击"确定"按钮，即可得到一份库报告文件，如图2-16所示。

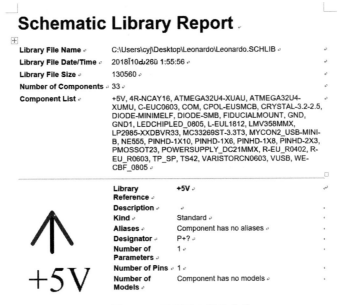

**Schematic Library Report**

| | |
|---|---|
| Library File Name | C:\Users\cyj\Desktop\Leonardo\Leonardo.SCHLIB |
| Library File Date/Time | 2018年10月26日 1:55:56 |
| Library File Size | 130560 |
| Number of Components | 33 |
| Component List | +5V, 4R-NCAY16, ATMEGA32U4-XUAU, ATMEGA32U4-XUMU, C-EUC0603, COM, CPOL-EUSMCB, CRYSTAL-3.2-2.5, DIODE-MINIMELF, DIODE-SMB, FIDUCIALMOUNT, GND, GND1, LEDCHIPLED_0805, L-EUL1812, LMV358MMX, LP2985-XXDBVR33, MC33269ST-3.3T3, MYCON2_USB-MINI-B, NE555, PINHD-1X10, PINHD-1X6, PINHD-1X8, PINHD-2X3, PMOSSOT23, POWERSUPPLY_DC21MMX, R-EU_R0402, R-EU_R0603, TP_SP, TS42, VARISTORCN0603, VUSB, WE-CBF_0805 |

| | |
|---|---|
| Library Reference | **+5V** |
| Description | |
| Kind | Standard |
| Aliases | Component has no aliases |
| Designator | P+? |
| Number of Parameters | 1 |
| Number of Pins | 1 |
| Number of Models | Component has no models |

图2-16 原理图库报告文件

## 2.11 在原理图库中修改了元器件符号信息，如何更新修改信息到原理图中？

在PCB设计过程中，有时候需要修改一些元器件的参数，如绘制原理图时发现元器件符号的引脚参数有误，这时候就需要返回原理图库中进行修改。那么修改好后如何更新修改信息到原理图中呢？

**解决方法：**

在SCH Library列表中找到所修改的元器件，在元器件名称处右击，在弹出的快捷菜单中执行"更新原理图"命令，如图2-17所示。

在弹出的提示框单击OK按钮，即可更新修改信息到原理图中，如图2-18所示。

图 2-17 执行原理图库更新到原理图指令

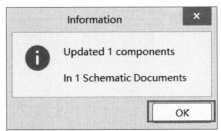

图 2-18 完成原理图库更新到原理图

## 2.12 Altium Designer 19库的添加与移除方法

Altium Designer 19中如何进行库调用呢？这就涉及库的加载了。单击原理图或者PCB编辑界面右侧边栏上的Components按钮，在弹出的任意一个库列表中右击，在弹出的快捷菜单中选择Add or Remove Libraries命令，如图2-19所示。有些版本是单击库下拉列表右边的按钮，完成添加库步骤，如图2-20所示。

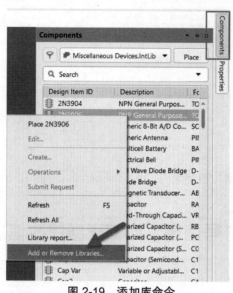

图 2-19　添加库命令

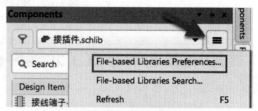

图 2-20　添加库步骤

弹出"可用库"对话框，单击"安装"按钮，执行"从文件中安装…"命令，如图2-21所示。选择库路径文件夹中的一个或者多个元器件库，单击"打开"按钮，即可完成库的加载，如图2-22所示。

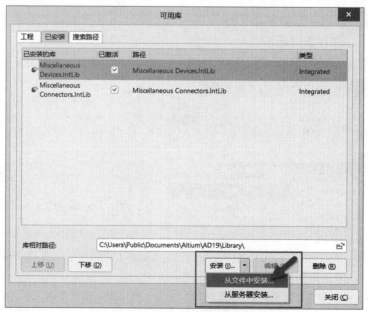

图 2-21　添加元器件库

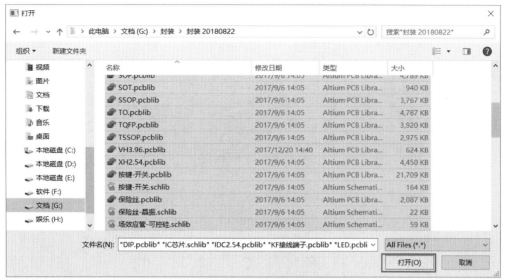

图 2-22　添加对应的库文件

成功加载后在"可用库"列表中看到添加进来的元器件库，如图2-23所示，单击"关闭"按钮
退出添加库界面。

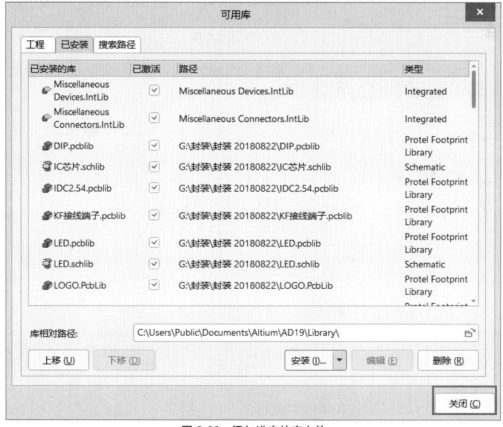

图 2-23　添加进来的库文件

如果需要从库中移除元器件库，在"可用库"对话框中选中需要移除的元器件库，然后单击右
下角的"删除"按钮即可，如图2-24所示。

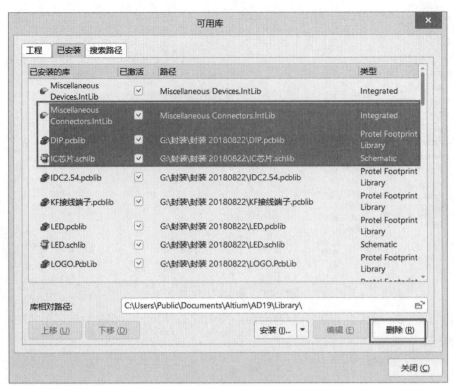

图 2-24　移除元器件库

## 2.13　如何在库中搜索元器件？

Altium Designer 19初学者经常碰到的问题是：不知道元器件放在库中的哪个位置。这时候可以在库中搜索元器件，只需在Libary中选择相应元器件库后，输入元器件全称或者部分名称即可筛选出对应的元器件，如图2-25所示。

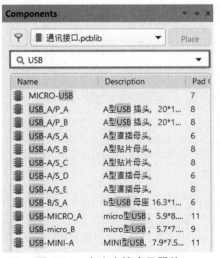

图 2-25　在库中搜索元器件

## 2.14　绘制元器件符号时，如何放置引脚信息名称的上画线，例如 RESET？

在绘制电子系统中的IC元器件原理图时，经常要在一些IC元器件上的引脚名或者网络标签的字母上方画横线，例如WR、RESET等，表示该控制引脚低电平有效，在Altium Designer 19中应如何实现？

解决方法：

（1）以绘制51单片机的引脚为例，首先双击需要编辑的引脚，弹出引脚编辑面板，如图2-26所示。

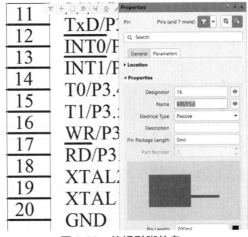

图 2-26　编辑引脚信息

（2）16引脚的标号应该是在/P3.6，只需要在Name选项中输入对应的字母，并在每个需要加上横线的字母后面加上一个符号"\"，这样就可以看见预览框中对应的字母上面加上了横线，如图2-27所示。

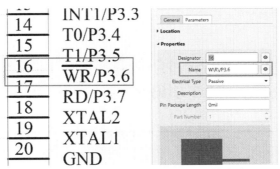

图 2-27　引脚信息名称添加上画线的方法

## 2.15　如何在原理图库中复制一个元器件或者多个元器件到另一个库？

在Altium Designer 19中从已有的原理图库中复制元器件到另外一个新的原理图库中是经常会用

到的操作，具体操作步骤如下：

（1）打开已有的原理图库，展开SCH Library面板，如图2-28所示。

（2）选中一个元器件或者多个元器件，然后右击，在弹出的快捷菜单中执行"复制"命令，如图2-29所示。

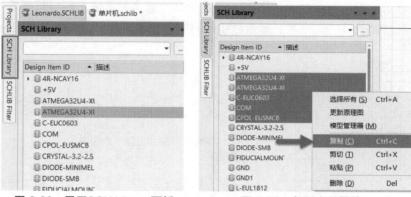

图 2-28　展开SCH Library面板　　　　图 2-29　复制库元器件

（3）打开目标原理图库，在SCH Library面板的元器件列表中右击，在弹出的快捷菜单中执行"粘贴"命令，即可完成库元器件的复制，如图2-30所示。

这样即可在新的原理图库列表中看到粘贴进来的库元器件，如图2-31所示。

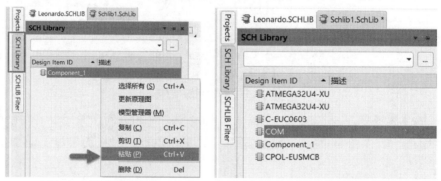

图 2-30　粘贴库元器件　　　　图 2-31　完成库元器件的复制

## 2.16　在Altium Designer 19中进行原理图绘制或者库编辑时，双击元器件会出现Integrated.dll的错误，如何解决？

打开Altium Designer 19软件，当单击元器件库时就会出现图2-32这种情况，无法进行元器件的放置，如何解决？

图 2-32　元器件库报错

**解决方法:**

这是由于库路径位置不对导致的错误。首先找到Altium Designer 19软件的库文件安装路径,需要检查库文件是否直接放到安装库的文件夹里面,如果有的话,要剪切出来,如图2-33所示。

图 2-33　库文件安装路径

可新建一个文件夹来存放用户自己的库文件,然后重新添加库路径即可解决Integrated.dll报错问题。

# 2.17　如何利用Excel表格智能创建元器件符号?

以前绘制原理图库的元器件符号时,引脚的名称只能一个一个地输入,现在可以利用Excel表格并结合Altium Designer 19的SCHLIB List快捷面板一次输入,首先把芯片的datasheet文档或者其他文档中的引脚信息复制到Excel表格中。然后利用SCHLIB List面板快速完成元器件引脚的放置,详细步骤介绍如下:

(1)利用Excel智能创建原理图符号之前,首先需要新建一个Excel表格,表格中包括的信息主要有Object kind、X1、Y1、Orientation、Name、Pin Designator等,如图2-34所示。

| | A | B | C | D | E | F |
|---|---|---|---|---|---|---|
| 1 | Object kind | X1 | Y1 | Orientation | Name | Pin Designator |
| 2 | Pin | 200 | 0 | 180 Degrees | GND | 1 |
| 3 | Pin | 200 | -100 | 180 Degrees | TRIG | 2 |
| 4 | Pin | 200 | -200 | 180 Degrees | OUT | 3 |
| 5 | Pin | 200 | -300 | 180 Degrees | RESET | 4 |
| 6 | Pin | 900 | -300 | 0 Degrees | CONT | 5 |
| 7 | Pin | 900 | -200 | 0 Degrees | THRES | 6 |
| 8 | Pin | 900 | -100 | 0 Degrees | DISCH | 7 |
| 9 | Pin | 900 | 0 | 0 Degrees | Vcc | 8 |

图 2-34　包含引脚信息的Excel表格

（2）将此表格的内容全选复制，然后在新建的原理图库编辑界面中，打开SCHLIB List面板，如图2-35所示。

（3）打开SCHLIB List面板后，注意最左上角的圆圈标记的信息，如果是View，则要更改为Edit，这时在空白区域内右击，在弹出的快捷菜单中执行"智能栅格插入"命令，把刚刚复制的Excel信息粘贴到SCHLIB List当中，如图2-36所示。

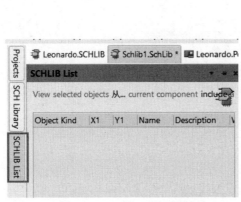

图 2-35　SCHLIB List面板

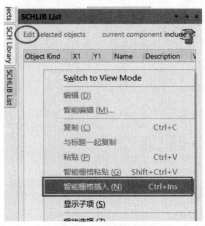

图 2-36　执行"智能栅格插入"命令

（4）执行"智能栅格插入"命令后，弹出如图2-37所示的对话框，对话框分为上下两部分，上面的信息是从Excel中复制的信息，下面的表格是将要制作原理图符号的信息，单击Automatically Determine Paste按钮，将上面的信息自动复制并粘贴到下面的表格中。

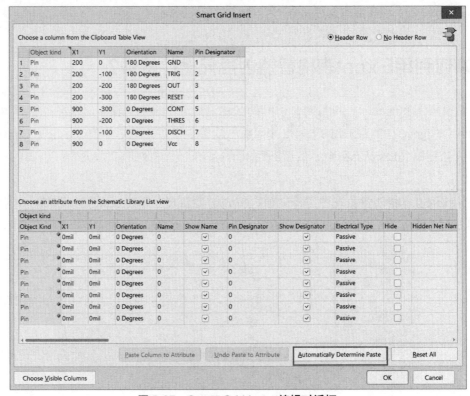

图 2-37　Smart Grid Insert编辑对话框

（5）粘贴好的引脚信息状态如图2-38所示。

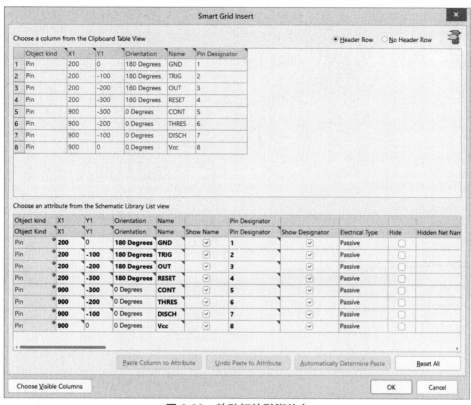

图 2-38 粘贴好的引脚信息

（6）单击OK按钮，原理图符号的引脚已经全部放置好，最后在引脚上放置一个矩形框即可，如图2-39所示。

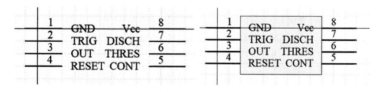

图 2-39 利用Excel表格快速创建的元器件符号

---

## 2.18 如何批量修改元器件符号的引脚长度?

如图2-40所示，在已经绘制好的元器件符号中，如何批量修改其引脚长度?

图 2-40 已经绘制好的元器件符号

**解决方法：**

（1）选中其中一个引脚，右击，在弹出的快捷菜单中执行"查找相似对象"命令，如图2-41所示。

（2）在弹出的"查找相似对象"对话框中单击"确定"按钮，如图2-42所示。

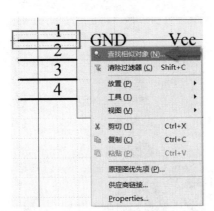

图 2-41　执行"查找相似对象"命令

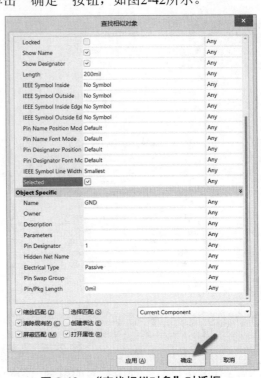

图 2-42　"查找相似对象"对话框

（3）按快捷键Ctrl+A，选中全部的引脚，然后按快捷键F11，弹出Properties面板，在Pin Length中修改引脚长度即可批量修改所有的引脚长度，如图2-43所示。

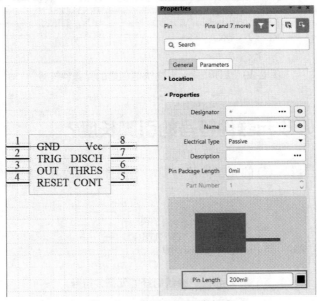

图 2-43　批量修改引脚长度

## 2.19　给元器件符号添加对应封装的方法

有了原理图库和PCB元器件库之后，接下来就是给元器件符号添加对应的封装模型了。打开SCH Library面板，选择其中一个元器件，在Editor一栏中单击Add Footprint按钮，如图2-44所示。

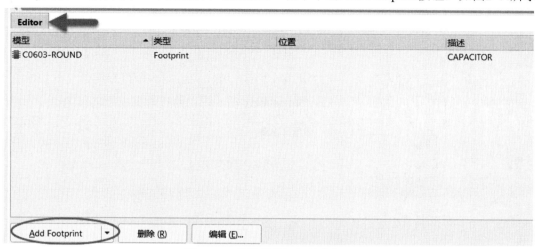

图 2-44　给元器件添加封装模型

在弹出的添加"PCB模型"对话框中，单击"浏览"按钮找到对应的封装库添加相应的封装即可完成元器件与封装的关联，如图2-45所示。

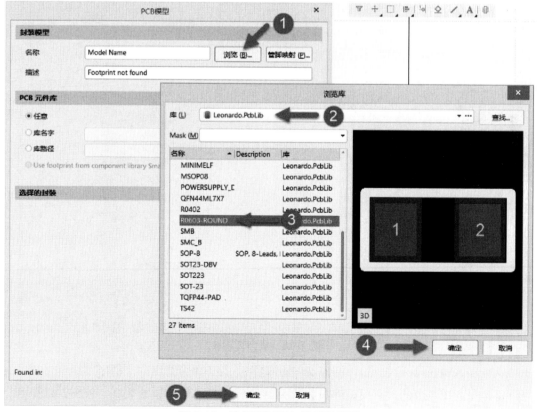

图 2-45　选择需要添加的封装模型

## 2.20　利用符号管理器给元器件符号批量添加对应封装的方法

上面是单个元器件添加封装模型的方法，下面介绍使用"符号管理器"的方法对所有元器件库符号添加封装模型的方法。

（1）执行菜单栏中的"工具"→"符号管理器"命令或者单击工具栏中的"符号管理器"按钮 ▦ 。

（2）弹出的"模型管理器"对话框如图2-46所示，可以实现元器件符号模型与封装模型统一管理。左边栏列出元器件列表，右边的Add Footprint按钮则是给元器件添加对应的封装。

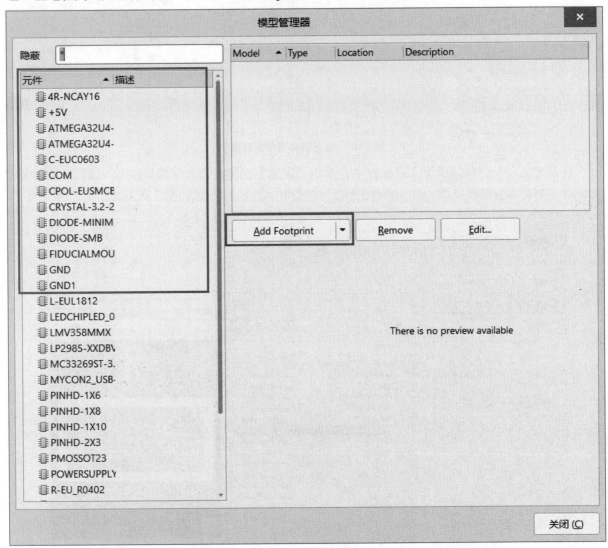

图 2-46　模型管理器

（3）单击Add Footprint按钮，选择Footprint选项，这时系统弹出"PCB模型"对话框，在该对话框中给元器件选择对应的封装模型即可完成元器件符号与封装模型的关联，如图2-47所示。

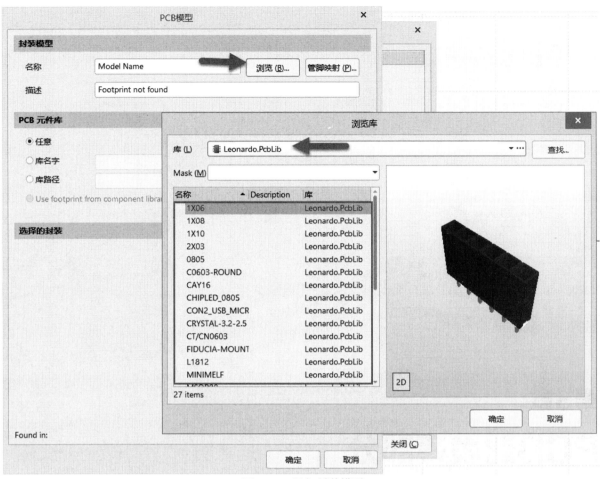

图 2-47　添加封装模型

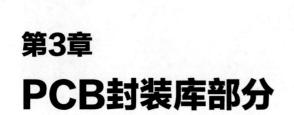

第3章

# PCB封装库部分

## 3.1　PCB封装参考点的设置

参考点即每一个PCB封装所单独设置的几何原点，当用户选中某一个元器件或者是移动这个元器件时，光标会自动跳转到这个参考点的位置，方便移动和对齐元器件。

所以，在绘制完PCB封装后一般要设置参考点，执行菜单栏中的"编辑"→"设置参考"命令，可将参考点设置在封装的1脚、中心以及任意位置，如图3-1所示。

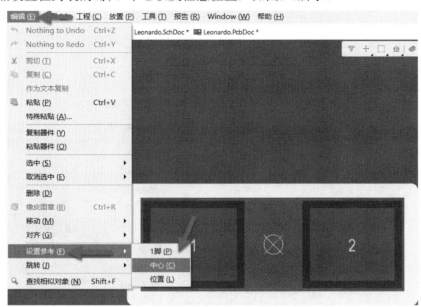

图 3-1　PCB封装参考点的设置

## 3.2　PCB封装槽型通孔焊盘的设置方法

如图3-2所示，在PCB封装绘制中，如何设置槽型的通孔焊盘？

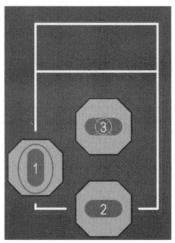

图 3-2　槽型通孔焊盘

**解决方法：**

（1）使用鼠标左键双击需要设置槽型的焊盘，弹出"焊盘属性编辑"面板，如图3-3所示。

（2）在Properties面板中，在Hole information一栏选择Slot（槽）选项，然后设置槽的参数即可，如图3-4所示。

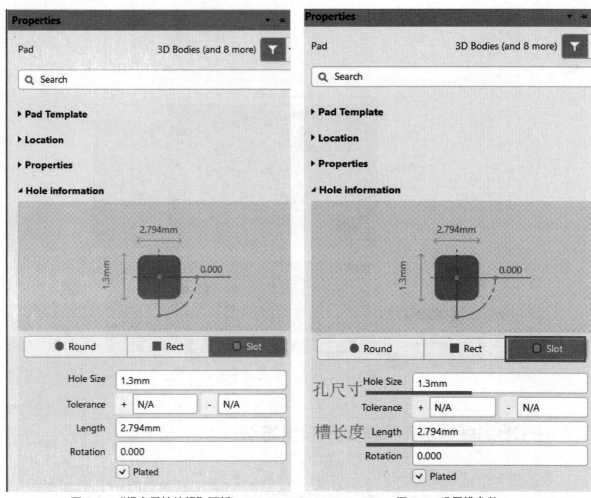

图 3-3　"焊盘属性编辑"面板　　　　　　　　图 3-4　设置槽参数

## 3.3　手工绘制3D元器件体的方法

Altium Designer 19自带的3D元器件体绘制功能，可以绘制简单的3D元器件体模型，下面以0603R为例绘制简单的0603封装的3D模型。

（1）打开封装库，在PCB Library列表中选择0603R封装，如图3-5所示。

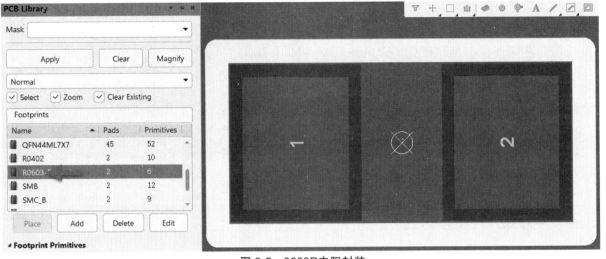

图 3-5　0603R电阻封装

（2）执行菜单栏中的"放置"→"3D元器件体"命令，软件会自动跳到Mechanical层并出现一个十字形光标，按Tab键，弹出如图3-6所示模型选择及参数设置面板。

（3）在3D Model Type下选择Extruded（挤压型），并按照如图3-7所示的0603R封装规格书输入参数，一般只需要设置3D模型高度即可。

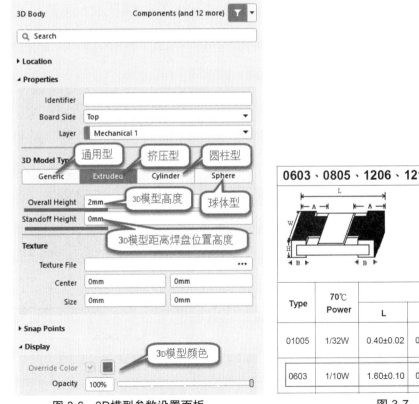

图 3-6　3D模型参数设置面板

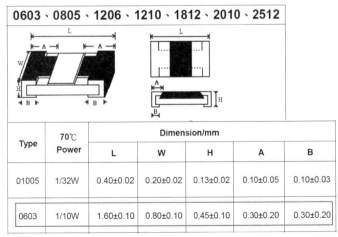

图 3-7　0603R封装尺寸

| Type | 70℃ Power | Dimension/mm | | | | |
|---|---|---|---|---|---|---|
| | | L | W | H | A | B |
| 01005 | 1/32W | 0.40±0.02 | 0.20±0.02 | 0.13±0.02 | 0.10±0.05 | 0.10±0.03 |
| 0603 | 1/10W | 1.60±0.10 | 0.80±0.10 | 0.45±0.10 | 0.30±0.20 | 0.30±0.20 |

0603、0805、1206、1210、1812、2010、2512

（4）设置好参数后，按照实际尺寸绘制3D元器件体，绘制好的网状区域即0603R的实际尺寸，如图3-8所示。

（5）按键盘左上角的数字键3，查看3D效果，如图3-9所示。

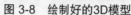

图 3-8　绘制好的3D模型

图 3-9　0603R 3D效果图

## 3.4　导入3D模型的方法

对一些复杂元器件的3D模型，可以通过导入3D元器件体的方式放置3D模型。下面对这种方法进行介绍：

（1）打开封装库，找到0603R封装，跟上面手工绘制3D模型步骤一样。

（2）执行菜单栏中的"放置"→"3D元器件体"命令，软件会跳到Mechanical层并出现一个十字形光标，按Tab键，弹出如图3-10所示模型选择面板。3D Model Type选择Generic（通用型），单击Choose按钮，在弹出的模型选择对话框中选择3D模型文件，扩展名为STEP或STP。

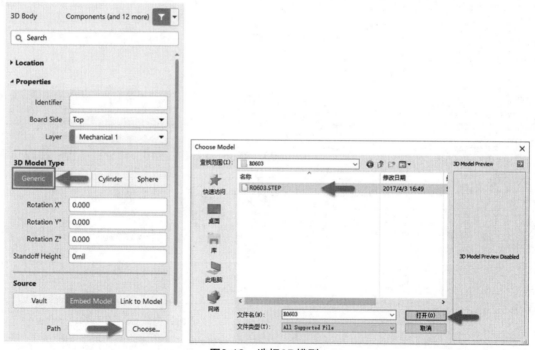

图3-10　选择3D模型

（3）打开选择的3D模型，并放到相应的焊盘位置，如图3-11所示。

切换到3D视图，查看效果，如图3-12所示。

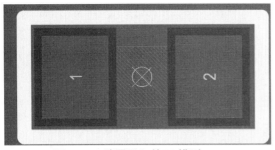

图 3-11　放置导入的3D模型

图 3-12　导入的3D模型

## 3.5　利用IPC Compliant Footprint Wizard制作封装的方法

　　PCB元器件库编辑器的工具菜单栏下拥有一个IPC Compliant Footprint Wizard命令，它可以根据元器件数据手册输入封装参数，快速准确地创建一个元器件封装，此处以一个SOP-8封装为例来详细介绍IPC Compliant Footprint Wizard制作封装的详细步骤。

　　SOP-8封装规格书如图3-13所示。

### SOP-8 Packaging Outline

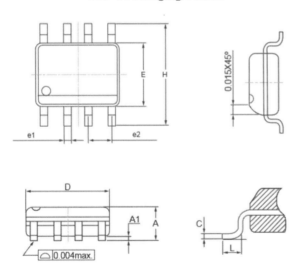

| SYMBOLS | Millimeters | | | Inches | | |
|---|---|---|---|---|---|---|
| | MIN. | Nom. | MAX. | MIN. | Nom. | MAX. |
| A | 1.35 | 1.55 | 1.75 | 0.053 | 0.061 | 0.069 |
| A1 | 0.10 | 0.17 | 0.25 | 0.004 | 0.007 | 0.010 |
| C | 0.18 | 0.22 | 0.25 | 0.007 | 0.009 | 0.010 |
| D | 4.80 | 4.90 | 5.00 | 0.189 | 0.193 | 0.197 |
| E | 3.80 | 3.90 | 4.00 | 0.150 | 0.154 | 0.158 |
| H | 5.80 | 6.00 | 6.20 | 0.229 | 0.236 | 0.244 |
| e1 | 0.35 | 0.43 | 0.56 | 0.014 | 0.017 | 0.022 |
| e2 | 1.27BSC | | | 0.05BSC | | |
| L | 0.40 | 0.65 | 1.27 | 0.016 | 0.026 | 0.050 |

图 3-13　SOP-8数据手册

（1）在PCB元器件库编辑界面执行菜单栏中的"工具"→IPC Compliant Footprint Wizard命令，弹出PCB元器件库向导，如图3-14所示。

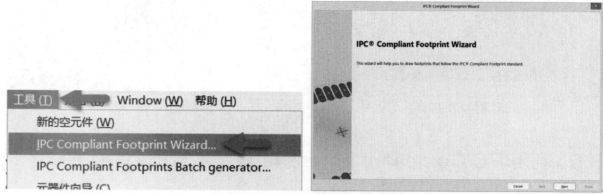

图 3-14　执行"IPC封装向导"命令

（2）单击Next按钮，根据所绘制的封装选择相对应的封装类型，这里选择SOP系列，如图3-15所示。

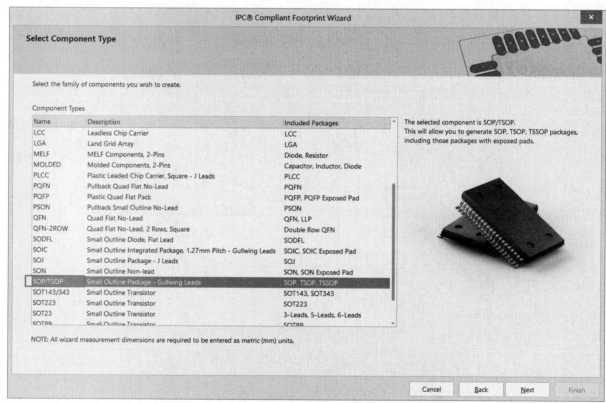

图 3-15　选择封装类型

（3）选择好封装类型之后，单击Next按钮，在Overall Dimensions（整体尺寸）栏根据图3-12所示的芯片规格书输入对应的参数，如图3-16所示。

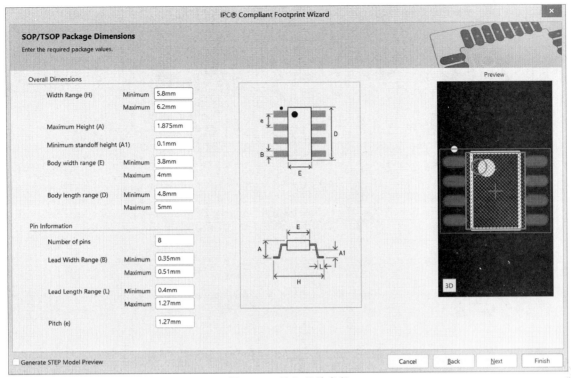

图 3-16　输入芯片参数

（4）参数输入完成后，单击Next按钮，一直单击Next按钮，中间的参数使用默认值，不用修改。到焊盘外形选择这一栏可以选择焊盘的形状，如图3-17所示。

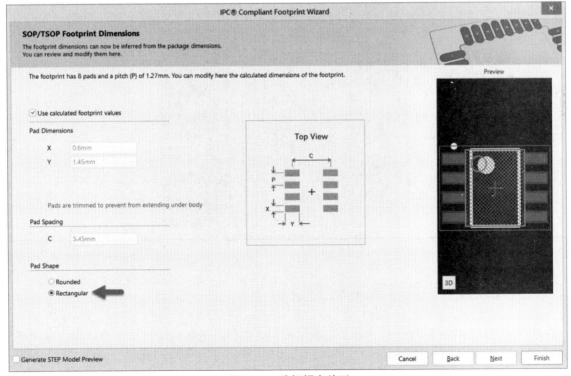

图 3-17　选择焊盘外形

（5）单击Next按钮，直到最后一步，编辑封装信息，如图3-18所示。

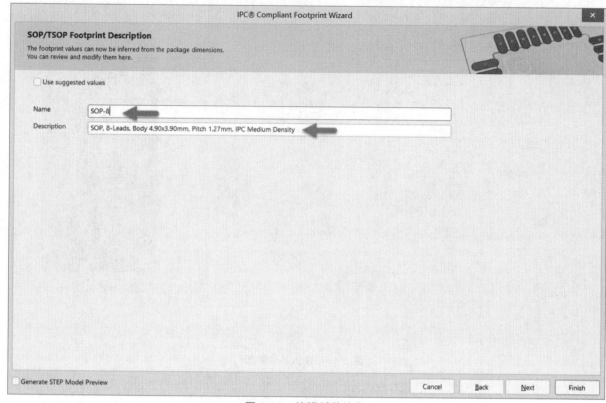

图 3-18　编辑封装信息

（6）单击Finish按钮，完成封装的制作，效果如图3-19所示。

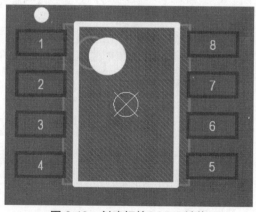

图 3-19　创建好的SOP-8封装

## 3.6　PCB封装库中特殊粘贴的使用

在绘制如图3-20所示的比较有规律的引脚封装时，可以同通过特殊粘贴的方式来快速完成引脚的放置。

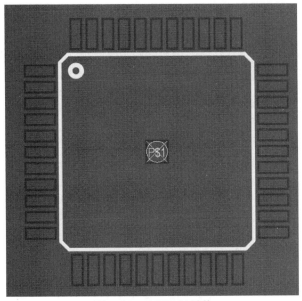

图 3-20　TQFP44封装

**解决方法：**

（1）首先放置一个焊盘，然后选中该焊盘并执行复制命令，以该焊盘中心点为复制参考点，如图3-21所示。

（2）执行菜单栏中的"编辑"→"特殊粘贴"命令，或者按快捷键E+A，在弹出的"选择性粘贴"对话框中勾选"粘贴到当前层"复选框并单击"粘贴阵列"按钮，如图3-22所示。

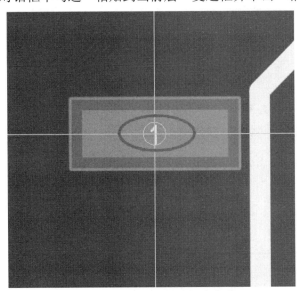

图 3-21　复制焊盘并选择参考点

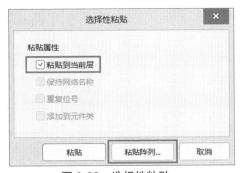

图 3-22　选择性粘贴

（3）弹出"设置粘贴阵列"对话框，按照焊盘的排列方式设置相应的参数。如这里所绘制的焊盘数量为11，所以在"对象数量"文本框中输入11，焊盘引脚标号为递增的形式，因此在"文本增量"文本框中输入1，"阵列类型"选择"线性"，"线性阵列"中设置焊盘水平排列或者垂直排列，设置好的参数如图3-23所示。

图 3-23　设置粘贴阵列参数

**小提示：在"文本增量"文本框中输入的数值正数或负数表示递增或递减，"线性阵列"下的文本框输入的正数或负数分别表示往X/Y轴的正方向或负方向。**

（4）设置好粘贴阵列参数后，单击"确定"按钮，光标变成十字形状，粘贴时单击前面复制时选择的参考点，即焊盘1的中心点，即可完成焊盘的阵列粘贴，如焊盘1有多余重复的焊盘，删掉其中一个即可，如图3-24所示。

图 3-24　特殊粘贴的使用

## 3.7 绘制PCB封装时快速定位焊盘位置的方法

用Altium Designer 19画封装库时，如果需要手工绘制封装，除了要画好封装焊盘引脚外形尺寸外，准确地定位每个焊盘的所在的位置更是关键，那么在Altium Designer 19里面如何精准确定焊盘的位置？

**解决方法：**

方法1：双击焊盘，通过X、Y坐标来移动焊盘（该方法需要将参考位置设为原点）。如图3-25所示先放置第一个焊盘，然后将第一个焊盘中心设置为原点。

图 3-25 放置焊盘并设置原点

将第二个焊盘重合放置在第一个焊盘上，双击第二个焊盘，输入坐标值即可精准定位第二个焊盘的位置，如图3-26所示。

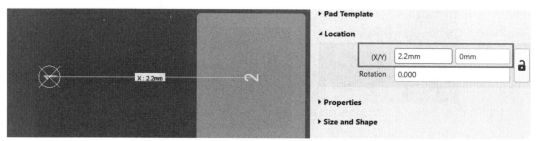

图 3-26 通过X/Y坐标定位焊盘位置

方法2：通过输入X、Y偏移量移动选中对象的方法，按键盘上的快捷键M，在弹出的菜单中执行"通过X，Y移动选中对象…"命令，如图3-27所示。

在弹出的"获得X/Y偏移量[mm]"对话框中输入相对应的值即可精准移动焊盘位置，如图3-28所示。

图 3-27 通过X、Y移动选中对象

图 3-28 通过获得X/Y偏移量移动选中对象

## 3.8 创建异形焊盘封装的方法

常规的封装都是有规律的并且是比较整齐的，那么不规则的焊盘则被称为异形焊盘，如典型的金手指等。

下面以创建如图3-29所示的异形封装为例来介绍异形封装的制作过程。

（1）先放置常规的焊盘，如图3-30所示。

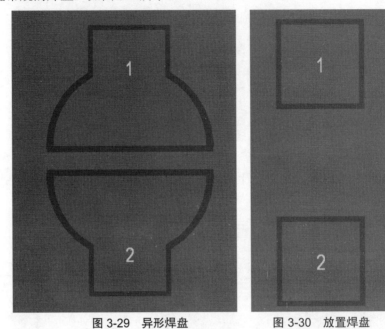

图 3-29 异形焊盘　　　　　　　图 3-30 放置焊盘

（2）根据需要的外形，用绘图工具绘制出相应的形状，如图3-31所示。

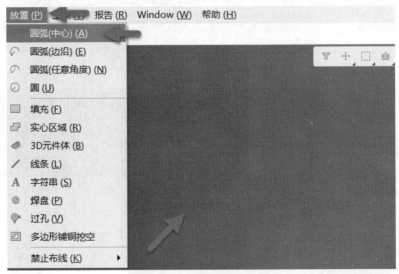

图 3-31 绘制需要的外形

（3）选中绘制的外形，利用转换工具将其转换为填充区域，得到的填充区域如图3-32所示。

（4）将该填充区域移动到焊盘相应的位置，如图3-33所示。

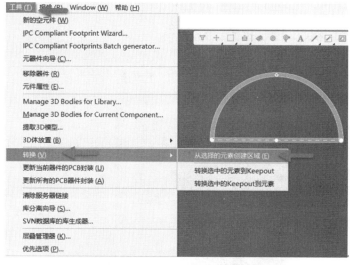

图 3-32　从选择的元素创建区域

图 3-33　在焊盘上放置填充区域

（5）放置Top Solder和Top Paste，按照规则默认值Solder层要比焊盘外扩4 mil左右，按照上述方法在Solder层放置一个比顶层的异形焊盘外扩4 mil的多边形，然后再利用转换工具将其转换成填充区域，如图3-34所示。Paste层和焊盘的大小是一样的，所以可以直接选中焊盘，按快捷键E+A，执行"粘贴到当前层"命令将顶层的焊盘粘贴到Paste层，如图3-35所示。

（6）设置好封装的原点，即可完成异形焊盘封装的绘制，如图3-36所示。

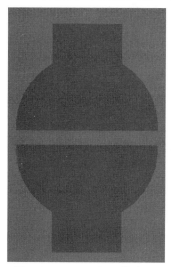

图 3-34　Top Solder的放置

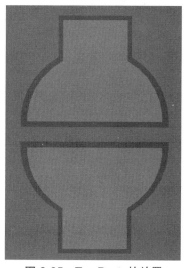

图 3-35　Top Paste的放置

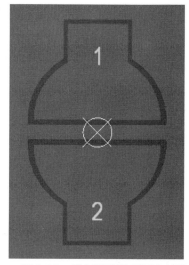

图 3-36　绘制好的异形焊盘封装

## 3.9 从现有的封装库中提取3D模型的方法

如图3-37所示，这个0805封装是有3D模型的，那么如何提取这个3D模型呢？

图 3-37 0805 3D模型

**解决方法：**

（1）在2D模式下，选中该3D元器件体，执行复制命令，如图3-38所示。

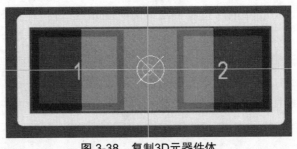

图 3-38 复制3D元器件体

（2）打开另外一个需要用到该3D元器件体的封装库，将复制的3D元器件体粘贴过去即可。

## 3.10 在封装库中修改了封装信息后更新修改信息到PCB中的方法

在PCB设计过程中，有时候会遇到需要修改一些PCB封装的参数，如绘制PCB时发现封装引脚焊盘的参数有误，这时候就需要返回PCB元器件库中进行修改。那么修改好后如何更新修改信息到PCB中呢？

**解决方法：**

在PCB Library列表中选中已经修改好的封装，右击，在弹出的快捷菜单中执行Update PCB With…命令，如需将所有封装更新到PCB中，则须执行Update PCB With All命令，如图3-39所示。

在弹出的"元器件更新选项"对话框中选择全部参数，单击"确定"按钮，即可更新修改信息到PCB中，如图3-40所示。

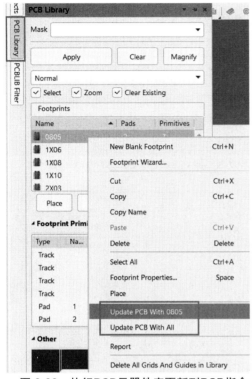

图 3-39　执行PCB元器件库更新到PCB指令

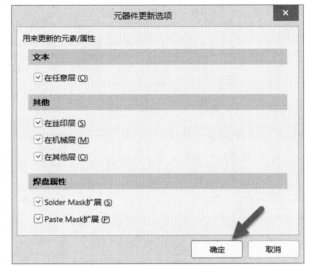

图 3-40　完成PCB元器件库更新到PCB

## 3.11　PCB封装库报告的使用

在PCB元器件库编辑界面中执行菜单栏中的"报告"→"库报告"命令，弹出"库报告设置"对话框，如图3-41所示。

图 3-41　"库报告设置"对话框

在"库报告设置"对话框中设置报告所包含的参数，然后单击"确定"按钮，即可得到一份库报告，库报告里面可以查看元器件的一些参数，如图3-42所示。

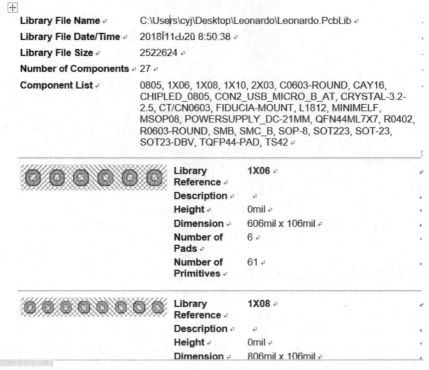

图 3-42　PCB封装库报告

## 3.12　绘制封装丝印时如何画出指定长度的线条？

在丝印层绘制线时，可以任意放置一根线条，然后通过修改Start（X/Y）和End（X/Y）的数值来得到这根线条的长度，如图3-43所示。

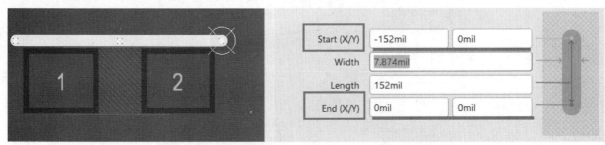

图 3-43　修改Start（X/Y）和End（X/Y）修改线条长度

小提示：Start（X/Y）和End（X/Y）的数值是以原点为参考点的，需要注意原点所在位置。

## 3.13　测量距离命令的使用

在PCB元器件库中如需测量两个对象之间的距离，可执行菜单栏中的"报告"→"测量距离"命令，或者按快捷键Ctrl+M进行距离测量，如图3-44所示。

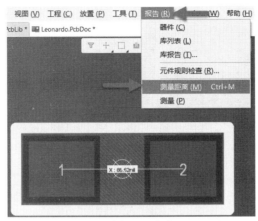

图 3-44　测量距离命令的使用

## 3.14　PCB封装库编辑器栅格的设置

单击工具栏中的"栅格"按钮 ⊞ ▼ 可打开栅格设置面板，如图3-45所示。按快捷键G+G可打开捕捉栅格设置对话框，设置合适的捕捉栅格可以很好地实现对象的移动或对齐等操作。

图 3-45　PCB封装库编辑器栅格的设置

## 3.15　如何在PCB封装库中复制一个或多个封装到另一个库？

在Altium Designer 19中从已有的封装库中复制封装模型到另外一个新的PCB元器件库中是经常会用到的操作，具体操作步骤如下：

（1）打开源PCB元器件库，打开PCB Library面板，如图3-46所示。

（2）选中需要复制的一个或多个元器件，然后右击，在弹出的快捷菜单中执行Copy命令，如图3-47所示。

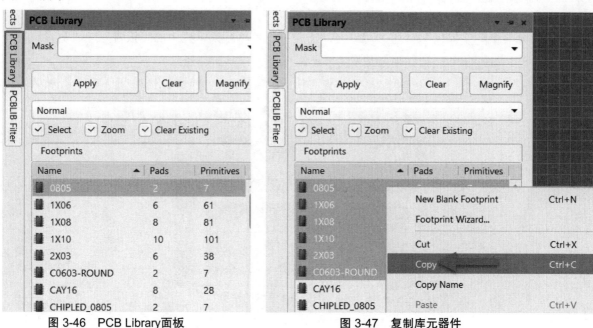

图 3-46　PCB Library面板　　　　　　　图 3-47　复制库元器件

（3）打开目标PCB元器件库，在PCB Library面板的元器件列表中右击，在弹出的快捷菜单中执行Paste 6 Components命令，即可完成库元器件的移动，如图3-48所示。

这样即可在新的PCB元器件库列表中看到粘贴进来的库元器件，如图3-49所示。

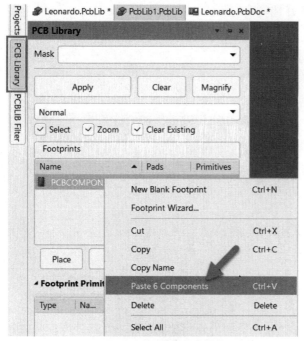
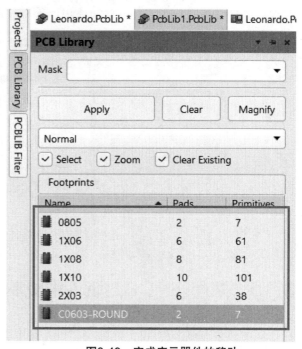

图 3-48　粘贴库元器件　　　　　　　图3-49　完成库元器件的移动

## 3.16 集成库的创建

在进行PCB设计时，经常会遇到系统库中没有自己需要的元器件，这时可以创建自己的原理图库和PCB元器件库。而如果创建一个集成库，它能将原理图库和PCB元器件库的元器件进行一一对应关联起来，更加便于使用。创建方法如下：

（1）执行菜单栏中的"文件"→"新的"→"库"→"集成库"命令，创建一个新的集成库。

（2）执行菜单栏中的"文件"→"新的"→"库"→"原理图库"命令，创建一个新的原理图库。

（3）执行菜单栏中的"文件"→"新的"→"库"→"PCB元器件库"命令，创建一个新的PCB元器件库。

保存新建的集成库文件，即将上面三个文件保存在同一路径下，如图3-50所示。

图3-50 创建集成库文件

（4）给集成库中的原理图库和PCB元器件库添加元器件和封装，此处复制制作好的原理图库和PCB元器件库，并将它们关联起来，即为原理图库元器件添加相应的PCB封装，如图3-51所示。

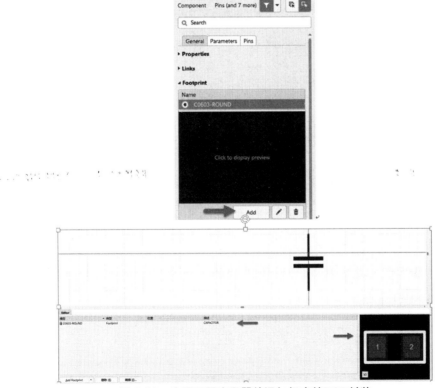

图 3-51 为原理图库元器件添加相应的PCB封装

（5）将鼠标指针移动到Integrated_Library1.LibPkg位置处，右击，在弹出的快捷菜单中执行Compile Integrated Library Integrated_Library1.LibPkg命令，即可编译集成库，如图3-52所示。

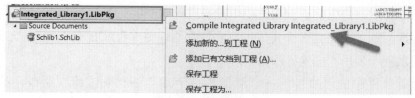

图 3-52　编译集成库

（6）执行编译集成库步骤之后，在集成库保存路径下的Project Outputs for Integrated_Library1文件夹中得到集成库文件Integrated_Library1.IntLib，如图3-53所示。

图 3-53　得到集成库文件

## 3.17　焊盘如何制作成矩形焊盘？

Altium Designer 19制作封装时，焊盘的形状是可以选择的，鼠标左键双击需要修改形状的焊盘，在弹出的焊盘属性编辑对话框中设置焊盘的外形，如图3-54所示。

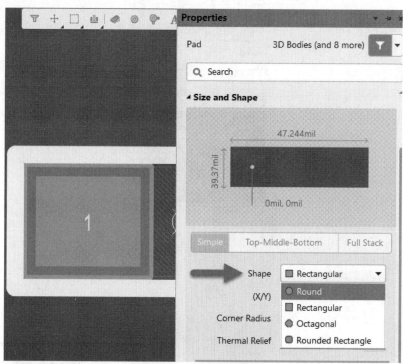

图 3-54　设置焊盘的外形

Round：圆形。

Rectangular：矩形。

Octagonal：八角形。

Rounded Rectangle：圆角矩形。

## 3.18 制作封装时如何在丝印层画曲线？

在丝印层绘制丝印框时想要画曲线可通过按快捷键"Shift+空格键"切换布线模式实现，如图3-55所示。

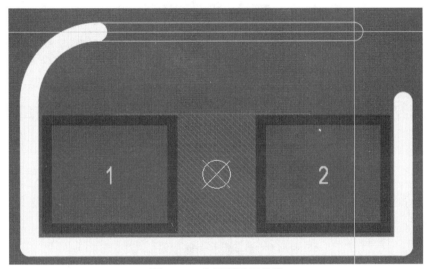

图 3-55 在丝印层画曲线

小提示：Altium Designer 19快捷键命令须在英文输入法状态下才有效，建议添加美式键盘来切换英文输入法状态。

## 3.19 制作封装时能在封装中放置禁止覆铜区域吗？

答案是可以的，实现方法如下：

（1）打开需要放置禁止覆铜区域的PCB封装，执行菜单栏中的"放置"→"多边形覆铜挖空"命令，如图3-56所示。

（2）放置多边形覆铜挖空区域在需要的位置即可，这样在PCB中进行覆铜操作时，铜皮就不会铺到元器件中间，如图3-57所示。

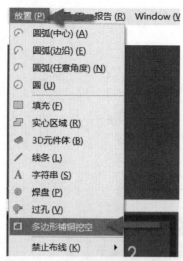
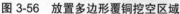
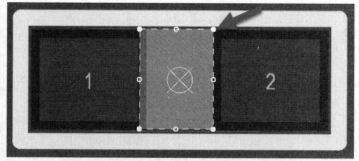

图 3-56　放置多边形覆铜挖空区域　　　　　图 3-57　在封装中放置多边形覆铜挖空区域

## 3.20　制作封装时，通孔焊盘顶层做成方形的、底层做成圆形，如何实现？

**解决方法：**

双击已经放置的焊盘，或者在焊盘放置的过程中按Tab键，打开焊盘属性编辑对话框，在Size and Shape面板中修改Top Layer和Bottom Layer的焊盘外形即可，如图3-58所示。

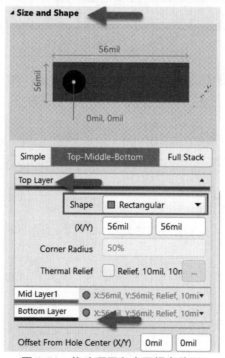

图 3-58　修改顶层和底层焊盘外形

# 3.21　如何在Altium Designer 19中制作极坐标焊盘元器件封装?

有些元器件的焊盘是按照极坐标的形式圆形排列的,放置焊盘时如果计算每个焊盘坐标依次放置这样操作太烦琐了。在Altium Designer 19的封装库编辑器中实现圆形排列的焊盘放置常用的有两种方法:一种是使用阵列粘贴,另外一种是使用极坐标栅格。

### 1.阵列粘贴实现圆形排列焊盘的放置方法

(1)进入PCB封装库编辑界面,新建一个元器件,然后放置一个矩形焊盘(焊盘的形状根据实际情况设定)。选中该焊盘然后按快捷键Ctrl+X,以焊盘的中心为剪切的参考点剪切该焊盘,如图3-59所示。

(2)然后,执行菜单栏中的"编辑"→"特殊粘贴"命令,或者按快捷键E+A,弹出"选择性粘贴"对话框,如图3-60所示。

图 3-59　剪切焊盘

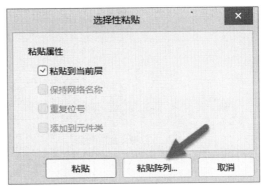

图 3-60　"选择性粘贴"对话框

(3)单击"粘贴阵列"按钮,弹出"设置粘贴阵列"对话框,如图3-61所示。选择"圆形"阵列类型,"对象数量"和"间距(度)"的乘积必须为360度,焊盘才能均匀分布。例如此处粘贴的对象数量为20个,那么间距(度)则需设置为18度。单击"确定"按钮完成设置。

(4)完成阵列粘贴设置后,这时光标变成十字形状,接下来需要用鼠标左键在封装库编辑区域选择两个点,第一个是圆形阵列粘贴的中心点,第二个是圆形阵列粘贴的半径,使用鼠标左键单击两次后,完成圆形阵列的粘贴,即可实现圆形排列焊盘的放置,如图3-62所示。

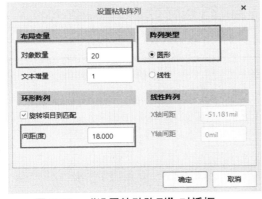

图 3-61　"设置粘贴阵列"对话框

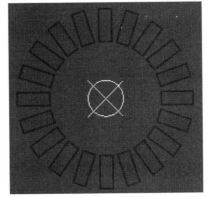

图 3-62　用阵列粘贴实现焊盘圆形放置

### 2. 极坐标栅格实现焊盘圆形放置的方法

（1）如果是Altium Designer 18以上版本，需在Properties面板中找到Grid Manager（栅格引理器），单击Add按钮，执行Add Polar Grid（添加极坐标网格）命令，如图3-63所示。

如果是Altium Designer 18以下版本（须支持极坐标功能），执行菜单栏中的"设计"→"板参数选项"命令，或者按快捷键D+O，打开"板级选项[mil]"对话框，如图3-64所示。

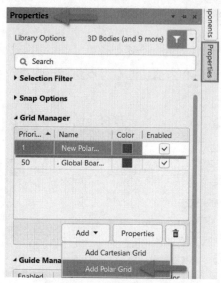

图 3-63　添加极坐标栅格

图 3-64　"板级选项[mil]"对话框

单击对话框左下角的"栅格"按钮，弹出"网格管理器"对话框，单击对话框左下角的"菜单"按钮或在对话框空白位置右击，在弹出的快捷菜单中执行"添加极坐标网格"命令，如图3-65所示。

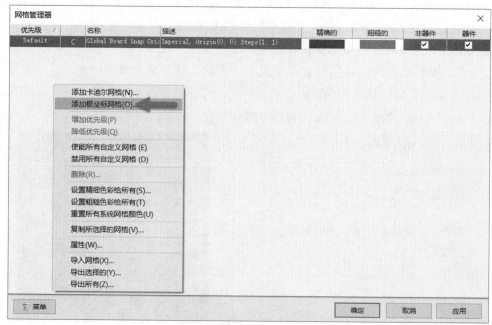

图 3-65　添加极坐标栅格

（2）执行"添加极坐标网格"命令之后，栅格管理器中会出现一个New Polar Grid新的栅格，如图3-66所示。

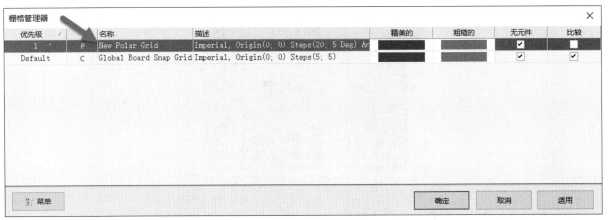

图 3-66　New Polar Grid

（3）使用鼠标左键双击新增的New Polar Grid，进入极坐标设置对话框，详细设置及说明如图3-67所示。

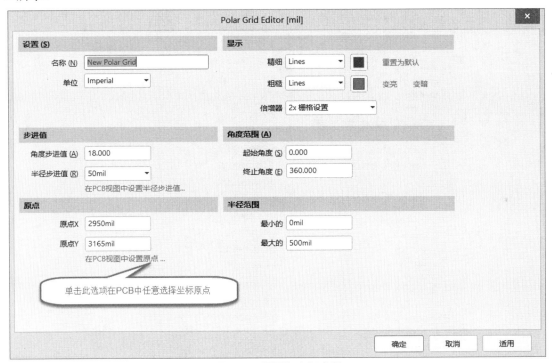

图3-67　设置极坐标参数

这里需要说明的是："角度步进值"与需要放置的对象数量的乘积必须能被"终止角度"整除，否则最终得到的极坐标会出现"不均等分"的现象。那么，就需要根据放置数量来确定角度步进值，如这里放置20个焊盘，那么360/20=18，所以"角度步进值"需设置为18。

（4）完成设置后，单击"确定"按钮或者按Enter键得到极坐标栅格，并在极坐标上放置焊盘，实现焊盘的圆形排列，效果如图3-68所示。

图 3-68  利用极坐标栅格实现焊盘圆形排列

**小提示**：如放置的焊盘为矩形焊盘，在极坐标上放置过程中不好确定焊盘的旋转角度时，可在优选项中将"旋转步进"设置为极坐标的"角度步进值"一致，即可准确地调整焊盘位置，如图3-69所示。

图 3-69  修改旋转步进值

第4章

# 原理图部分

## 4.1 放置元器件时元器件的移动距离很大不好控制，如何解决？

这是由于捕捉栅格设置过大所致，可以按快捷键G在10、50、100mil之间切换单位，或者单击工具栏中的"栅格"按钮 ▦ ▾，进行栅格的设置，如图4-1所示。

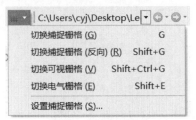

图 4-1　栅格设置

## 4.2 原理图编辑界面左、右两边的面板被关闭了，如何恢复？

如图4-2所示，原理图编辑界面左、右两边如Project、Components等面板被关闭了，如何打开呢？

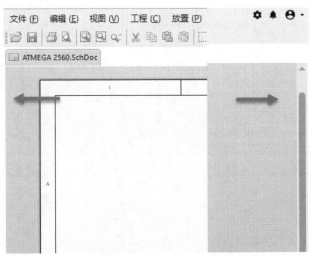

图 4-2　原理图编辑界面的面板被关闭

**解决方法：**

单击原理图编辑界面右下角的Panels按钮，将对应的选项打开即可，如图4-3所示。

如果是低版本的Altium Designer 19软件，同样也是单击原理图编辑界面右下角的按钮打开对应的选项即可，如图4-4所示。

图 4-3　打开壁挂式工具栏选项

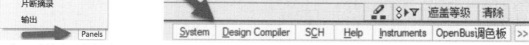

图 4-4　打开壁挂式工具栏选项

## 4.3　绘制原理图时导线交叉处不产生节点的连线方式

Altium Designer 19原理图绘制导线时，如果两根导线有交叉而又不想让交叉处产生节点，如何操作？

**解决方法：**

连线的过程中遇到不想产生节点的交叉处可直接将导线拉到另外一根导线外，不在导线上单击鼠标左键则不会自动产生节点，如图4-5所示。

图 4-5　导线交叉处不产生节点的连线方式

## 4.4　原理图图纸大小的设置

Altium Designer 19在绘制原理图时，经常需要修改原理图的大小，那该如何修改呢？

**解决方法：**

在原理图图纸框外任意空白位置双击鼠标左键，在弹出的对话框中可以修改原理图图纸的大小，如图4-6所示。

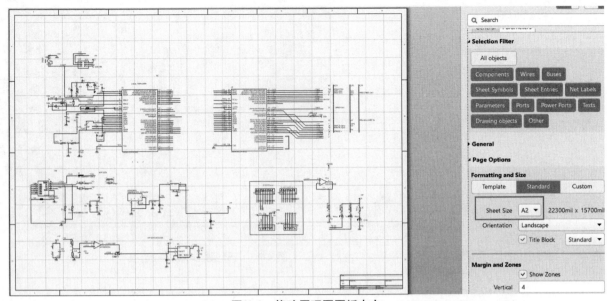

图 4-6　修改原理图图纸大小

如果是低版本的Altium Designer软件，修改界面如图4-7所示。

图 4-7　低版本修改原理图图纸大小

## 4.5　网络标签的使用

在原理图绘制过程中，元器件之间的电气连接除了使用导线外，还可以通过放置网络标签来实现。网络标签实际上就是一个具有电气属性的网络名，具有相同网络标签的导线或者总线表示电气网络相连。在连接线路比较远或者布线复杂时，使用网络标签代替实际布线会使电路简化、美观，如图4-8所示。

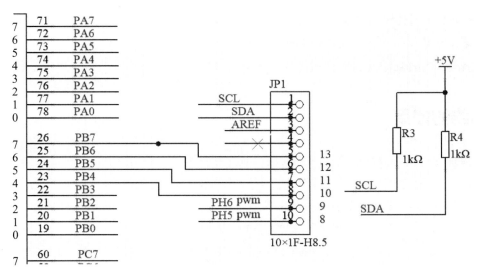

图 4-8　网络标签的使用

放置网络标签的命令有4种：

（1）执行菜单栏中的"放置"→"网络标签"命令。

（2）单击布线工具栏中的"放置网络标签"按钮 Net 。

（3）在原理图图纸空白区域右击，在弹出的快捷菜单中执行"放置"→"网络标签"命令。

（4）按快捷键P+N。

放置网络标签的具体步骤如下：

（1）启动放置网络标签的命令后，光标变成十字形状，将光标移动到放置网络标签的位置（导线或者总线），光标上出现红色的×，此时单击鼠标左键就可以放置一个网络标签了，但是一般情况下，为了避免后面修改网络标签的麻烦，在放置网络标签前，需要按Tab键设置网络标签的属性，如图4-9所示。

图 4-9　网络标签属性编辑对话框

（2）移动光标到其他位置继续放置网络标签，一般情况下，放置完第一个网络标签后，如果网络标签的末尾是数字，那么后面放置的网络标签的数字会递增。

（3）右击或者按Esc键退出放置网络标签状态。

## 4.6 总线的使用

一般画原理图时为了提高画图效率都采取少画总线的原则，但是总线的画法还是要掌握，毕竟它还没被淘汰，工程实践中还会经常碰到它。下面来介绍总线的绘制方法及注意事项。

（1）打开原理图，找到或者放置出两个需要用总线连接的元器件，如图4-10所示。

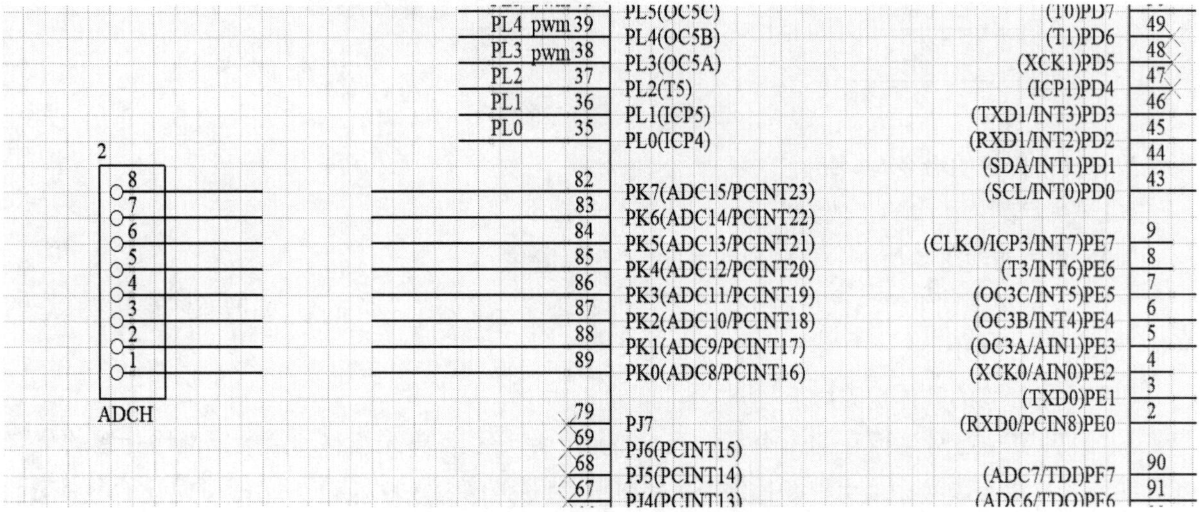

图 4-10　找到需要放置总线的对象

（2）在元器件上放置延长导线（注意是具有电气属性的线）并放置好相应的网络标签，如图4-11所示。

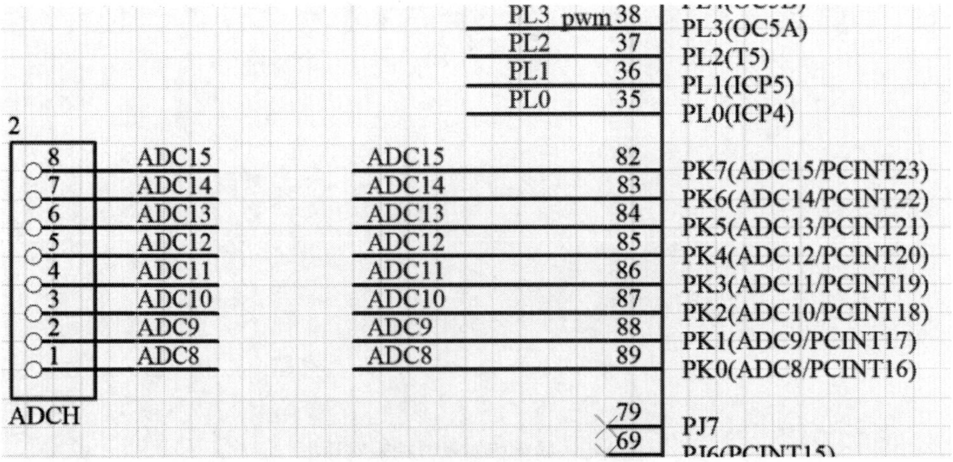

图 4-11　放置导线及网络标签

（3）放置总线，执行菜单栏中的"放置"→"总线"命令，或者按快捷键P+B，如图4-12所示。

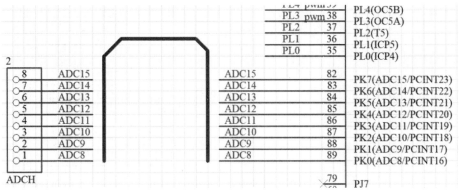

图 4-12　放置总线

（4）放置总线入口，执行菜单栏中的"放置"→"总线入口"命令，或者按快捷键P+U。将总线入口的一端与总线连接，另一端与元器件延长导线连接，如图4-13所示。

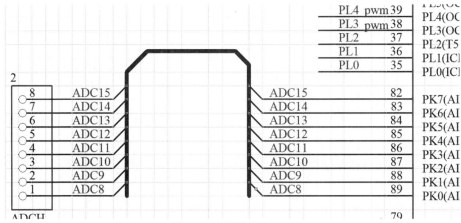

图 4-13　放置总线入口

**小提示**：第（3）步和第（4）步顺序不能反过来，必须是先放总线再放总线入口，否则会出现总线和总线入口未连接上的情况，如图4-14所示。

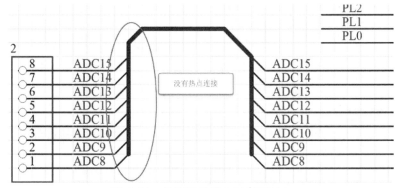

图 4-14　总线和总线入口未连接上

（5）在总线上放置网络标签，命名方式为XXX[X...X]，如在这里命名为ADC[8...15]，如图4-15所示。至此一个完整的总线绘制流程就结束了。

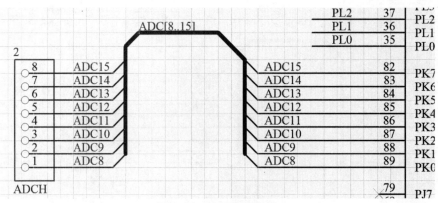

图 4-15　绘制好的总线

## 4.7　离图连接器的使用

在原理图编辑环境下，离图连接器（Off Sheet Connector）的作用其实跟网络标签（Net Label）是一样的，只不过"离图连接器"通常用在同一工程内平坦式、不同页原理图中相同电气网络属性之间的连接。离图连接器的使用方法如下：

（1）执行菜单栏中的"放置"→"离图连接器"命令或者按快捷键P+C。

（2）双击已经放置的离图连接器或者在放置的过程中按Tab键修改离图连接器的网络名。

（3）在离图连接器上放置一段导线，并在导线上放置相应的网络标签，这样才算是一个完整的离图连接器的使用，如图4-16所示。

UCAP 》 UCAP

图 4-16　离图连接器的使用

## 4.8　通用NO ERC标号的使用

在PCB设计的过程中，系统进行电气规则检查（ERC）时，有时会产生一些不希望的错误报告。例如出于电路设计的需要，一些元器件的个别输入引脚可能被悬空，但在系统默认情况下，所有的输入引脚都必须进行连接，这样在ERC检查时，系统会默认为悬空的输入引脚使用错误，并在引脚处出现一个错误标记。

为了避免ERC检测这种"错误"而浪费时间，可以放置通用NO ERC标号，让系统忽略对此处的ERC检测，不再产生错误报告。

放置通用NO ERC标号的具体步骤如下：

（1）执行菜单栏中的"放置"→"指示"→"通用NO ERC标号"命令，或者单击工具栏中的"放置通用NO ERC"按钮×，也可以按快捷键P+V+N，光标变成十字形状，并带有一个红色的小×（通用NO ERC标号）。

（2）移动光标到需要放置NO ERC标号的位置处，单击鼠标左键即可完成放置，如图4-17所示。

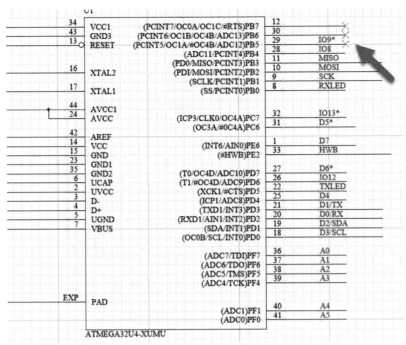

图 4-17　通用NO ERC标号的放置

## 4.9　放置差分对指示

执行菜单栏中的"放置"→"指示"→"差分对"命令，或者按快捷键P+V+F，如图4-18所示。

移动光标到需要放置差分对标号的位置处，单击鼠标左键即可完成放置，如图4-19所示。

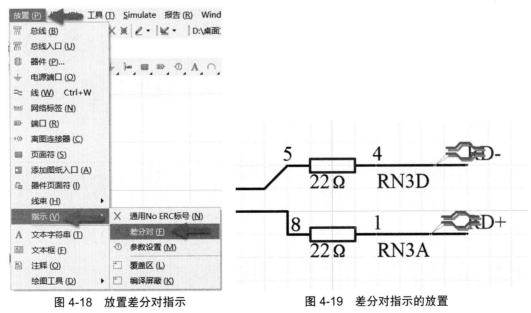

图 4-18　放置差分对指示　　　　　　　　图 4-19　差分对指示的放置

## 4.10　原理图中切断已经连接好的导线的操作

在原理图中如果想要切断已经连接好的导线，该如何操作呢？

**解决方法：**

执行菜单栏中的"编辑"→"打破线"命令，或者按快捷键E+W，光标变成打破线的图标，移动图标到需要切断线的位置单击鼠标左键，即可完成切断导线的操作，如图4-20所示。

切断后的导线效果如图4-21所示。

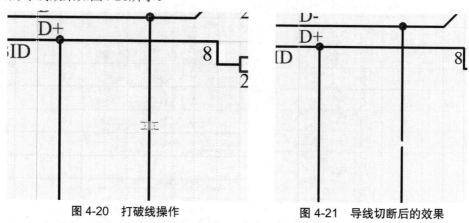

图 4-20　打破线操作　　　　　　　　　图 4-21　导线切断后的效果

**小提示：** 在打破线的状态下按空格键可切换切刀的宽度。

## 4.11　原理图中橡皮图章的使用

在Altium Designer 19的原理图中使用橡皮图章可以一次性实现复制与粘贴的功能，具体的操作方法如下：

先选中需要复制粘贴的对象，执行菜单栏中的"编辑"→"橡皮图章"命令，或者按快捷键Ctrl+R。

## 4.12　Altium Designer 19放置手工节点的方法

按照1.10节添加菜单栏命令的方法，在Altium Designer 19的"放置"菜单栏中添加一个"手工节点"命令。添加好命令后如图4-22所示，即可放置手工节点。

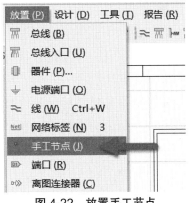

图 4-22　放置手工节点

## 4.13　原理图绘制时智能粘贴的使用

元器件的智能粘贴是指一次性按照指定的间距将多个相同的元器件重复粘贴到图纸上。

首先选中需要复制的对象执行复制命令，然后执行菜单栏中的"编辑"→"智能粘贴"命令，或者按快捷键Ctrl+Shift+ V，弹出"智能粘贴"对话框，如图4-23所示。

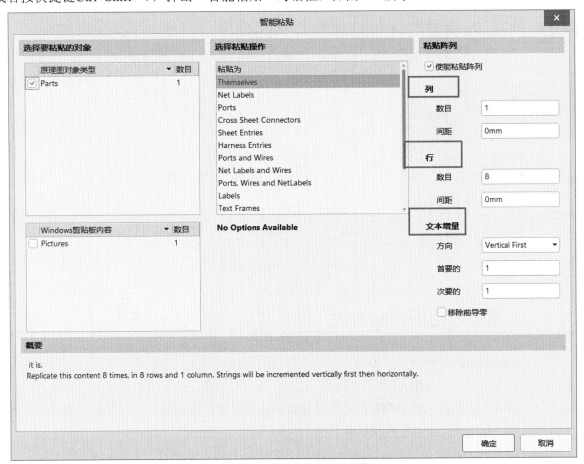

图 4-23　"智能粘贴"对话框

"列"选项区域：用于设置列参数。"数目"用于设置每一列中所要粘贴的元器件个数，"间距"用于设置每一列中两个元器件的垂直间距。

"行"选项区域：用于设置行参数。"数目"用于设置每一行中所要粘贴的元器件个数，"间距"用于设置每一行中两个元器件的水平间距。

"文本增量"选项区域：用于设置使用智能粘贴后元器件的位号的文本增量，在"首要的"文本框中输入文本增量数值，正数是递增，负数则为递减。执行"智能粘贴"命令后，所粘贴出来的元器件位号将按顺序递增或者递减。

智能粘贴具体操作步骤如下：

首先，在每次使用智能粘贴前，必须先通过复制操作将选取的元器件复制到剪贴板中；然后，执行"智能粘贴"命令，设置"智能粘贴"对话框，即可实现选定元器件的智能粘贴。图4-24所示为放置的一组4×4的智能粘贴电容。

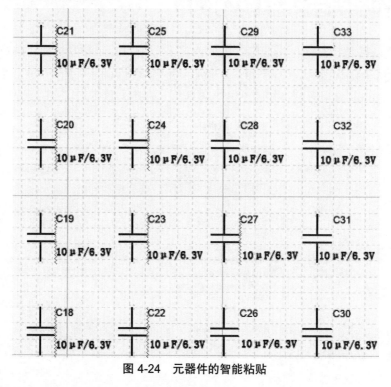

图 4-24　元器件的智能粘贴

## 4.14　创建原理图模板的方法

利用Altium Designer 19软件在原理图中创建自己的模板，可以在图纸的右下角绘制一个表格用于显示图纸的一些参数，例如文件名、作者、修改时间、审核者、公司信息、图纸总数及图纸编号等信息。用户可以按照自己的需求自定义模板风格，还可以根据需要显示内容的多少来添加或者减少表格的数量。创建原理图模板的步骤如下：

（1）在Altium Designer 19原理图编辑界面中，新建一个自由原理图文件，如图4-25所示。

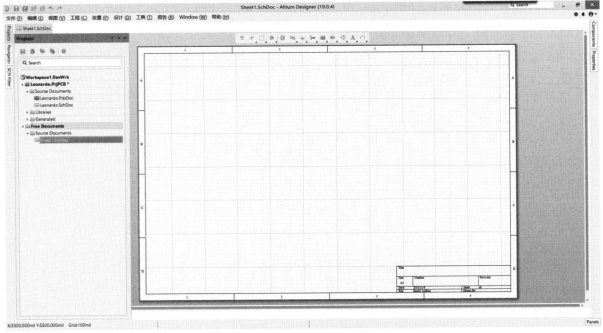

图 4-25　新建原理图文件

（2）设置原理图。进入空白原理图文档后，打开Properties对话框，在Page Options下的Formatting and Size参数栏中选择Standard标签，取消勾选Title Block复选框，将原理图右下角的标题区块取消，用户可以重新设计一个符合本公司的图纸模板，如图4-26所示。

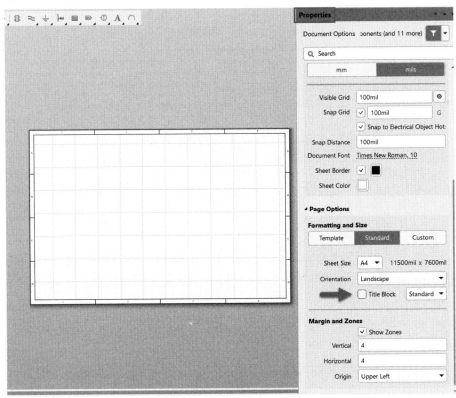

图 4-26　Title Block标题区块

（3）设计模板。使用绘图工具开始描绘图纸信息栏图框（图框风格要根据自己公司的要求进行设计），单击应用工具 中的"放置线"按钮 ，开始描绘图框（注意：不能使用带有网络属性的Wire线绘制），建议将线形修改为Samllest，颜色修改为黑色进行描画，图4-27为绘制好的信息栏图框。

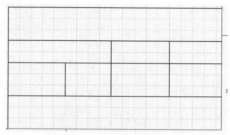

**图 4-27　绘制好的信息栏图框**

（4）添加信息栏各类信息。这里放置的文本有两种类型：一种是固定文本，另一种是动态信息文本。固定文本一般为信息栏标题文本，例如：在图框第一个框要放置一个"文件名"的固定文本，执行菜单栏中的"放置"→"文本字符串"命令，放置文本，单击文本可以对文字内容进行修改。放置动态文本的方法和前面固定文本的放置方法一致，只不过动态文本需要在Text下拉框中选择对应的文本属性，例如：在"文件名"后面放置一个动态文本，在加入另一行文本字符串后，双击文字打开文本属性编辑对话框，在Text下拉框中选择 =DocumentName 选项，按Enter键在图纸上会自动显示当前的文档名，如图4-28所示。

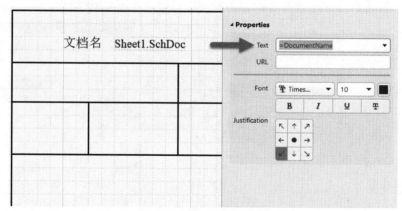

**图 4-28　添加信息栏信息**

（5）文本框下拉的自动转换的字符串说明：

=Current：显示当前的系统时间。

=CurrentDate：显示当前的系统日期。

=Date：显示文档创建日期。

=DocumentFullPathAnName：显示文档的完整保存路径。

=DocumentName：显示当前文档的完整文档名。

=ModifieDate：显示最后修改的日期。

=ApproveBy：图纸审核人。

=CheckeBy：图纸检验人。

=Author：图纸作者。

=CompanyName：公司名称。

=DrawnBy：绘图者。

=Engineer：工程师，需在文档选项中预设数值，才能被正确显示。

=Organization：显示组织/机构。

=Address1/2/3/4：显示地址1/2/3/4。

=Title：显示标题。

=DocumentNumber：文档编号。

=Revision：显示版本号。

=SheetNumber：图纸编号。

=SheetTotal：图纸总页数。

=ImagePath：影像路径。

=Rule：规则，需要在文档选项中预设值。

图4-29为已经创建好的A4模板：

| 文档名 | Sheet1.SchDoc | | | | |
|---|---|---|---|---|---|
| 图纸大小 * | 序号 * | 版本号 * | | 制图 * | |
| 日期 * | 时间 * | 页码 * | | 审核 * | |
| 文档路径 * | | | | | |

**图 4-29　创建好的A4模板**

（6）创建好模板后，执行菜单栏中的"文件"→"另存为"命令，保存创建好的模板文件，保存文件的类型为Advanced Schematic template(*. SchDot)，文件扩展名为.SchDot。同时可以将模板的名称进行改变，如图4-30所示。

**图 4-30　保存原理图模板**

## 4.15 如何在设计原理图时调用自己创建好的模板？

有了前面创建好的原理图模板后，如何在设计原理图时调用自己创建好的模板？

**解决方法：**

（1）有了前面创建好的原理图模板后，如果想调用此模板，需打开优选项，在Schematic选项下的General中选择默认空白纸张模板。在"模板"下拉选项框中选择之前创建好的模板，如图4-31所示。下次新建原理图文件时软件就会调用自己建立的文档模板了（注意：要先设置好模板再新建原理图，系统才会调用自己建立的模板文件，否则都是软件默认的原理图模板）。

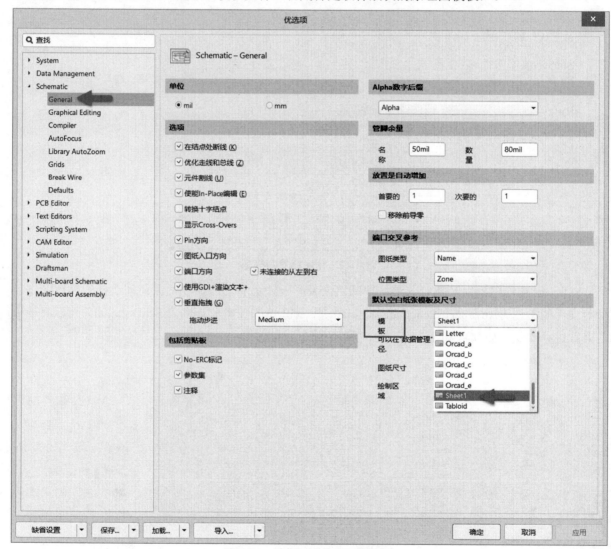

图 4-31　选择默认空白纸张模板

（2）在Graphical Editing中勾选Display Names of Special Strings that have No Value Defined复选框，否则特殊字符将不能够正常转换，如图4-32所示。

图 4-32　勾选"转换特殊字符"复选框

（3）在将模板应用到原理图当中后，要想将特殊字符修改成需要的值时，需在Properties对话框中打开Parameters一栏对应找到特殊字符，将其Value值改成想要的即可，如图4-33所示。

图 4-33　修改对话框相应值

（4）除了调用用户自己创建的模板以外，还可以调用Altium Designer 19软件自带的模板。调用模板以及修改对应数值的方法与前面的一致。

# 4.16　从原理图中提取元器件符号的方法

Altium Designer 19可以从现有的原理图中直接生成原理图库，方便用户提取原理图中需要的元器件符号。

**解决方法：**

（1）打开一份已经绘制好的原理图，执行菜单栏中的"设计"→"生成原理图库"命令，如图4-34所示。

（2）在弹出的"重复的元器件"对话框中选择对所提取的原理图中重复的元器件的处理方式，一般仅处理第一个，忽略其他，如图4-35所示。

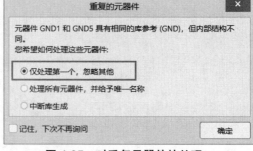

图 4-34　执行"生成原理图库"命令　　　　图 4-35　对重复元器件的处理

（3）单击"确定"按钮，待软件自动生成原理图库后会有一个信息提示框显示所提取的元器件符号的数量，如图4-36所示。

（4）单击OK按钮，即可完成原理图中元器件符号的提取，并在Project中可看到所生成的原理图库，如图4-37所示，在SCH Library面板中可查看原理图库中所有的元器件。

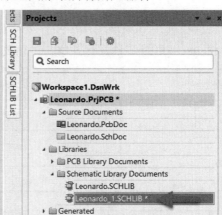

图 4-36　显示所提取的元器件符号数量　　　　图 4-37　生成的原理图库

# 4.17　原理图中自动标注元器件位号的方法

在Altium Designer 19中如果原理图的元器件位号尚未标注或者存在重复的情况，编译时会报错，最简单的方法就是为其统一命名。

（1）打开已经绘制好的原理图，执行菜单栏中的"工具"→"标注"→"原理图标注"命令，或者按快捷键T+A+A，如图4-38所示。

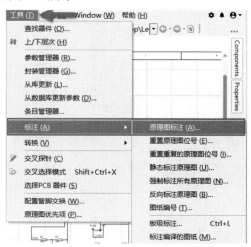

图 4-38　执行"原理图标注"命令

（2）弹出"标注"对话框，如图4-39所示，对话框的左上角是原理图命名控制栏，选择命名顺序，命名顺序包括Z字形、N字形、反Z字形和反N字形等，用户可以根据自己的需要进行选择，左下角是选择需要进行标注的原理图，如果有多页原理图可以选择需要进行标注的原理图。

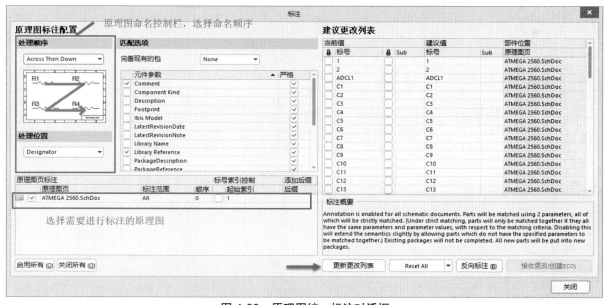

图 4-39　原理图统一标注对话框

（3）单击"更新更改列表"按钮，弹出信息提示对话框，单击OK按钮，如图4-40所示。

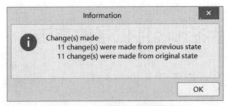

**图 4-40　更改信息提示框**

（4）然后单击"接收更改（创建ECO）"按钮，如图4-41所示。

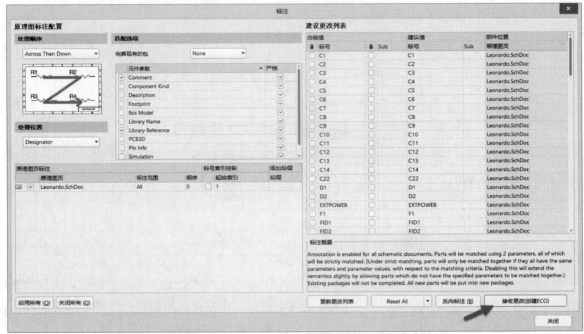

**图 4-41　单击"接收更改（创建ECO）"按钮**

（5）这时会弹出"工程变更指令"对话框，先单击"执行变更"按钮，然后单击"关闭"按钮，即可完成原理图的标注，如图4-42所示。

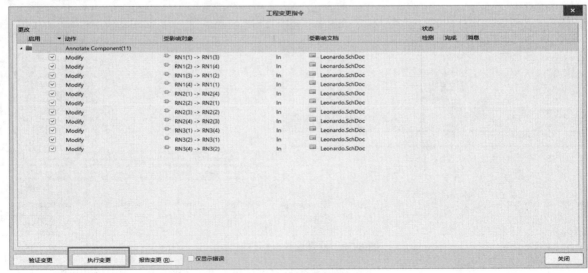

**图 4-42　完成原理图的标注**

若想要重新编号，执行菜单栏中的"工具"→"标注"→"重置原理图位号"命令，即可完成原理图位号重置，如图4-43所示。

图 4-43　执行"重置原理图位号"命令

## 4.18　查找与替换操作

查找与替换文本操作如下。

（1）查找文本：该命令用于在电路图中查找指定的文本，通过此命令可以迅速找到包含某一文字标识的元器件，下面介绍该命令的使用方法。

执行菜单栏中的"编辑"→"查找文本"命令，或者按快捷键Ctrl+F，系统将弹出如图4-44所示的"查找文本"对话框。

图 4-44　"查找文本"对话框

输入想要查找的文本，如这里输入U1，单击"确定"按钮开始查找，软件会弹出"发现文本-跳转"对话框，在该对话框中可以查看与所查找文本对应的所有对象，如图4-45所示。

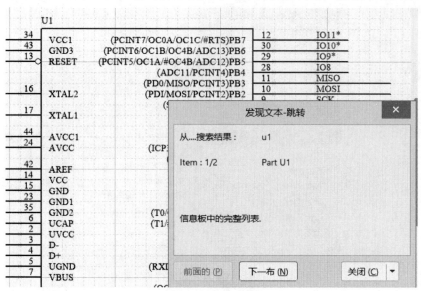

图 4-45　查找结果

（2）替换文本：该命令用于将电路图中指定文本用新的文本替换掉，该操作在需要将多处相同文本修改成另一文本时非常有用。如将原理图中阻值为1 kΩ的电阻全部修改为100 kΩ，就可以使用替换文本操作来快速实现。下面介绍该命令的使用方法。

执行菜单栏中的"编辑"→"替换文本"命令，或者按快捷键Ctrl+H，系统将弹出如图4-46所示的"查找并替换文本"对话框。

图 4-46　"查找并替换文本"对话框

在"查找文本"文本框中输入原文本，在"用…替换"文本框中输入替换原文本的新文本，单击"确定"按钮即可完成文本的替换。

# 4.19 原理图放置元器件时元器件跑到图纸外的情况如何解决？

如图4-47所示，在原理图中放置元器件时，元器件不在光标位置处，并且放置在原理图图纸外，拖不回图纸内，如何解决？

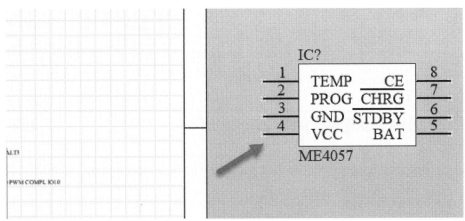

图 4-47 元器件跑到图纸外

**解决方法：**

（1）执行菜单栏中的"编辑"→"选中"→"区域外部"命令，或者按快捷键S+O，光标变成十字形状，框选图纸内的所有内容软件会选中所框选区域外部的所有对象，如图4-48所示。

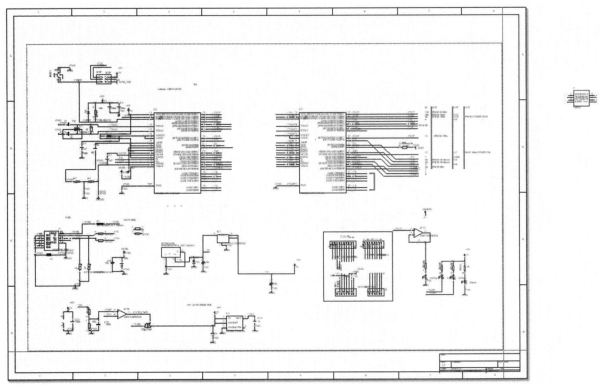

图 4-48 选择区域外部的对象

（2）选中图纸外的元器件之后，按快捷键M+S，移动元器件到图纸内即可，如图4-49所示。

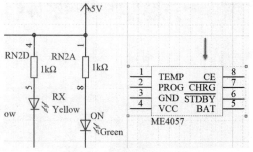

图 4-49　移动选中的对象

## 4.20　原理图中节点的颜色更改

原理图交叉节点如图4-50所示，在Altium Designer 19的原理图界面中，导线连接的交叉节点显示为红色，怎么样更换其交叉节点的颜色？

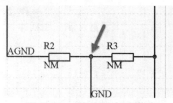

图 4-50　原理图交叉节点

（1）打开"优选项"对话框，在Schematic选项下选择Compiler选项，如图4-51所示。

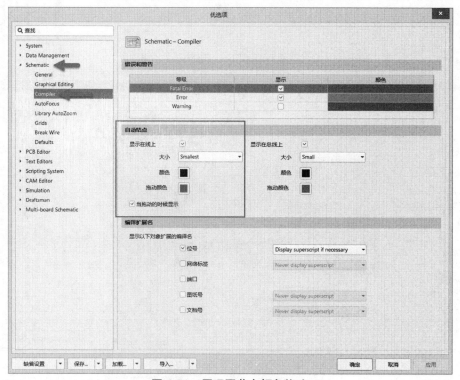

图 4-51　原理图节点颜色修改

（2）双击"自动节点"颜色后面的选项，弹出如图4-52所示的"选择颜色"对话框，可在其中任意更改节点颜色。

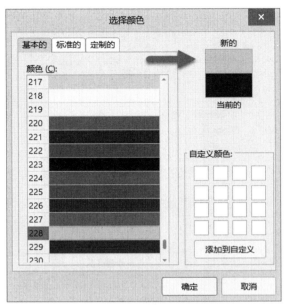

图 4-52　选择节点颜色

（3）选择颜色完成后，单击"确定"按钮，退出对话框，到原理图中可以看到交叉节点的颜色已被修改了，如图4-53所示。

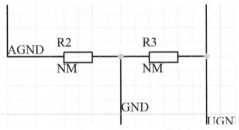

图 4-53　修改后的原理图节点颜色

## 4.21　原理图中如何屏蔽部分电路？

如何在原理图上把不用的元器件或者电路以阴影的方式显示，即把这一部分元器件或者电路屏蔽？

**解决方法：**

（1）执行菜单栏中的"放置"→"指示"→"编译屏蔽"命令，如图4-54所示。

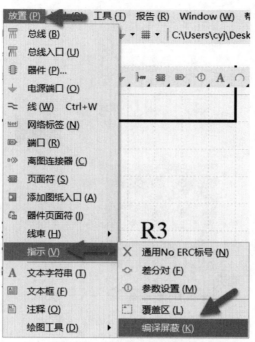

图 4-54    放置编译屏蔽区域

（2）当执行上面的操作后，光标变成十字形状，在原理图中绘制屏蔽区域，将原理图中不需要的元器件或者电路进行屏蔽处理。灰色区域内的元器件或者电路将不会起作用，编译或者更新到PCB时也不会起作用。如需激活此部分原理图，只需要将屏蔽区域删除即可，如图4-55所示。

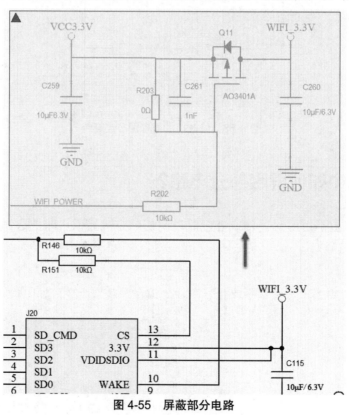

图 4-55    屏蔽部分电路

## 4.22 如何在原理图中创建类?

Altium Designer 19支持在原理图中创建类,待原理图更新到PCB后,PCB中会自动生成原理图中创建好的类,使用起来十分方便。这里以创建最常用的网络类为例,介绍在原理图中创建类的方法。

(1)打开已经绘制好的原理图,执行菜单栏中的"放置"→"指示"→"参数设置"命令,如图4-56所示。

(2)在原理图中需要创建网络类的导线上放置"参数设置"指示,在放置之前按Tab键,或者双击已经放置的"参数设置"指示,打开Properties面板,在Classes一栏中单击Add按钮,添加一个网络类,并将其命名,例如这里命名为PWR,如图4-57所示。待原理图更新到PCB后,会自动生成一个名为PWR的网络类。

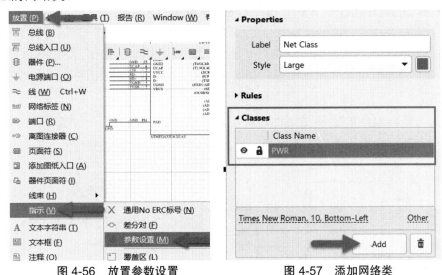

图 4-56  放置参数设置          图 4-57  添加网络类

(3)设置好需要添加的网络类后,在原理图中需要归为一类的网络导线上放置该"参数设置"指示,如图4-58所示。相同网络名的导线上只需放置一个"参数设置"指示即可,不必重复放置。

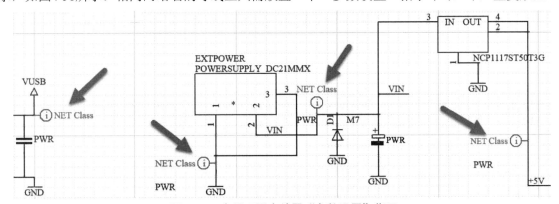

图 4-58  在原理图中放置"参数设置"指示

（4）执行原理图Update到PCB的操作，在PCB中打开对象类浏览器即可看到创建好的名为PWR的网络类，如图4-59所示。

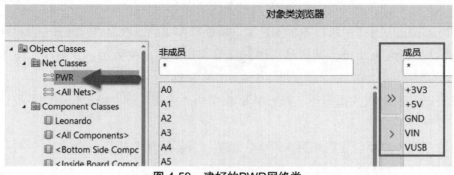

图 4-59　建好的PWR网络类

## 4.23　如何在原理图中对一部分电路设置规则?

在Altium Designer 19的原理图中可以对一部分电路设置单独的规则，这里就需要用到原理图中放置"覆盖区"和"参数设置"指示的操作了。其两者结合可以很方便地实现原理图中对一部分电路设置约束规则。

（1）打开已经绘制好的原理图文件，执行菜单栏中的"放置"→"指示"→"覆盖区"命令，在需要设置规则的电路中放置覆盖区域，如图4-60所示。

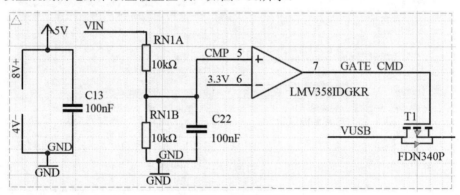

图 4-60　放置覆盖区

（2）在覆盖区上放置"参数设置"指示，在放置之前，按Tab键弹出"选择设计规则类型"对话框，单击线宽，然后在Properties面板中的Rules一栏中单击Add按钮新增一个规则。这里以添加一个线宽规则为例，如图4-61所示。

（3）在"选择设计规则类型"对话框中选择需要设置的规则，单击OK按钮，弹出Edit PCB Rule(From Schematic)-Max-Min Width Rule对话框，如图4-62所示。设置好需要的线宽规则，单击"确定"按钮。

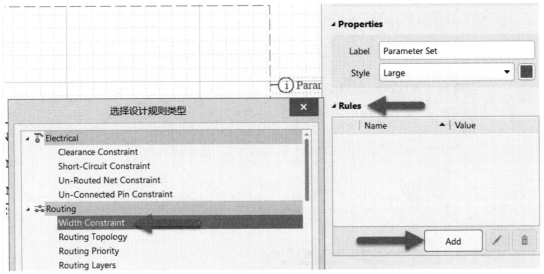

图 4-61　在"参数设置"指示中设置线宽规则

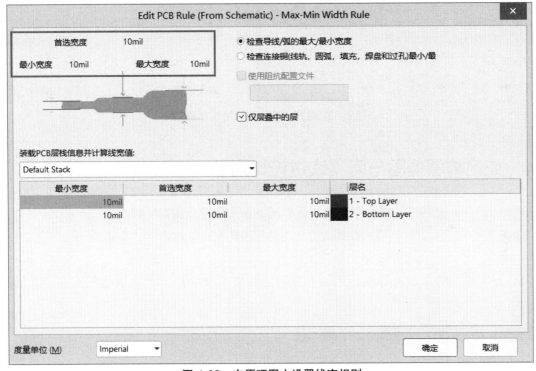

图 4-62　在原理图中设置线宽规则

（4）设置完成后在原理图中即可看到添加的线宽规则，执行原理图Update到PCB操作后，在PCB中打开"PCB规则及约束编辑器[mil]"，即可看到生成的规则，如图4-63所示。

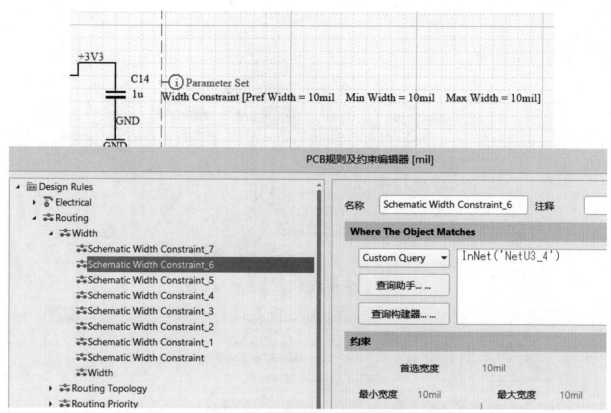

图 4-63　生成原理图添加的线宽规则

---

## 4.24　如何将原理图与网络表进行比对？

在Altium Designer 19中可以将原理图文件和网络表文件进行比对，并查看比对结果。

（1）新建一个工程文件，将需要的进行比对的原理图文件和网表文件添加到工程当中，如图4-64所示。

（2）在工作区的工程文件中右击，在弹出的快捷菜单中执行"显示差异"命令，如图4-65所示。

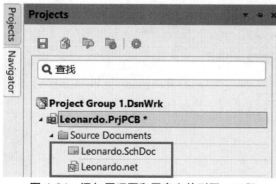

图 4-64　添加原理图和网表文件到同一工程

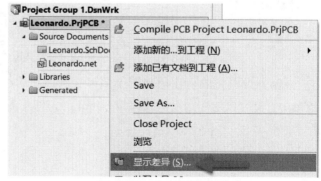

图 4-65　"显示差异"命令

（3）弹出"选择比较文档"对话框，选中"高级模式"复选框，选择需要的比较文档，一个在左侧列表，一个在右侧列表，如图4-66所示。

（4）选择好需要比较的文档以后，单击"确定"按钮，将会弹出Component Links对话框，单击选择Automatically Create Component Links选项，如图4-67所示。随后在出现的Information对话框单击OK按钮。

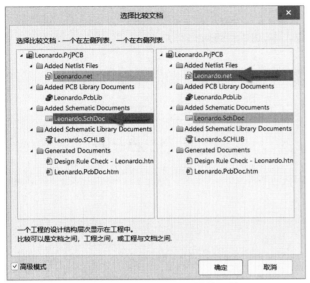

图 4-66　选择需要进行比较的文件

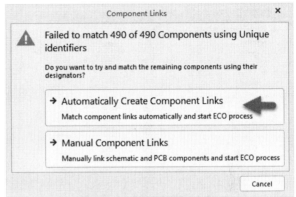

图 4-67　Component Links

（5）这样就能得到文件比对结果，显示差异Differences between Schematic Document [Leonardo. SchDoc] and Netlist File [Leonardo.net]，如图4-68所示。

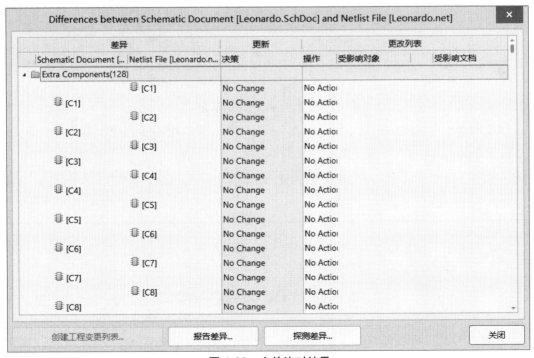

图 4-68　文件比对结果

# 4.25  在原理图中为原理图符号链接帮助文件的方法

Altium Designer 19允许在原理图中为原理图符号链接帮助文件，文件的类型有PDF、HTML、WORD和TXT文档等。

（1）打开原理图，双击要关联文档的某个原理图符号后，在弹出的Properties面板中选择Parameters选项，如图4-69所示。

如果是低版本的Altium Designer软件，则弹出如图4-70所示的对话框。

图 4-69  Properties面板

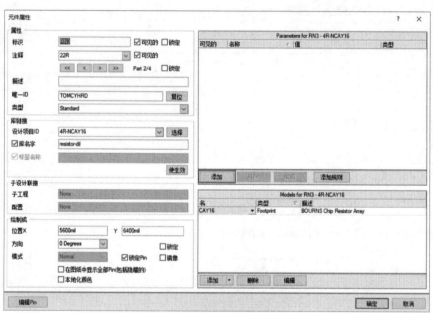

图 4-70  元器件属性编辑对话框

（2）单击Add（添加）按钮，弹出如图4-71所示的对话框。

（3）在Parameters下的Name框中输入关键字helpURL，然后在Value框中把需要关联的文件的绝对位置以及文件名和文件扩展名输入其中，如图4-72所示。

图 4-71  新增Parameters

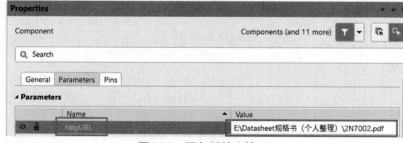

图4-72  添加链接文档

（4）关键信息输入完成后按Enter键，完成文档的链接。在原理图编辑界面下，选中链接了帮助文档的原理图符号后按键盘上的F1键，链接的帮助文档就会被打开，如图4-73所示。

图 4-73　打开链接帮助文档

## 4.26　从原理图导出网络表的方法

在Altium Designer 19中，原理图是直接更新到PCB中完成原理图与PCB的数据同步的，但是有时候需要将Altium Designer 19的原理图导出一个网络表文件，然后将这个网络表文件用在其他的软件上。

网络表的导出方法：

（1）打开绘制好的原理图文件，在原理图编辑界面执行菜单栏中的"文件"→"导出"→Netlist Schematic命令或者其他类型的网络表，如图4-74所示。

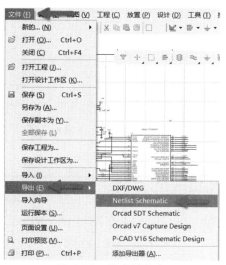

图 4-74　导出网络表

（2）弹出文件保存路径，给导出的网络表选择保存路径，然后单击"保存"按钮，如图4-75所示。

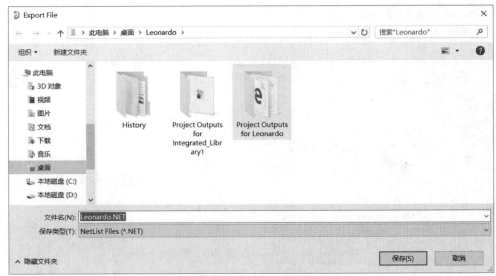

图 4-75　选择网络表保存路径

（3）弹出如图4-76所示的Export NetList对话框，选择网络表的导出类型，并选择需要导出的文件格式，单击OK按钮，即可完成网络表的导出。

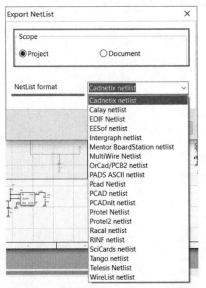

图 4-76　选择需要导出的网络表类型

## 4.27　在原理图中插入图片的方法

Altium Designer 19允许在原理图中插入图片，用户可以在原理图中插入图片以增加原理图的可读性。

**解决方法：**

（1）打开原理图，执行菜单栏中的"放置"→"绘图工具"→"图像"命令，或者按快捷键P+D+G，如图4-77所示。

（2）光标变成十字形状，在图纸上不同位置单击两次选择放置图片的位置和所占的面积大
小，弹出一个选择图片路径的对话框，如图4-78所示。

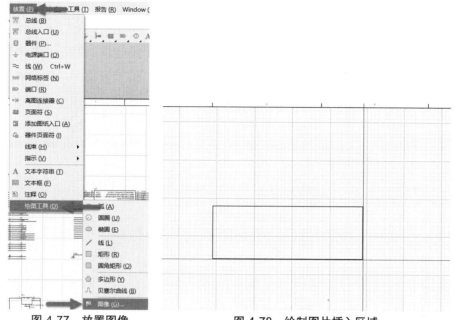

图 4-77　放置图像　　　　　　图 4-78　绘制图片插入区域

（3）选择需要插入的图片，单击"打开"按钮，即可将图片放置到原理图中，如图4-79所示。

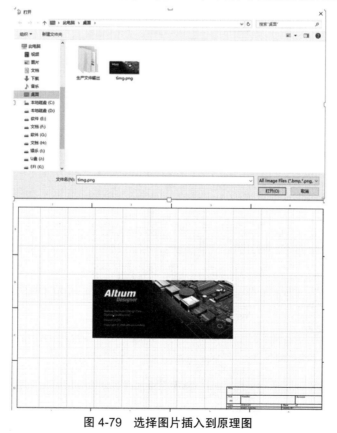

图 4-79　选择图片插入到原理图

## 4.28　给原理图添加网络颜色的方法

Altium Designer软件随着版本的升级，功能也越来越强大，但是快捷键以及常用设置等与低版本的使用相差不多。在原理图的使用过程中，需要更清楚地查看原理图网络，修改网络等，这时候Altium Designer软件提供了一个很不错的功能，添加网络颜色，能够方便清楚地查看某个网络。那么，添加网络颜色功能该如何设置呢？

**解决方法：**

（1）打开原理图编辑界面，在原理图的工具栏中单击"网络颜色"按钮 $\mathscr{L}$ ▾，弹出一个选择需要覆盖的网络颜色列表，如图4-80所示。

图 4-80　选择需要覆盖的网络颜色

（2）单击选择需要添加的颜色，光标变成十字形状，将光标移动到需要添加颜色的网络线上单击鼠标左键，即可完成网络颜色的添加。原理图中具有相同网络属性的导线会显示同一个颜色，效果如图4-81所示。

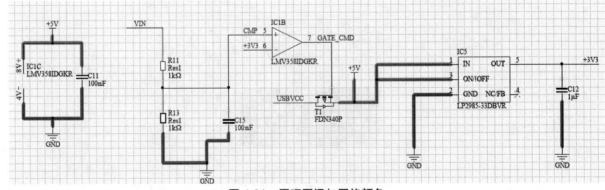

图 4-81　原理图添加网络颜色

（3）如果想清除网络颜色，单击"清除所有网络颜色"即可，如图4-82所示。

图 4-82　清除网络颜色

# 4.29　原理图放置元器件时切断导线并且自动连接好的设置

Altium Designer 19原理图绘制中放置元器件时，如果想要在已经连接好的导线中间放置元器件，如何设置让元器件自动切断导线并将导线连接在元器件引脚两端？

**解决方法：**

按快捷键O+P，打开"优选项"对话框，在Schematic参数选项下的General选项中勾选"元件割线"复选框即可，如图4-83所示。

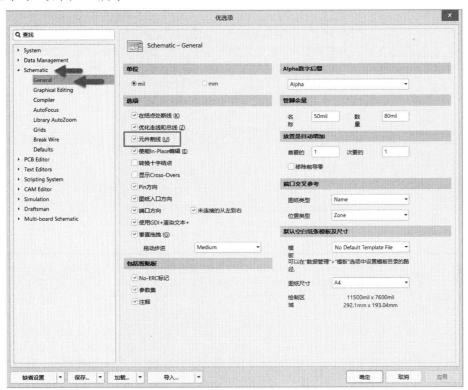

图 4-83　勾选"元件割线"复选框

## 4.30 原理图编辑界面高亮网络时显示图中连接关系的设置

如图4-84所示，高亮原理图时有飞线连接显示图中的连接关系，如何设置？

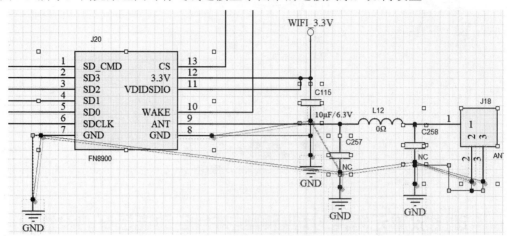

图 4-84 高亮原理图网络时显示图中连接关系

**解决方法：**

按快捷键O+P，打开"优选项"对话框，在System参数选项下的Navigation选项中勾选"连接图"复选框即可，如图4-85所示。

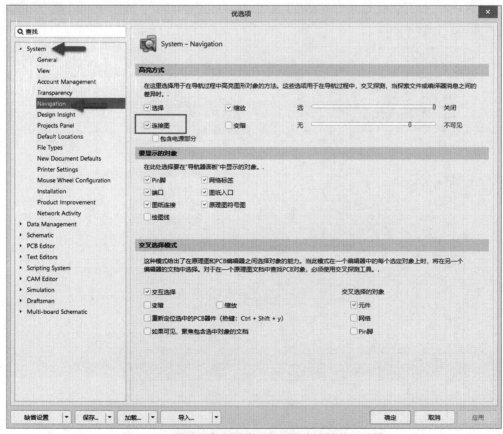

图 4-85 原理图高亮网络时显示图中连接关系设置

# 4.31　如何批量隐藏原理图中元器件参数信息？

如图4-86所示，原理图元器件的参数信息如何批量隐藏？

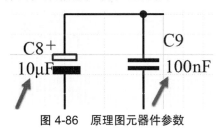

图 4-86　原理图元器件参数

**解决方法：**

（1）先选中任意一个元器件参数，右击，在弹出的快捷菜单中执行"查找相似对象"命令，如图4-87所示。

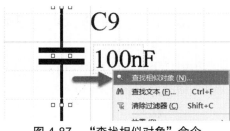

图 4-87　"查找相似对象"命令

（2）在弹出的"查找相似对象"对话框中单击"确定"按钮，如图4-88所示。

图 4-88　"查找相似对象"对话框

（3）按快捷键Ctrl+A全选，这时候即可在Properties面板中批量隐藏元器件参数，如图4-89所示。

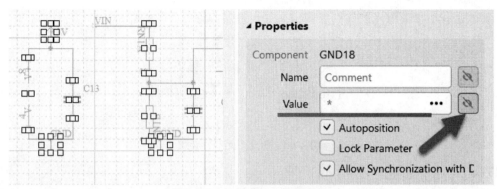

图 4-89　批量隐藏元器件参数

## 4.32　原理图编译时，提示Off grid Pin，如何解决？

Altium Designer 19软件在原理图编译中提示Off grid Pin...的警告，并不是原理图电气连接出现问题了，而是元器件或者元器件的Pin脚没有和栅格对齐造成的警告。

**解决方法：**

（1）选中出现Off grid Pin警告的元器件，右击，在弹出的对话框中执行"对齐"→"对齐到栅格上"命令即可将元器件对齐到栅格上。

（2）如果出现Off grid Pin，则警告提示元器件数量比较多，因为该警告可以忽略，所以可以在工程参数中将其编译报告格式设置为不报告。

执行菜单栏中的"工程"→"工程选项"命令，如图4-90所示。

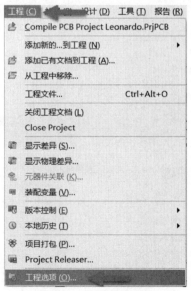

图 4-90　工程参数选项

在工程参数中将Off-grid object这一项报告格式设置为"不报告"即可，如图4-91所示。

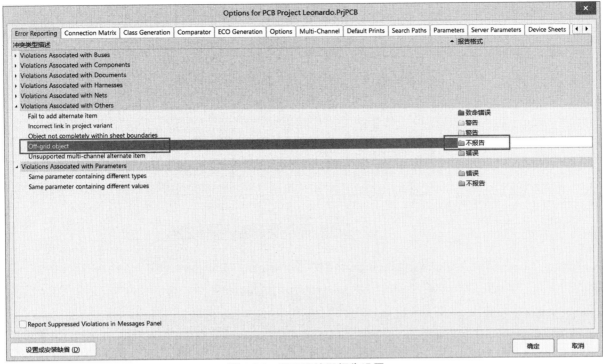

图 4-91　原理图编译报告设置

## 4.33　原理图编译时，提示Net has no driving source，如何解决？

在进行原理图编译时提示警告：Net has no driving source，如图4-92所示，如何解决？

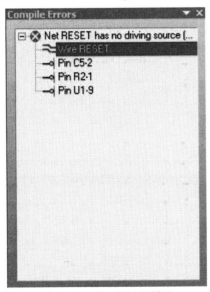

图 4-92　原理图编译错误

**解决方法：**

这是提示引脚无驱动源，原因是芯片引脚属性设置了电气属性造成的，有以下几种解决方法：

（1）这种警告并不影响原理图正常的电气连接关系，如果不进行仿真可以将其忽略。

（2）在原理图库中将相对应报错的引脚修改其电气属性为Passive即可，如图4-93所示。

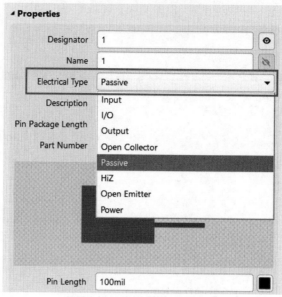

图4-93 修改引脚电气属性

（3）打开"工程参数"中的原理图编译项，将Nets with no driving source报告格式设置为"不报告"即可，如图4-94所示。

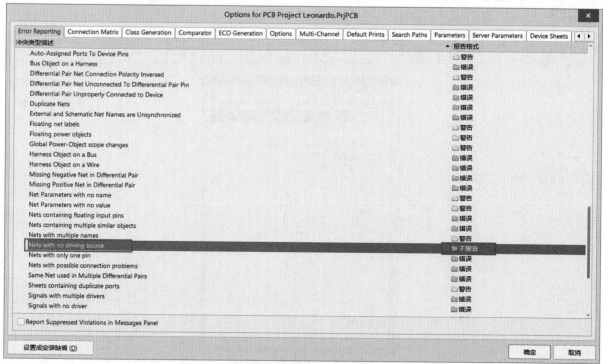

图4-94 原理图编译报告设置

## 4.34　原理图编译时，提示Floating Net Label...at...，如何解决？

在进行原理图编译时提示警告：Floating Net Label...at...，如图4-95所示，如何解决？

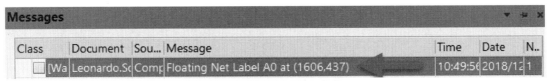

图 4-95　原理图编译警告

**解决方法：**

这是由于某个网络标签悬空（本应该放置引脚热点或者导线上），重新将悬空的网络标签放置在导线上即可。放置网络标签时，当光标捕捉到导线上时，光标显示热点标签，此时单击鼠标左键即可正确放置网络标签于导线上。

## 4.35　原理图编译时，提示Unconnected line，如何解决？

在进行原理图编译时提示错误：Unconnected line，如图4-96所示，如何解决？

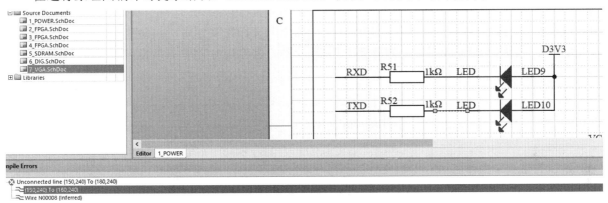

图 4-96　原理图编译错误

**解决方法：**

这是该位置没有连接好造成的，通常这种情况是导线和元器件的引脚没有连接上，或者用的是不具有电气属性的Line进行原理图的连线。重新用具有电气属性的导线将未连接好的位置重新连接上即可。

## 4.36　原理图编译时，提示Floating Power Object...at...，如何解决？

在进行原理图编译时提示警告：Floating Power Object...at...，如图4-97所示，如何解决？

图 4-97　原理图编译警告

**解决方法：**

这是由于原理图放置的电源端口悬空所致，按照Messages提示找到对应的错误项，将其放置在对应的导线上即可。

## 4.37　原理图编译时，提示Object not completely within...，如何解决？

这是由于原理图的对象超出了图纸边框导致的问题，根据Messages提示找到对应的错误项，将其放回原理图图纸内即可。

## 4.38　原理图编译时，提示Unique Identifiers Errors，如何解决？

在Altium Designer 19的原理图中，当所有元器件的设计电路从一个原理图文件复制到另一个原理图文件时，就会出现这个问题。因为新建一个原理图文件并编译后，元器件的Unique Identifiers是确定的，当再次新建一个原理图文件，并将原来的电路图复制粘贴到这个新建的原理图文件时，元器件的Unique Identifiers属性将会保持，这样在不同的原理图文件中便会出现相同的Unique Identifiers，Altium Designer 19在后期将原理图更新到PCB文件时，会验证Unique Identifiers，原理图和PCB是一一对应的关系，当一个Unique Identifiers对应两个元器件时，会导致导入PCB出现元器件丢失等问题。

**解决方法：**

Unique ID如果大量发生重复，可以在原理图编辑界面中执行菜单栏中的"工具"→"转换"→"重置元器件Unique ID"命令，即可解决这个问题。

## 4.39　原理图编译时，提示Extra Pin...in Normal of Part...，如何解决？

在原理图编译后，出现了Extra Pin...in Normal of Part...的警告，如图4-98所示，如何解决？

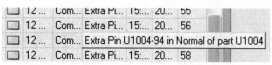

图 4-98　Extra Pin...in Normal of Part...

**解决方法：**

这是因为原理图库中的元器件符号有多个模式的Mode，选择不同的Mode元器件符号会有不同的视图，而不同模式Mode的元器件符号的引脚数量可能不同，所以编译原理图时会报错，这就是问题所在。打开原理图库，找到编译报错的元器件，双击元器件打开Properties对话框，可以看到该元器件符号有三种Mode，如图4-99所示。

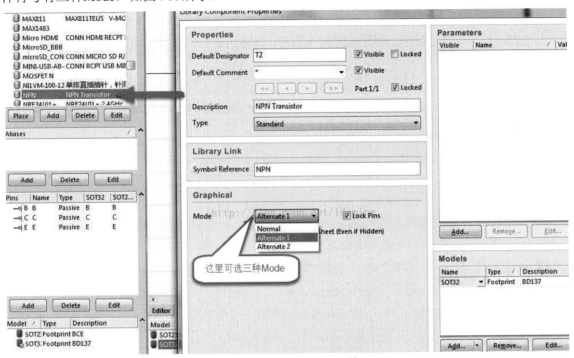

图 4-99 元器件符号具有不同的Mode

所以，需要将多余的Mode删除，只保留Normal模式。在原理图库中的SCH Library列表中找到报错的元器件符号，执行菜单栏中的"工具"→"模式"命令，先选择了Normal以外的Mode，然后再次进入"工具"菜单执行"移除"命令，将多余的Mode删除，如图4-100所示。

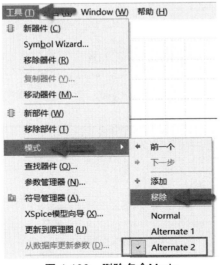

图 4-100 删除多余Mode

按照上图的提示删除多余的Mode后，更新修改信息到原理图中，再编译原理图，问题就能得到解决。

## 4.40　原理图编译时，提示Duplicate Net Names Wire，如何解决?

如图4-101所示，原理图编译时，出现Duplicate Net Names Wire的错误提示，如何解决？

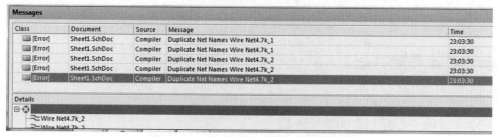

图 4-101　Duplicate Net Names Wire

**解决方法：**

出现这个问题是有多根相同网络名的线，这个错误一般出现在多页原理图并且使用了端口和网络标签。首先检查原理图连接是否有误，如连接没有问题，可以执行菜单栏中的"工程"→"工程参数"命令，选择Option标签，在"网络识别符范围"（Net Identifier Scope）一栏的5个选项（Automatic、Hierarchical、Flat、Strict Hierarchical、Global）中选择Global项，然后单击"确定"按钮，如图4-102所示。返回原理图中重新编译即可解决这个错误。

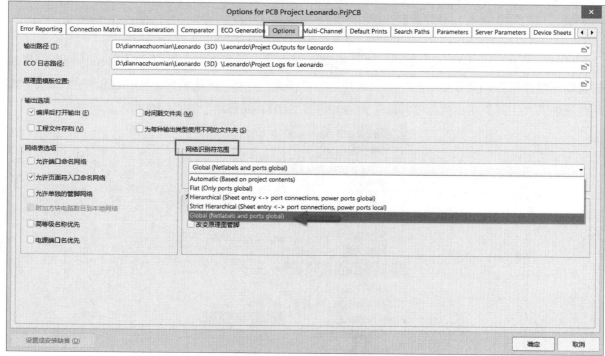

图 4-102　网络识别符范围设置

Altium Designer 19设计宝典　实战操作技巧与问题解决方法

## 4.41 原理图编译时，提示Nets Wire...has multiple names，如何解决？

如图4-103所示，原理图编译时，出现Nets Wire...has multiple names的错误提示，如何解决？

图 4-103　Nets Wire... has multiple names

**解决方法：**

这是由于网络线上有多个网络名称，如图4-104所示。检查原理图是否连接有误，如设计需求就是这样连接的，可忽略该警告。

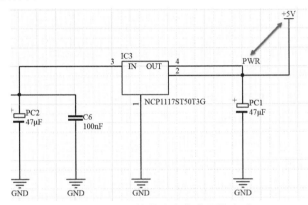

图 4-104　网络线上有多个网络名称

更多关于原理图编译错误报告信息请看4.42节。

## 4.42 Altium Designer 19原理图编译报告中英文对照

在绘制好原理图后对原理图进行编译检查时，会出现各种错误，下面列出常见错误的中英文对照。

Error Reporting 错误报告选项卡共有6大类：

### 1. Violations Associated with Buses 有关总线电气错误的各类型（共 12 项）

◆Bus indices out of range 总线分支索引超出范围；

◆Bus range syntax errors 总线范围的语法错误；

◆Illegal bus range values 非法的总线范围值；

◆Illegal bus definitions 定义的总线非法；

◆Mismatched bus label ordering 总线分支网络标签错误排序；

◆Mismatched bus/wire object on wire/bus 总线/导线错误的连接导线/总线；

◆Mismatched bus widths 总线宽度错误；

◆Mismatched bus section index ordering 总线范围值表达错误；

◆Mismatched electrical types on bus 总线上错误的电气类型；

◆Mismatched generics on bus (first index) 总线范围值的首位错误；

◆Mismatched generics on bus (second index) 总线范围值末位错误；

◆Mixed generics and numeric bus labeling 总线命名规则错误。

## 2. Violations Associated Components 有关元器件符号电气错误（共 20 项）

◆Component implementations with duplicate pins usage 元器件引脚在原理图中重复被使用；

◆Component implementations with invalid pin mappings 元器件引脚在应用中和PCB封装中的焊盘不符；

◆Component implementations with missing pins in sequence 元器件引脚的序号出现序号丢失；

◆Component contaning duplicate sub-parts 元器件中出现了重复的子部分；

◆Component with duplicate Implementations 元器件被重复使用；

◆Component with duplicate pins 元器件中有重复的引脚；

◆Duplicate component models 一个元器件被定义多种重复模型；

◆Duplicate part designators 元器件中出现标示号重复的部分；

◆Errors in component model parameters 元器件模型中出现错误的参数；

◆Extra pin found in component display mode 多余的引脚在元器件上显示；

◆Mismatched hidden pin component 元器件隐藏引脚的连接不匹配；

◆Mismatched pin visibility 引脚的可视性不匹配；

◆Missing component model parameters 元器件模型参数丢失；

◆Missing component models 元器件模型丢失；

◆Missing component models in model files 元器件模型不能在模型文件中找到；

◆Missing pin found in component display mode 不见的引脚在元器件上显示；

◆Models found in different model locations 元器件模型在未知的路径中找到；

◆Sheet symbol with duplicate entries 矩形框电路图中出现重复的端口；

◆Un-designated parts requiring annotation 未标记的部分需要自动标号；

◆Unused sub-part in component 元器件中某个部分未使用。

## 3. Violations Associated with Document 相关的文档电气错误（共 10 项）

◆Conflicting constraints 约束不一致的；

◆Duplicate sheet symbol name 层次原理图中使用了重复的矩形框电路图；

◆Duplicate sheet numbers 重复的原理图图纸序号；

◆Missing child sheet for sheet symbol 矩形框图没有对应的子电路图；

◆Missing configuration target 缺少配置对象；

◆Missing sub-project sheet for component 元器件丢失子项目；

◆Multiple configuration targets 无效的配置对象；

◆Multiple top-level document 无效的顶层文件；

◆Port not linked to parent sheet symbol 子原理图中的端口没有对应到总原理图上的端口；

◆sheet enter not linked to child sheet 矩形框电路图上的端口在对应子原理图中没有对应端口。

## 4. Violations Associated With Nets 有关网络电气错误（共 19 项）

◆Adding hidden net to sheet 原理图中出现隐藏网络；

◆Adding Items from hidden net to net 在隐藏网络中添加对象到已有网络中；

◆Auto-assigned ports to device pins 自动分配端口到设备引脚；

◆Duplicate nets 原理图中出现重名的网络；

◆Floating net labels 原理图中有悬空的网络标签；

◆Global power-objects scope changes 全局的电源符号错误；

◆Net parameters with no name 网络属性中缺少名称；

◆Net parameters with no value 网络属性中缺少赋值；

◆Nets containing floating input pins 网络包括悬空的输入引脚；

◆Nets with multiple names 同一个网络被附加多个网络名；

◆Nets with no driving source 网络中没有驱动；

◆Nets with only one pin 网络只连接一个引脚；

◆Nets with possible connection problems 网络可能有连接上的错误；

◆Same net used in multiple differential Pairs 同一网络用于多差分；

◆Sheets containing duplicate ports 原理图中包含重复的端口；

◆Signals with drivers 信号无驱动；

◆Signals with load 信号无负载；

◆Unconnected objects in net 网络中的元器件出现未连接对象；

◆Unconnected wires 原理图中有没连接的导线。

## 5. Violations Associated With Others 有关原理图的各种类型的错误（3 项）

◆No Error 无错误；

◆Object not completely within sheet boundaries 原理图中的对象超出了图纸边框；

◆Off-grid object 原理图中的对象不在格点位置。

## 6. Violations associated with parameters 有关参数错误的各种类型（2 项）

◆Same parameter containing different types 相同的参数出现在不同的模型中；

◆Same parameter containing different values 相同的参数出现了不同的取值。

## 4.43　想要进行原理图编译时，编译命令用不了，为什么？

如图4-105所示，原理图文件不能进行编译，如何解决？

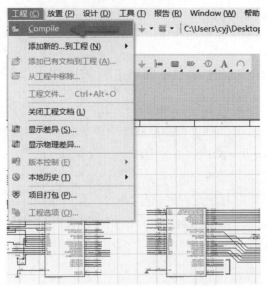

图 4-105 原理图文件不能编译

**解决方法：**

这是由于原理图文件是一个单独的Free Document即原理图文件不在工程文件中，而是一个空闲文档。将原理图文件添加到工程当中即可正常编译原理图。

## 4.44 原理图更新到PCB时，提示Footprint Not Found...，如何解决？

如图4-106所示，从原理图更新到PCB时，工程变更指令中出现Footprint Not Found...的错误，如何解决？

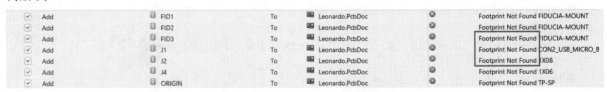

图 4-106 Footprint Not Found...

**解决方法：**

这是由于原理图中的元器件没有对应的封装导致的错误，需返回原理图中根据错误报告将对应的元器件添加到相应的封装即可。

## 4.45 原理图更新到PCB时，提示Unknown Pin...，如何解决？

如图4-107所示，从原理图更新到PCB时，工程变更指令中出现Unknown Pin...的错误，如何解决？

| | | | | | |
|---|---|---|---|---|---|
| ☑ | Add | GND1-0 to GND | In | Leonardo.PcbDoc | ✕ | Unknown Pin: Pin GND1-0 |
| ☑ | Add | GND2-0 to GND | In | Leonardo.PcbDoc | ✕ | Unknown Pin: Pin GND2-0 |
| ☑ | Add | GND3-0 to GND | In | Leonardo.PcbDoc | ✕ | Unknown Pin: Pin GND3-0 |
| ☑ | Add | GND4-0 to GND | In | Leonardo.PcbDoc | ✕ | Unknown Pin: Pin GND4-0 |
| ☑ | Add | GND5-0 to GND | In | Leonardo.PcbDoc | ✕ | Unknown Pin: Pin GND5-0 |

图 4-107　Unknown Pin...

**解决方法：**

这是由于原理图中的元器件没有对应的封装或者原理图元器件引脚标识和PCB封装引脚标识不一致而导致的错误，如图4-108所示，原理图元器件引脚标识为A、K，而对应的PCB封装引脚标识却是1、2。如果是缺少封装需返回原理图中，根据错误报告将对应的元器件添加到相应的封装即可。如果是原理图元器件引脚标识和PCB封装引脚标识不一致，则需返回原理图库或者PCB元器件库中将原理图元器件引脚标识和PCB封装引脚标识一一对应即可。

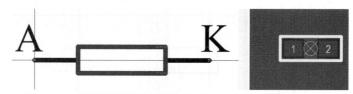

图 4-108　原理图元器件引脚标识和PCB封装引脚标识不一致

# 4.46　原理图更新到PCB时，提示Comparing Documents，如何解决？

如图4-109所示，原理图更新到PCB时，提示Comparing Documents，如何解决？

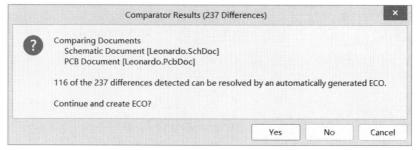

图 4-109　原理图更新到PCB提示Comparing Documents

**解决方法：**

这是因为原理图编译没有通过，并且不能完全通过创建ECO来解决，需检查原理图无误后，再执行原理图更新到PCB操作。

# 4.47　原理图更新到PCB后，部分元器件焊盘无网络，如何解决？

出现这个问题有两个可能，一是原理图中元器件的引脚与导线并未完全连接上，如图4-110所示；二是原理图元器件引脚标识和PCB封装引脚标识不一致。需返回原理图仔细检查并改正错误即可。

图 4-110　引脚与导线并未完全连接上

## 4.48　原理图更新到PCB时，提示Some nets were not able to be matched. Try to match these manually，如何解决？

如图4-111所示，从原理图更新到PCB时提示Some nets were not able to be matched. Try to match these manually，如何解决？

图 4-111　some nets were not able to be matched

这是因为原理图中该元器件的Designator ID和PCB中的Designator ID相同，但Unique ID和PCB中的Unique ID不相同所致。Unique ID是软件随机生成的，从别的地方复制过来的原理图则会报不匹配的错误。这时候可以单击对话框中"是"按钮，继续执行原理图更新到PCB的操作，或者删除PCB中已经导入的封装，重新从原理图更新到PCB中即可。

## 4.49　新建的原理图文件，没有原理图更新到PCB的Update命令，如何解决？

Altium Designer 19原理图中没有Update PCB选项怎么办？新建的原理图文件"设计"菜单栏中没有Update PCB Document选项，如图4-112所示。

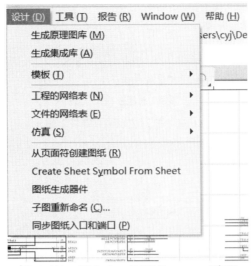

图 4-112　无Update PCB Document选项

**解决方法：**

出现以上状况是由于直接打开Sch文件，而不是打开工程文件，或者新建的原理图文件没有添加到工程目录下。需将原理图文件放到工程文件下，同时确保已经创建了.PcbDoc文件，这样就能正常执行原理图更新到PCB的命令了，如图4-113所示。

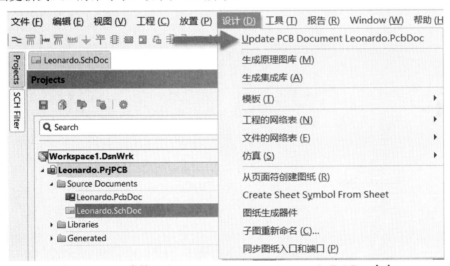

图 4-113　正常的Update PCB Document Leonardo.PcbDoc命令

# 4.50　原理图中如何快速查找元器件位置？

Altium Designer 19在原理图中想要快速找到某一个元器件，可以按快捷键J，然后在弹出的菜单中执行"跳转到器件"命令，如图4-114所示，或者直接按快捷键J+C。

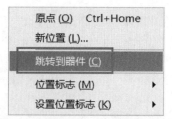

图 4-114 执行"跳转到器件"命令

在弹出的对话框中输入所要查找的元器件位号，单击"确定"按钮即可跳转到元器件所在的位置，如图4-115所示。

图 4-115 输入位号跳转到元器件所在位置

## 4.51 原理图如何切换布线拐角方式？

在原理图中连接导线时，可以通过按快捷键Shift+"空格键"来切换导线的拐角方式，如图4-116所示。

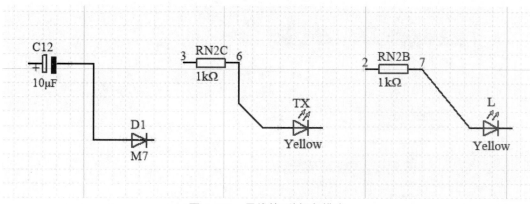

图 4-116 导线的3种拐角模式

## 4.52 原理图放置元器件时按空格键无法旋转元器件，如何解决？

在Altium Designer 19原理图绘制过程中，经常有初学者遇到放置或者选中元器件时按下空格键无法旋转元器件，这是为什么呢？

**解决方法：**

按快捷键O+P，打开"优选项"对话框，在Schematic选项下的Graphical Editing参数选项中取消勾选"始终拖曳"复选框即可，如图4-117所示。

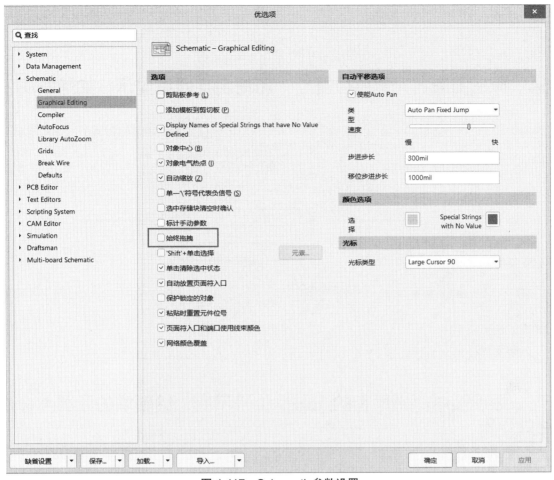

图 4-117　Schematic参数设置

## 4.53　原理图元器件附近出现波浪纹的提示，如何解决？

如图4-118所示，原理图中的元器件旁出现很多的波浪纹的提示，如何解决？

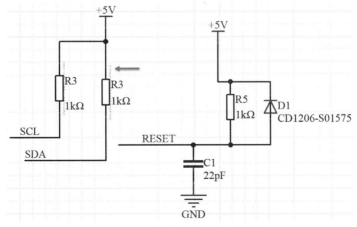

图 4-118　元器件旁出现波浪纹提示

**解决方法：**

这是由于原理图的元器件位号还没命名或者存在重复的命名，将原理图位号重新标注即可。

## 4.54　原理图命名元器件位号后，历史名字残留显示，如何解决？

原理图位号重新命名后，在新命名的位号旁有一个灰色的原位号名，如图4-119所示，如何解决？

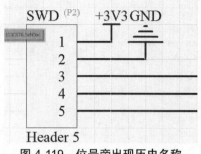

图 4-119　位号旁出现历史名称

**解决方法：**

灰色阴影里面的是修改之前的位号，把原理图保存一下，关闭后再打开就没有了。

## 4.55　原理图中保持原有的元器件位号不变，给新增的元器件标注，如何处理？

如图4-120所示，在原理图中新增几个元器件，如何保持原有的元器件位号不变，给新增的元器件标注呢？

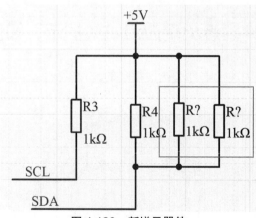

图 4-120　新增元器件

**解决方法：**

执行菜单栏中的"工具"→"标注"→"原理图页标注"命令，对原理图重新标注，注意不要去修改其他的参数，直接单击"更新更改列表"按钮即可，这样原有的位号不会被改变，而新增加进来的元器件位号重新标注，如图4-121所示。

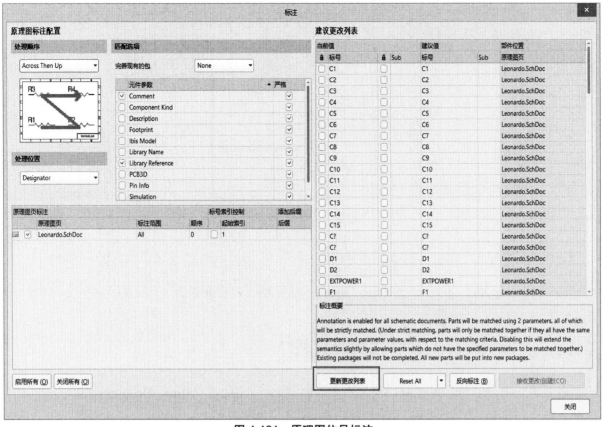

图 4-121　原理图位号标注

------

# 4.56　如何在原理图中给不同的网络导线分别添加颜色？

前面介绍了给原理图网络添加颜色的方法，那么如何在原理图中给不同的网络导线添加不同的颜色呢？

**解决方法：**

先选中某一颜色，然后在原理图中单击某一网络，则该网络就会显示相应的颜色，如果系统提供的颜色不够用，可以单击颜色下方"自定义"来选择更多的颜色，如图4-122所示。

图 4-122　选择颜色给原理图网络添加颜色

Altium Designer有些版本可以在放置网络颜色的状态下，按空格键切换不同的放置颜色，如Altium Designer 09可以实现该功能，如图4-123所示。

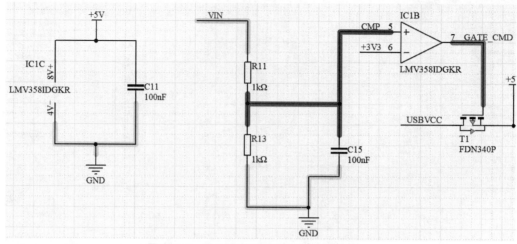

图4-123　给不同的网络添加不同的颜色

## 4.57　如何输出PDF格式的原理图？

进行原理图设计时，可能需要把原理图以PDF的格式输出。Altium Designer可以利用"智能PDF"将原理图转化为PDF格式，实现方法如下。

（1）在原理图编辑环境中，执行菜单栏中的"文件"→"智能PDF"命令。

（2）在弹出的Smart PDF对话框，单击Next按钮。

（3）在"选择导出目标"对话框中，选择"当前文档"（若有多页原理图，需要选"当前项目"，从中选择需要输出的原理图）。单击Next按钮，如图4-124所示。

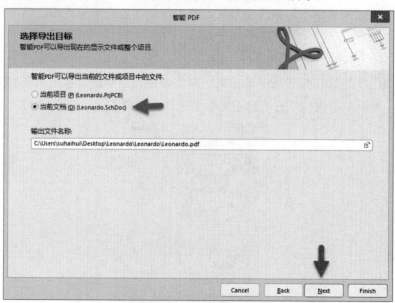

图4-124　选择淡出目标

（4）弹出的对话框提示是否输出BOM表，取消勾选"导出原材料的BOM表"复选框，单击Next按钮。

（5）接着弹出"添加打印设置"对话框，只需要在"原理图颜色模式"中选中"颜色"单选按钮，其他保持默认即可，如图4-125所示。

**图 4-125　打印设置**

（6）最后直接单击Finish按钮即可输出PDF格式的原理图，输出效果如图4-126所示。

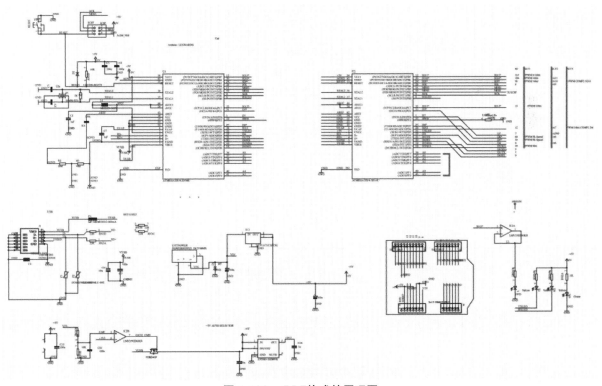

**图 4-126　PDF格式的原理图**

## 4.58 如何在原理图中批量添加封装？

在Altium Designer 19中绘制完原理图后，接下来就是检查原理图中的元器件是否都有封装，这时候可以使用封装引理器实现批量添加封装的操作，具体实现方法如下：

（1）在原理图编辑界面执行菜单栏中的"工具"→"封装引理器"命令，或者按快捷键T+G，打开"Footprint Manager（封装引理器）"对话框，如图4-127所示，在封装引理器中可以查看原理图所有元器件对应的封装模型。

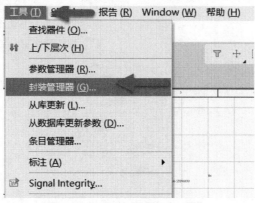

**图4-127　打开"封装引理器"**

（2）如图4-128所示，封装引理器元器件列表中Current Footprint展示的是元器件当前的封装，若元器件没有封装则对应的Current Footprint一栏为空，可在右侧单击"添加"按钮添加新的封装。

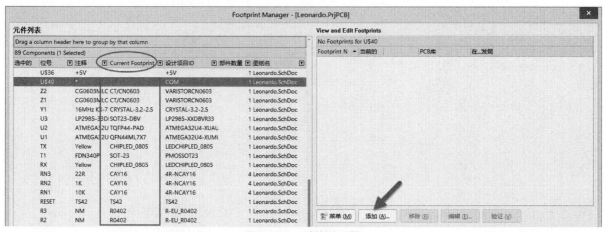

**图 4-128　封装引理器**

（3）封装引理器不仅可以对单个元器件添加封装，还可以同时对多个元器件进行封装的添加、删除、编辑等操作，同时还可以通过"注释"等值筛选，局部或者全局更改封装名，如图4-129所示。

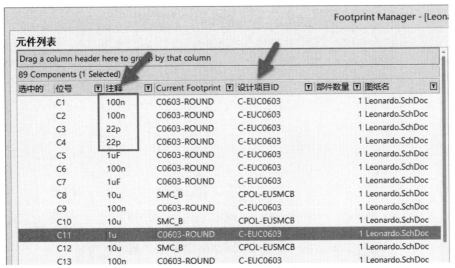

图 4-129　封装引理器筛选

（4）单击右侧的"添加"按钮，单击"浏览"按钮，选择对应的封装库并选中需要添加的封装，单击"确定"按钮完成封装的添加，如图4-130所示。封装添加完毕之后，单击"接受变化（创建ECO）"按钮，如图4-131所示。在弹出的"工程变更指令"对话框中单击"执行变更"按钮，最后单击"关闭"按钮即可完成在封装引理器中添加封装的操作，如图4-132所示。

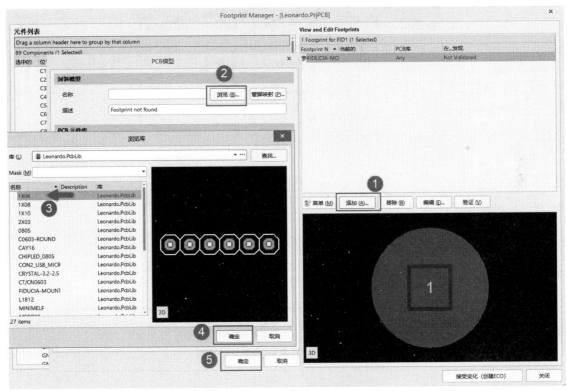

图 4-130　使用封装引理器添加封装

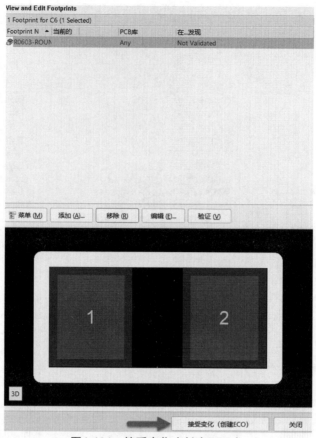

图4-131　接受变化（创建ECO）

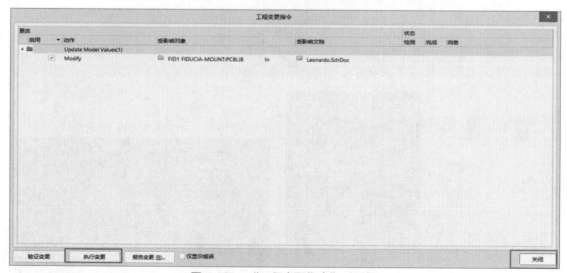

图 4-132　"工程变更指令"对话框

---

## 4.59　网络标签作用范围的设置

在同一工程下有多页原理图时，不同页原理图之间可以通过Net Label（网络标签）进行连接，而Altium Designer 19默认的Net Label作用范围为Automatic，即当原理图中有Sheet Entry（图纸入口）或者Port（端口）时，Net Label的作用范围为单张图纸。在设计中，由于存在Port，但要求Net Label作用范围为全局，因此需要修改Net Label的作用范围，下面介绍详细的设置方法。

执行菜单栏中的"工程"→"工程参数"命令，在Options for PCB Project Leonardo.PrjPCB对话框中选择Options选项卡，将"网络识别符范围"设置为Global（Netlabels and ports global），单击"确定"按钮，如图4-133所示。

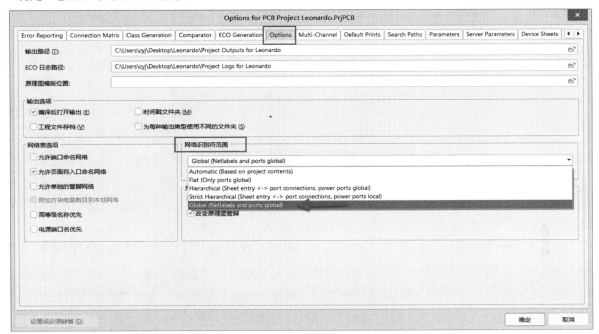

图 4-133　修改网络识别符作用范围

Net Label的4种作用范围介绍：

Automatic是默认选项，表示系统会检测项目图纸内容，从而自动调整网络标识的范围。检测及自动调整的过程如下：如果原理图里有Sheet Entry标识，则网络标识的范围调整为Hierarchical。如果原理图里没有Sheet Entry标识，但是有Port标识，则网络标识的范围调整为Flat。如果原理图里既没有Sheet Entry标识，又没有Port标识，则Net Label的范围调整为Global。

Flat代表扁平式图纸结构，这种情况下，Net Label的作用范围仍在单张图纸以内。而Port的作用范围扩大到所有图纸，各图纸只要有相同的Port名，就可以实现信号传递。

Hierarchical代表层次式结构，这种情况下，Net Label、Port的作用范围在单张图纸以内。当然，Port可以与上层的Sheet Entry连接，以纵向方式在图纸之间传递信号。

Global是最开放的连接方式，这种情况下，Net Label、Port的作用范围都扩大到所有图纸。各图纸只要有相同的Port或者相同的Net Label，就可以发生信号传递。

## 4.60　原理图位号和注释旁边出现小点，如何去掉？

如图4-134所示，在原理图中元器件旁出现一些小点，是怎么回事呢？如何取消这些小点？

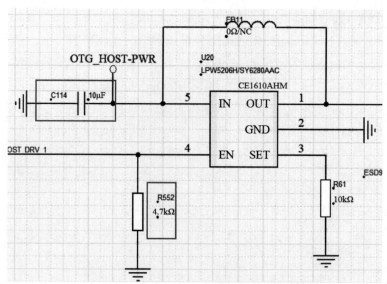

图 4-134　原理图中元器件旁出现一些小点

**解决方法：**

出现这种情况可能是原理图文件是从别的设计软件中转换过来的，例如从OrCAD转换过来的原理图就可能出现这样的情况，下面介绍如何取消这些小点。

（1）先选中其中任意一个位号，然后右击，在弹出的快捷菜单中执行"查找相似对象"命令，如图4-135所示。然后在弹出"发现相似目标"对话框中单击下方的"确定"按钮，这时软件将弹出如图4-136所示的对话框，在该对话框中勾选Autoposition复选框（如需全局修改所有的位号，须按快捷键Ctrl+A全选以后，再勾选复选框），这样即可取消位号旁边的小点。

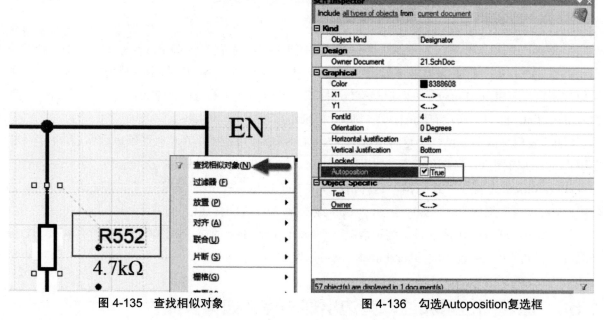

图 4-135　查找相似对象　　　　　　　　　　　　图 4-136　勾选Autoposition复选框

（2）取消元器件阻值旁小点的操作和上面取消元器件位号旁小点的操作方法一致，这里就不再赘述。

## 4.61 如何在原理图中批量修改相同名称的网络标签、批量修改元器件参数？

### 1.批量修改网络标签

（1）选中其中一个网络标签，然后右击，在弹出的快捷菜单中执行"查找相似对象"命令，如图4-137所示。

图 4-137 查找相似对象

（2）在弹出的"发现相似目标"对话框中将该网络标签的查找范围选择为Same，然后单击"确定"按钮，如图4-138所示。

（3）弹出全局修改对话框，先按快捷键Ctrl+A全选，然后在对话框中完成全局的修改，如图4-139所示。

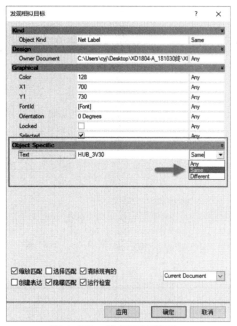

图 4-138 选择查找范围

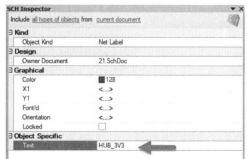

图 4-139 全局修改网络标签

### 2.批量修改元器件参数

（1）这里以修改元器件阻值为例，先选中其中一个阻值，然后右击，在弹出的快捷菜单中执行"查找相似对象"命令，在弹出的"发现相似目标"对话框中将该阻值的查找范围选择为Same，然后单击"确定"按钮，如图4-140所示。

（2）弹出全局修改对话框，先按快捷键Ctrl+A全选，然后在对话框中完成全局的修改，如图4-141所示。

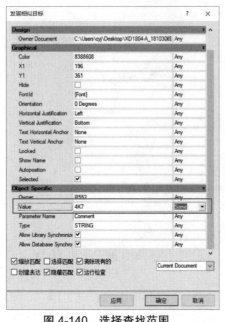

图 4-140　选择查找范围　　　　　　　　图 4-141　全局修改元器件阻值

## 4.62　Altium Designer 19原理图如何一次性隐藏全部元器件的位号或者阻值？

选择其中任意一个位号或者阻值，右击，在弹出的快捷菜单中执行"查找相似对象"命令，然后在弹出的"发现相似目标"对话框中单击"确定"按钮，弹出全局修改对话框，先按快捷键Ctrl+A全选，然后在对话框中勾选Hide复选框即可全部隐藏元器件的位号或者阻值，如图4-142所示。

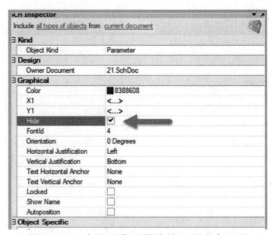

图 4-142　全局隐藏元器件的位号或者阻值

# 4.63 原理图连接导线时非节点交叉部分显示"桥梁"横跨效果的设置

如图4-143所示，原理图连接导线时非节点交叉部分显示"桥梁"横跨效果，如何实现？

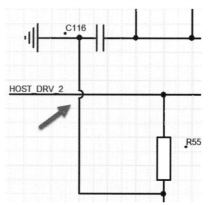

图 4-143 非节点交叉部分显示"桥梁"横跨效果

**解决方法：**

按快捷键O+P，打开"优选项"对话框，在Schematic选项下的General中勾选"显示Cross-Overs"复选框即可，如图4-144所示。

图 4-144 勾选"显示Cross-Overs"复选框

## 4.64　原理图栅格类型及栅格颜色的修改

按快捷键O+P，打开"优选项"对话框，在Schematic选项下的Grids中修改栅格类型及栅格颜色，如图4-145所示。

图 4-145　修改栅格类型及栅格颜色

## 4.65　原理图中的区分各模块的线如何绘制？

如图4-146所示，在原理图中经常可以看到不同的模块用线条划分不同区域，这样可以增加原理图的可读性，那这个线条如何绘制呢？

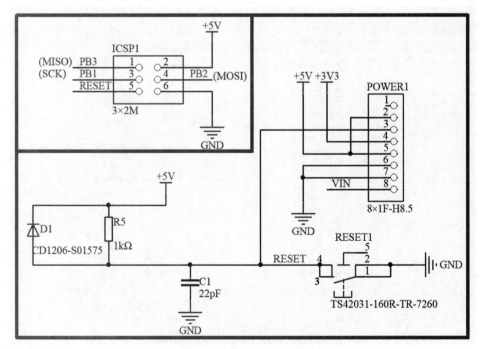

图 4-146　用线条区分不同模块

**解决方法：**

（1）执行菜单栏中的"放置"→"绘图工具"→"线条"命令，或者单击菜单栏中实用工具里面的"放置线条"按钮，开始绘制线条，如图4-147所示。

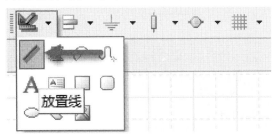

图 4-147　放置线条

（2）光标变成十字形状，在需要放置线条的位置单击鼠标左键开始放置线条，按Tab键可以修改线条的参数，建议将线条尺寸设置为Medium。

## 4.66　原理图放置元器件时如何设置元器件位号为递增或者递减的形式？

Altium Designer 19原理图中放置元器件时，按Tab键修改元器件位号后，后面继续放置元器件时，其位号是可以递增或者递减的。打开"优选项"对话框，在Schematic下的General中将"放置是自动增加"下"首要的"设置为"1"，那么放置元器件时位号为递增的形式，如图4-148所示。

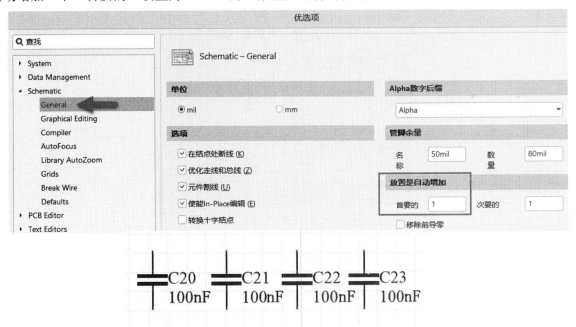

图 4-148　放置时递增设置

在Schematic下的General中将"放置是自动增加"下"首要的"设置为-1，那么放置元器件时位号为递减的形式，如图4-149所示。

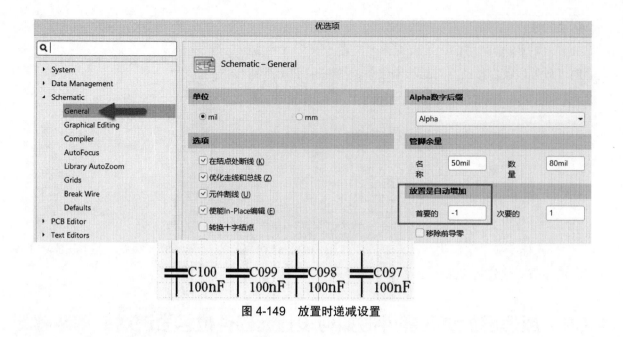

图 4-149　放置时递减设置

## 4.67　在原理图中设置PCB规则的方法

Altium Designer 19提供了在原理图中设置PCB布线规则的功能，这样为工程师在交互式设计上提供了更加便利的设计环境，具体设置方法如下：

（1）打开一份绘制好的原理图，在原理图编辑界面执行菜单栏中的"放置"→"指示"→"参数设置"命令，或者按快捷键P+V+M，如图4-150所示。

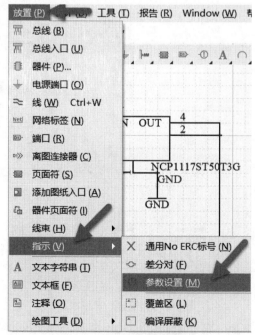

图 4-150　放置参数设置指示

（2）将Parameter Set标记放在原理图中的网络连接导线上，如放在电源网络上，表示对该网络设置PCB布线规则，如图4-151所示。

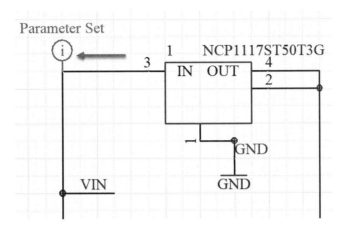

**图 4-151　在原理图中放置参数设置指示**

（3）双击原理图中的Parameter Set标号，在弹出的对话框中找到Rules选项，并单击Add按钮添加规则，如图4-152所示。

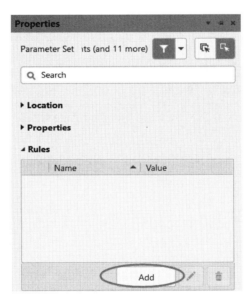

**图 4-152　添加规则**

（4）弹出"选择设计规则类型"对话框，如图4-153所示。

（5）"选择设计规则类型"对话框中是相应的PCB规则，选中需要设定的规则，例如需要定义电源网络的间距，选择Clearance Constraint，如图4-154所示。

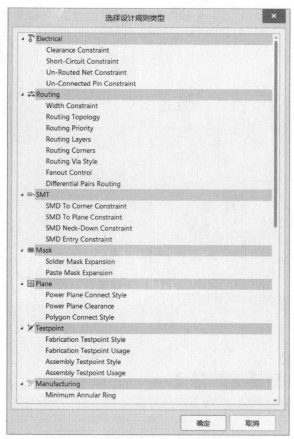

图 4-153　"选择设计规则类型"对话框

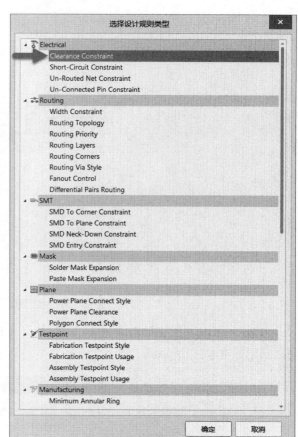

图 4-154　选择需要设置的规则

在弹出的Edit PCB Rule(From Schematic)-Clearance Rule对话框中设定网络安全间距，单击"确定"按钮，如图4-155所示。

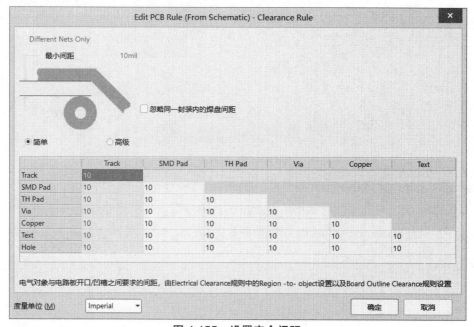

图 4-155　设置安全间距

（6）这样，就在原理图设置好了PCB规则，如图4-156所示，更新到PCB后就有了相对应的规则。

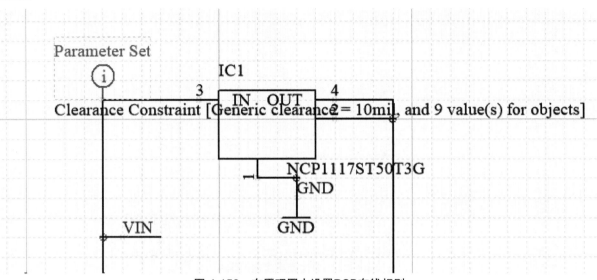

图 4-156　在原理图中设置PCB布线规则

## 4.68　端口（Port）与对应的网络未连接在一起，如何解决？

放置端口后，还需要放置一个Netlabel（网络标签）在端口上，否则端口就是一个单端网络，如图4-157所示。

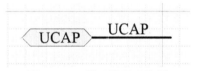

图 4-157　端口的正确使用

## 4.69　工程中有多页原理图时，如何在所有原理图中高亮指定网络并显示在哪几页原理图使用了该网络？

如图4-158所示，在Altium Designer 19的工程中有多页原理图时，在其中一页原理图中选择某一网络，能快速查看哪几页原理图使用了该网络（逐页查看很慢），如何实现？

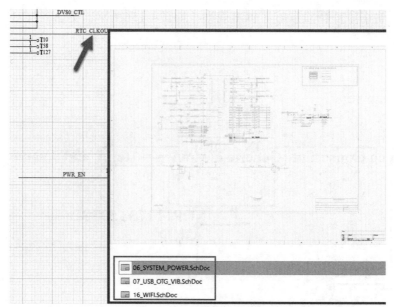

图 4-158　快速查看原理图网络

**解决方法：**

（1）按快捷键O+P，打开"优选项"对话框，在System选项下的Design Insight（设计检视）中勾选"使能连接检视"复选框，然后在下方的启动风格中勾选需要的启动风格，可以选择鼠标悬停和Alt+双击鼠标，如图4-159所示。

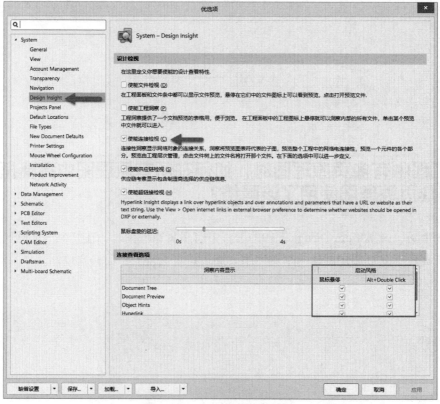

图 4-159　打开使能连接检视

（2）打开使能连接检视后，回到原理图中，先编译原理图（注意，一定要先编译原理图，才能使用连接检视功能），然后即可快速查看哪几页原理图使用了该网络，鼠标悬停在网络上或者按住Alt加鼠标左键，双击网络，即可查看哪几页原理图使用了该网络，如图4-160所示。

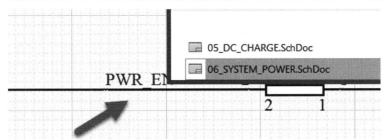

图 4-160　快速查看原理图网络连接

# 4.70　原理图更新到PCB时，如何禁止工程变更指令中出现的Add Room选项？

原理图更新到PCB时，软件会在PCB中默认生成Room，取消生成Room的常规操作是在"工程变更指令"中取消勾选Add复选框，如图4-161所示。

图 4-161　在"工程变更指令"中取消勾选Add复选框

那么如何设置让原理图Update到PCB时候不会出现Add Room选项呢？

**解决方法：**

在原理图编辑界面执行菜单栏中的"工程"→"工程选项"命令，打开"工程选项"对话框，在Class Generation选项卡中取消勾选"生成Room"复选框，如图4-162所示。这样从原理图更新到PCB时就不会出现Add Room选项。

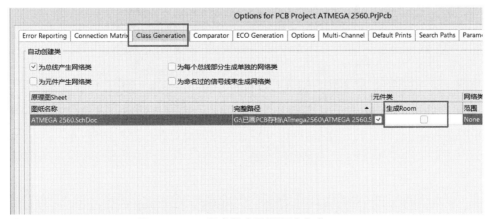

图 4-162　工程参数中设置取消生成Room

## 4.71 Altium Designer 19原理图转换成Protel 99原理图

Altium Designer 19原理图转换成Protel 99原理图步骤如下：

（1）在Altium中打开需要转换的原理图，然后执行菜单栏中的"文件"→"另存为"命令，保存类型选择Schematic binary 4.0(*.sch)格式，如图4-163所示。

**图 4-163　另存原理图文件**

（2）打开Protel 99软件，打开Altium Designer 19另存为的原理图文件即可（可以先新建一个Project，然后再导入，也可以直接选择"OPen...打开"，软件弹出New新建对话框），如图4-164所示。

**图 4-164　导入Altium Designer 19原理图文件**

（3）选择从Altium Designer 19中导出的文件，单击"打开"按钮，这时候Protel 99软件会弹出New Design Database对话框，设置完毕以后，单击OK按钮即可，如图4-165所示。

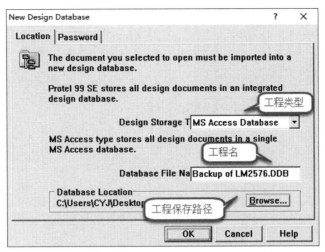

图 4-165　新建工程保存导入的原理图文件

（4）导入后的原理图如图4-166所示，转换完成之后，请仔细检查并确认原理图。

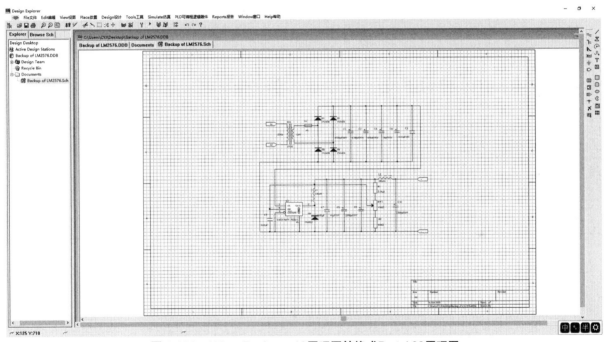

图 4-166　Altium Designer 19原理图转换成Protel 99原理图

## 4.72　Altium Designer 19原理图转换成PADS原理图

Altium Designer 19原理图转换成PADS原理图步骤如下：

直接打开PADS Logic，执行菜单栏中的"文件导入"命令，选择需要导入的Altium Designer 19原理图文件，注意需将文件类型选择为Protel DXP/Altium Designer 2004-2008原理图文件（*.schdoc），PADS Logic可以直接转换打开，如图4-167所示。同样转换完成之后，请仔细检查并确认原理图。

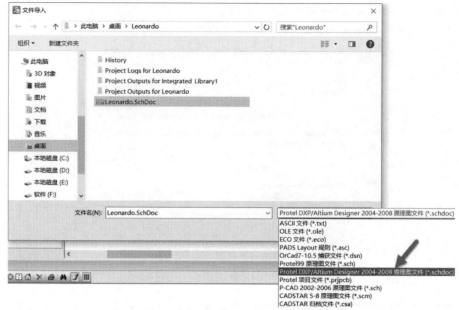

图 4-167　导入Altium Designer 19原理图文件

## 4.73　Altium Designer 19原理图转换成OrCAD原理图

Altium Designer 19原理图转换成OrCAD原理图步骤如下：

（1）准备需要转换的原理图，利用Altium Designer 19软件新建一个工程，将需要转换的单页原理图文件或者多页原理图文件添加到工程中，如图4-168所示。

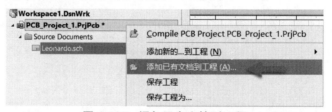

图 4-168　添加已有文档到工程

（2）在工程文件上右击，在弹出的快捷菜单中执行"保存工程为"命令，把此工程文件另存为DSN格式的文件，如图4-169所示。在弹出的如图4-170所示的对话框中选择箭头所标记的两项之后单击"确定"按钮。

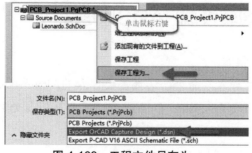

图 4-169　工程文件另存为

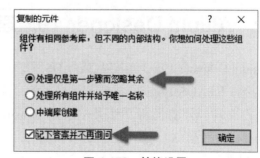

图 4-170　转换设置

（3）完成上述步骤之后，接下来就是用OrCAD打开转换之后的文件了，一般采用OrCAD 11.5版本打开转换后的文件。注意：在用低版本OrCAD打开之前，不要用OrCAD其他版本打开这份文件，不然就打不开了，打开之后再保存一次，就可以用高版本OrCAD打开该原理图文件了。

## 4.74 PADS原理图转换成Altium Designer 19原理图

PADS原理图转换成Altium Designer 19原理图步骤如下：

（1）用PADS Logic打开需要转换的原理图文件，执行菜单栏中的"文件"→"导出"命令，导出一份ASCII编码格式的TXT文档，如图4-171所示。

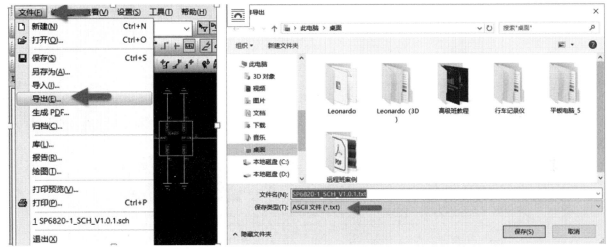

图 4-171 PADS原理图的导出

（2）单击"保存"按钮，会弹出"ASCII输出"对话框，勾选"选择要输出的段"下的全部复选框，输出版本选择最低版本PADS Logic 2005，如图4-172所示。

图 4-172 ASCII输出设置

（3）打开Altium Designer 19软件，执行菜单栏中的"文件"→"导入向导"命令，在向导中选择PADS ASCII Design And Library Files文件类型，如图4-173所示。

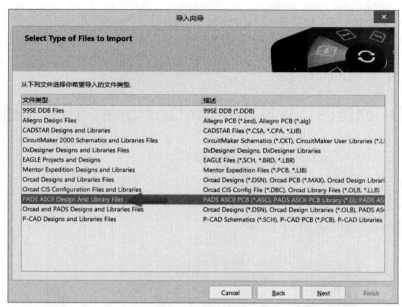

图 4-173　原理图转换向导

（4）单击Next按钮，选择之前导出的TXT文档如图4-174所示，然后单击Next按钮。

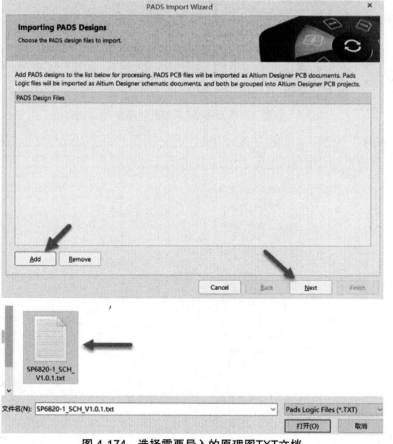

图 4-174　选择需要导入的原理图TXT文档

（5）根据向导设置输出文件路径及预览工程文件，如图4-175所示。设置完成后继续单击Next

按钮，根据向导进行转换，直到转换完成。

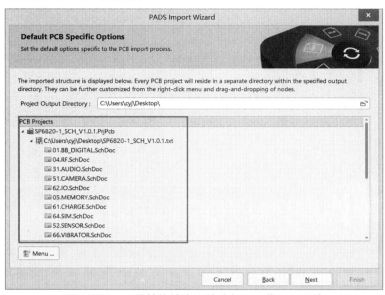

图 4-175　设置转换输出文件路径及预览工程文件

（6）转换后的Altium Designer 19原理图文件如图4-176所示。因为不同软件的兼容性不一样，转换后的原理图可能存在不可预知的错误，所以还是请仔细检查并确认原理图是否正确。

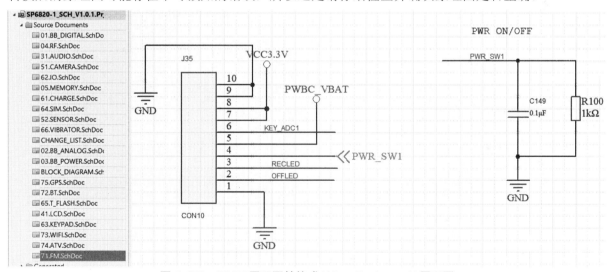

图 4-176　PADS原理图转换成Altium Designer 19原理图

# 4.75　OrCAD原理图转换成Altium Designer 19原理图

OrCAD原理图转换成Altium Designer 19原理图步骤如下：

（1）OrCAD原理图转换成Altium Designer 19原理图时，一般要降低到16.2以下版本。用OrCAD打开需要转换的原理图文件，在工程文件上右击，在弹出的快捷菜单中执行Save As命令，另存为一个16.2版本的原理图，如图4-177所示。

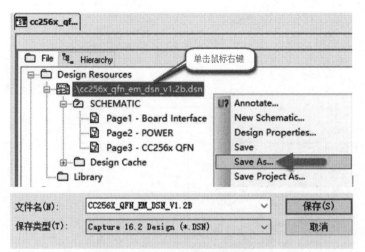

**图 4-177　另存为OrCAltium版本**

（2）打开Altium Designer 19软件，执行菜单栏中的"文件"→"导入向导"命令，选择OrCAD and PADS Designers and Libraries Files文件类型，如图4-178所示。

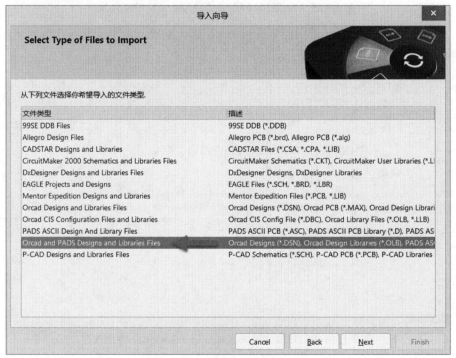

**图 4-178　选择导入的文件类型**

（3）单击Next按钮，选择之前另存的16.2版本的OrCAD原理图如图4-179所示。单击Next按钮，按照弹出的转换向导进行转换。

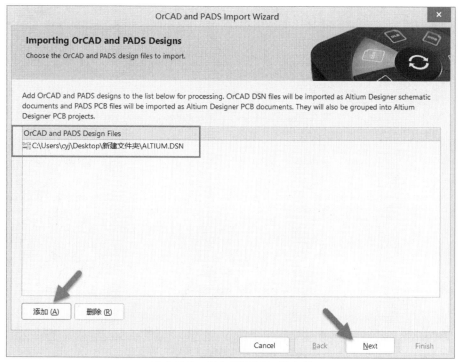

图 4-179　添加需要导入的文件

（4）在转换过程中，注意转换选项的设置，如图4-180所示。

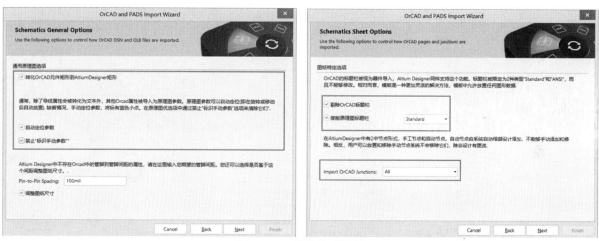

图 4-180　转换选项设置

（5）根据向导设置输出文件路径及预览工程文件，如图4-181所示。继续单击Next按钮，根据向导进行转换，直到转换完成。

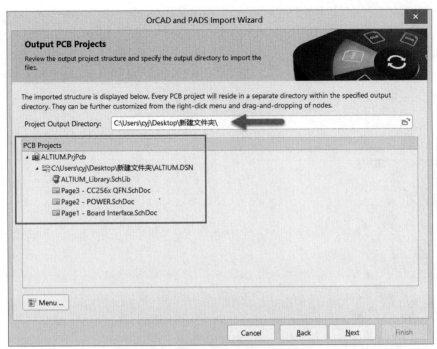

图 4-181　输出文件路径及预览工程文件

（6）转换后的Altium Designer 19原理图如图4-182所示。同样，转换的原理图存在不可预知的错误，转换完成后的原理图仅供参考，如果要使用，则需仔细检查及确认。

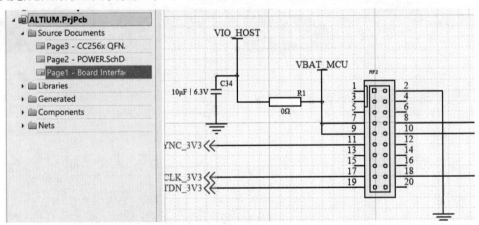

图 4-182　OrCAD原理图转换成Altium Designer 19原理图

# 4.76　OrCAD原理图转换成PADS原理图

OrCAD原理图转换成PADS原理图步骤如下：

（1）OrCD原理图转换成PADS原理图时，一般要降低到16.2以下版本。用OrCAD打开需要转换的原理图，在工程文件上右击，在弹出的快捷菜单中执行Save As命令，另存为一个16.2版本的原理图。

（2）打开PADS Logic软件，执行菜单栏中的"文件"→"导入"命令，选择导入扩展名为.dsn的文件，如图4-183所示。

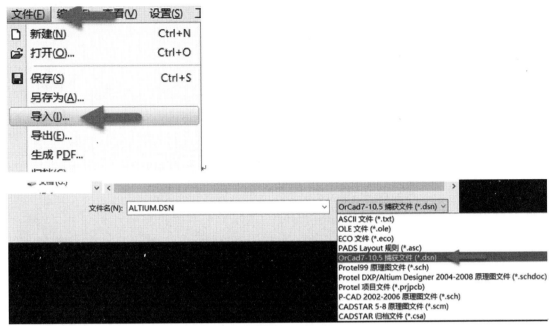

图 4-183　选择需要导入的原理图文件

（3）软件可以直接完成转换并打开，转换好的原理图如图4-184所示。

图 4-184　OrCAD原理图转换成PADS原理图

## 4.77　PADS原理图转换成OrCAD原理图

各软件之间的原理图转换具有相互性，如图4-185所示，利用各软件之间的原理图相互转换的功能，可以先把PADS原理图转换成Altium Designer 19原理图，再把Altium Designer 19原理图转换成OrCAD原理图，具体转换方法可参照前文。

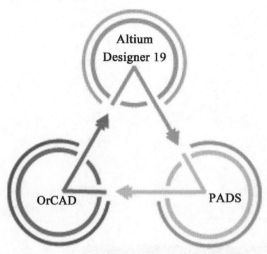

图 4-185　各软件之间相互转换的功能

# 第5章
# PCB部分

## 5.1　原理图更新到PCB后，元器件引脚报错，如何解决？

如图5-1所示，原理图更新到PCB之后，元器件引脚安全间距报错，如何解决？

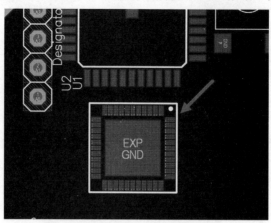

图 5-1　元器件引脚安全间距报错

**解决方法：**

这是由于元器件引脚之间的间距小于PCB整板设定的安全间距，进入PCB规则编辑器，将安全间距改小即可，如图5-2所示。

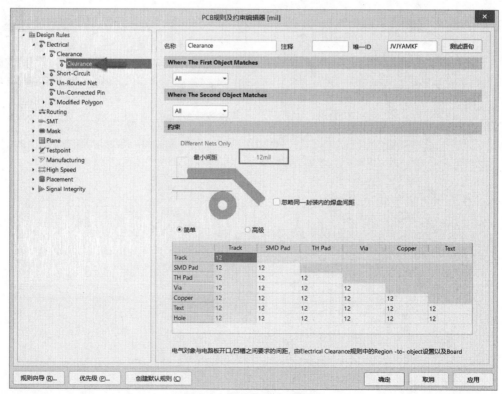

图 5-2　修改整板安全间距

对于有安全间距要求的项目，整板的安全间距不允许修改的情况，这时可以新建一个规则，单独对该元器件设置安全间距，具体实现方法如图5-3所示。

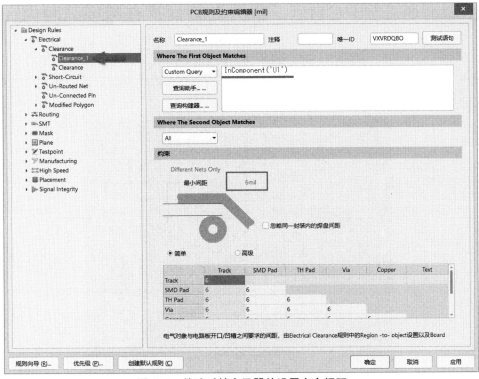

图 5-3　单独对某个元器件设置安全间距

如果使用高版本的Altium Designer软件，如Altium Designer 18或Altium Designer 19版本，还可以直接在安全间距规则中勾选"忽略同一封装内的焊盘间距"复选框，如图5-4所示，这样元器件引脚就不会报错了。

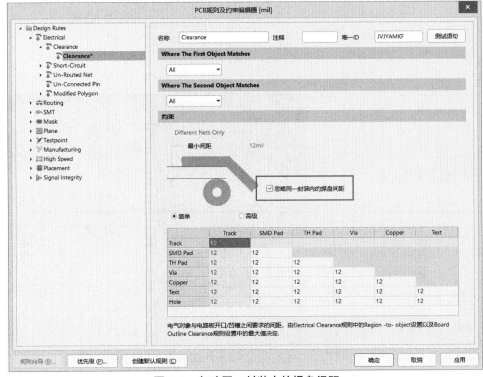

图 5-4　忽略同一封装内的焊盘间距

## 5.2 原理图更新到PCB后，部分元器件不在可视范围内，如何移回来？

在原理图更新到PCB时，有时候出现部分元器件跑到PCB编辑界面很远的地方，很难移动回来的情况，如图5-5所示。

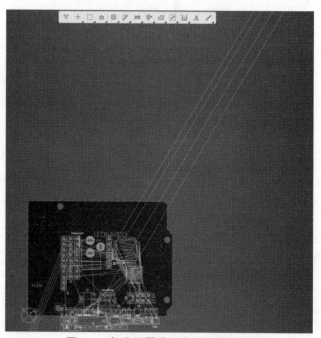

图 5-5　部分元器件不在可视范围内

**解决方法：**

按快捷键Ctrl+A全选，在工具栏中找到"排列工具"按钮，执行"在区域内排列器件"命令，如图5-6所示。

然后框选一个区域，这时候所有的元器件就会自动排列到框选的区域，如图5-7所示。

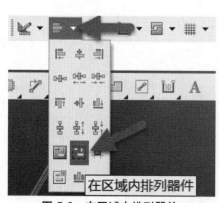

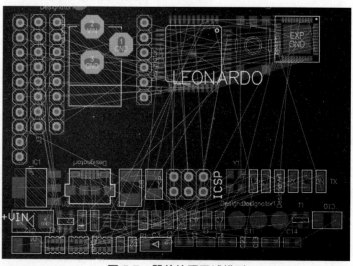

　图 5-6　在区域内排列器件　　　　图 5-7　器件按照区域排列

如果只是想将外边的器件移回来，而不改变其他器件的位置，这时候可以选择区域外部的操作，按快捷键S+O，框选一个闭合区域，软件会将该区域外的所有对象选中，然后再执行区域内排列器件操作即可。

## 5.3　原理图更新到PCB后，提示Room Definition Between Component on TopLayer and Rule on TopLayer，如何解决？

这是由于更新到PCB时添加了Room所致。解决方法有两种。

解决方法1：删除Room，即如图5-8左下角的箭头所指区域，选中以后按Delete键直接删除即可。

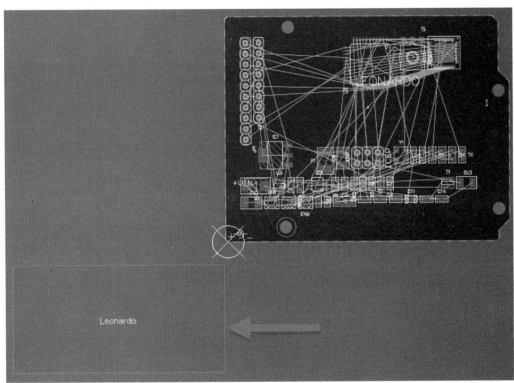

图 5-8　删除Room

解决方法2：在更新到PCB时，在工程变更命令中取消勾选Add复选框，如图5-9所示。

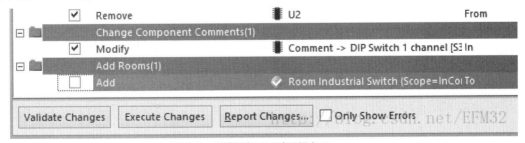

图 5-9　更新到PCB时不添加Rooms

## 5.4 原理图更新到PCB后，提示Component Clearance Constraint ...Between Component...，如何解决？

**解决方法：**

执行菜单栏中的"设计"→"规则"命令，或者按快捷键D+R，打开"PCB规则及约束编辑器 [mil]"对话框。在Placement选项下的Component Clearance Constraint中取消勾选"显示实际的冲突间距"复选框，或将规则设置成合适的值即可，如图5-10所示。

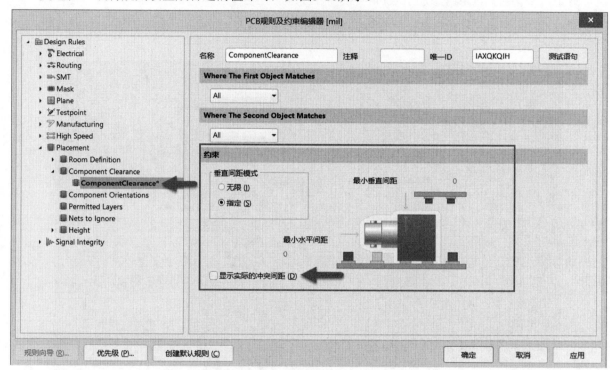

图 5-10　元器件与元器件之间的安全间距

## 5.5 导入AutoCAD板框的方法

对于一些复杂的板框需要导入CAD结构工程师绘制的板框文件，例如扩展名为.dwg或者.dxf的文件。

导入之前需要确保板框文件的版本为AutoCAD2013以下，以便Altium Designer 19软件能正确导入。

导入AutoCAD板框的步骤如下：

（1）新建一个PCB文件并打开，执行菜单栏中的"文件"→"导入"→DWG/DXF命令，选择需要导入的DXF文件，如图5-11所示。

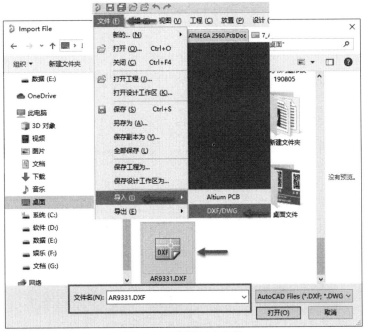

图 5-11　选择DXF文件

（2）导入属性设置窗口。

①在"比例"选项中设置导入单位（确保与CAD单位保持一致，否则导入的板框尺寸不对）。

②选择需要导入的层参数，为了简化导入操作，"PCB层"这一项可以保持默认，成功导入之后再将某些层更改为需要的层，如图5-12所示。

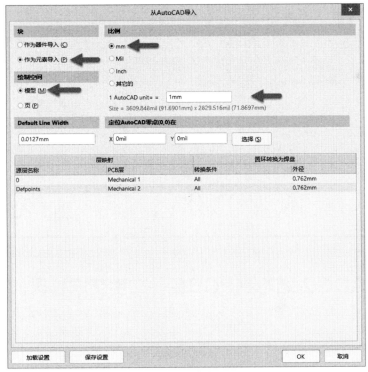

图 5-12　层参数设置

（3）导入的板框图如图5-13所示，选择需要重新定义的闭合板框线，执行菜单栏中的"设计"→"板子形状"→"按照选择对象定义"命令，或者按快捷键D+S+D，即可完成板框的定义，如图5-13所示。

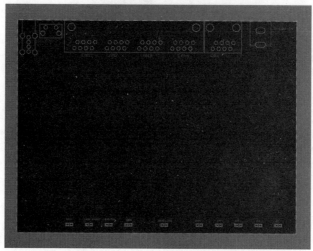

**图 5-13　DXF文件导入的板框**

## 5.6　定义PCB板框时，出现Could not find board outline using...的提示，如何解决？

如图5-14所示，定义PCB板框时，出现Could not find board outline using...的错误提示，如何解决？

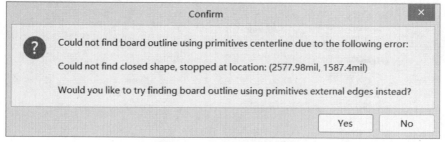

**图 5-14　定义板框时报错**

**解决方法：**

这是由于在定义板框时，所选的边框线不是一个闭合的区域，检查边框线是否闭合，修改后重新定义板框即可。

## 5.7　AutoCAD导入结构到PCB后，文字变成乱码，如何解决？

如图5-15所示，AutoCAD导入结构到PCB后，里边的一些文字变成乱码，如何解决？

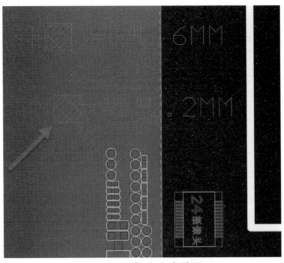

图5-15　部分文本乱码

**解决方法：**

这是由于字体类型选择不正确，双击乱码的文本，修改字体类型为TrueType即可，如图5-16所示。

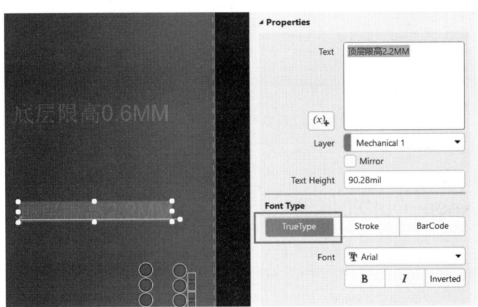

图5-16　更改文本字体类型

## 5.8　AutoCAD导入结构后，提示The imported file was not wholly contained in the valid PCB...，如何解决?

这是由于导入的文件不能完全在PCB文件中显示，需要对比源AutoCAD文件，查看丢失了哪些内容，若不影响正常使用，可直接忽略该警告。

## 5.9　AutoCAD导入结构后，提示Default line width should be greater than 0，如何解决？

这是由于导入AutoCAD结构文件时，默认线宽设置太小，需要在Default Line Width中，将线宽设置大于0即可，如图5-17所示。

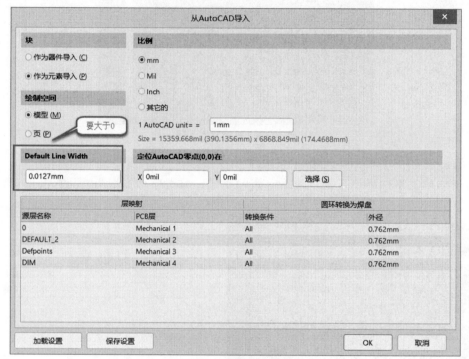

图 5-17　默认线宽设置

## 5.10　Keep-Out线的绘制

Altium Designer 18之后的版本改动比较大，以前的版本Keep-Out线是可以在Keep-Out层直接放置的。而Altium Designer 18版本直接在Keep-Out放置的线会跑到其他层中，并且在属性中也不可以将布线所在层修改为Keep-Out layer层。

Altium Designer 18之后的版本放置Keep-Out的方法为：

先切换到Keep-Out层，执行菜单栏中的"放置"→Keepout→"线径"命令，或者按快捷键P+K+T，即可正常放置Keepout线，如图5-18所示。

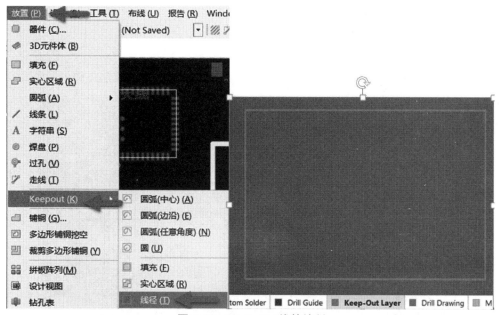

图 5-18　Keep-Out线的绘制

## 5.11　导入DXF板框时，板框出现在PCB编辑界面左下角，如何移动板框到PCB编辑界面中间位置？

如图5-19所示，DXF板框导入以后，出现在PCB编辑界面的左下角或者其他位置不方便用户进行编辑，如何使其位于PCB编辑界面中间位置呢？

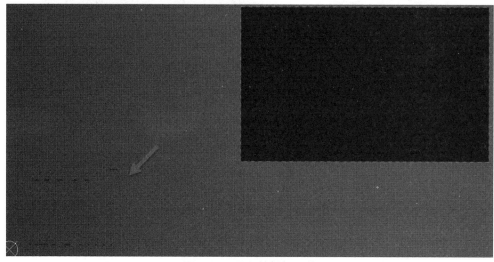

图 5-19　导入的板框文件

**解决方法：**

按快捷键Ctrl+A全选，然后按快捷键M+S移动选择的对象到PCB编辑界面中间位置即可。

## 5.12　PCB中如何交换器件位置？

如图5-20所示，在PCB中想交换两个器件的位置，有什么方法能快速实现呢？

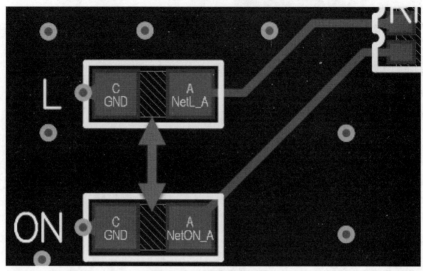

图 5-20　器件交换位置

**解决方法：**

（1）选中两个需要交换的器件，右击，在弹出的快捷菜单中执行"器件操作"→"交换器件"命令，如图5-21所示。

图 5-21　交换器件位置命令

（2）交换位置后的效果如图5-22所示。

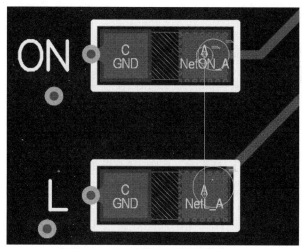

**图 5-22　交换位置后的效果**

## 5.13　如何利用模板生成PCB文件?

Altium Designer 19利用模板创建一个包含图纸信息框的PCB文件，用户可以在该信息框中输入对应的尺寸大小、图纸号、版本号等信息。还可以自己添加信息框，输入需要的内容，大大增加了PCB文件的可读性。下面介绍Altium Designer 19软件利用模板创建PCB文件的方法。

使用软件自带模板:

（1）打开Altium Designer 19软件，单击打开File面板（如果File面板被关闭则可以通过PCB编辑界面右下角的选项打开），找到"从模板新建文件"选项，单击PCB Templates选项即可选择软件自带的PCB模板文件，如图5-23所示。

**图 5-23　从PCB模板新建文件**

（2）选择需要的模板文件，然后单击"打开"按钮，即可生成一个带图纸信息框的PCB文件，如图5-24所示。

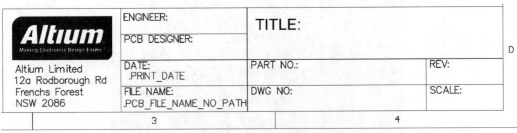

图 5-24　得到PCB模板文件

（3）如果用户不想要PCB文件的白色页面，可以执行菜单栏中的"设计"→"板参数选项"命令，或者按快捷键D+O，在"板选项[mil]"对话框中取消勾选"显示页面"复选框，如图5-25所示。

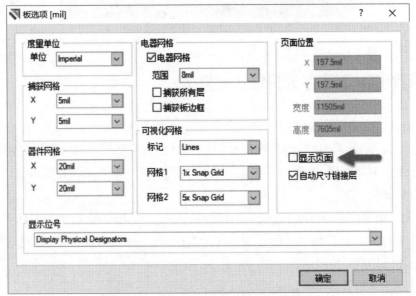

图 5-25　取消勾选"显示页面"复选框

（4）用户可以在该信息框中双击任意一个对象，即可打开编辑对话框输入对应的信息，还可以新增或删除信息框内容，如图5-26所示。

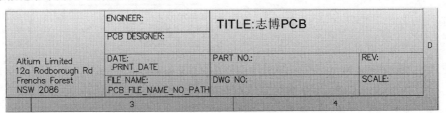

图 5-26　新增或删除信息框内容

复制图纸信息到已有PCB文件：

（1）打开一个PCB模板，框选需要的图纸信息，然后执行复制操作。

（2）切换到需要添加图纸信息的PCB文件，设置合适的图纸大小，然后执行粘贴操作，选择合适的位置放置前面复制的图纸信息即可，如图5-27所示。

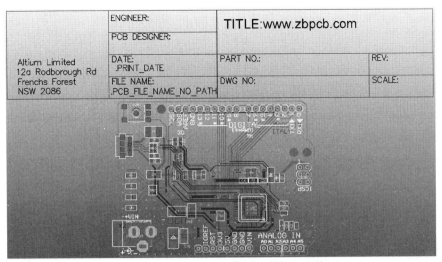

图 5-27 复制图纸信息到已有PCB文件

（3）复制粘贴过来的图纸信息也是可以进行修改的，按照前面介绍的方法进行设置。

# 5.14 PCB中如何对指定元器件设置规则？

Altium Designer 19可以单独对一部分元器件设置约束规则，下面以单独对一部分元器件设置安全间距为例介绍具体的解决方法：

（1）执行菜单栏中的"设计"→"类"命令，或者按快捷键D+C，新建一个元器件类，并将其命名为Clearance，如图5-28所示。

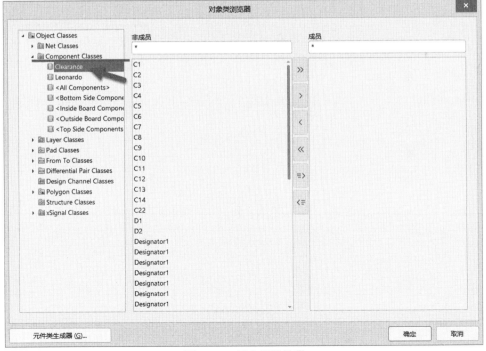

图 5-28 新建元器件类

（2）将需要单独设置规则的元器件归为一类，即从"非成员"列表移动到"成员"列表，如图5-29所示。

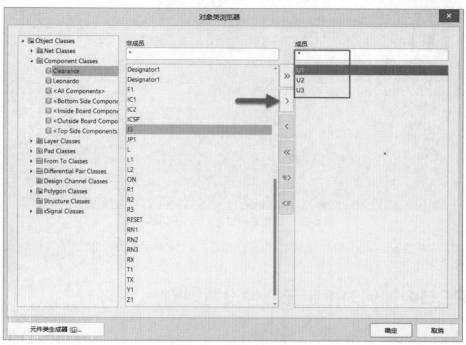

**图 5-29　添加类成员**

（3）打开"PCB规则及约束编辑器[mil]"对话框，在安全间距规则栏新建一个规则，单独对前面设置的器件类设置安全间距，具体实现方法如图5-30所示。

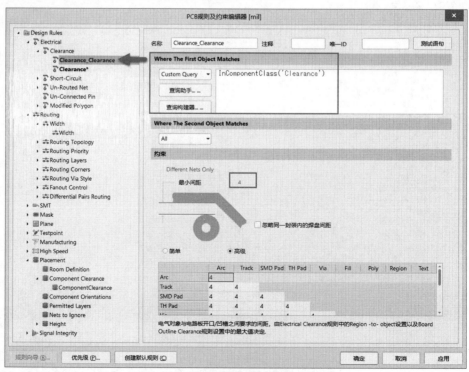

**图 5-30　单独对器件类设置安全间距**

利用创建类的方法还可以对创建的类设置如线宽等其他的约束规则。

## 5.15　如何添加差分对并设置差分规则?

### 1.添加差分对

差分一般有90欧姆差分和100欧姆差分。添加差分对之前需要在类引理器中添加差分类名称，然后在差分编辑器中进行差分网络的添加。

（1）首先创建差分类，按快捷键D+C，打开"对象类浏览器"对话框，选中Differential Pair Classes。

（2）在Differential Pair Classes右击，添加两个类，分别命名为"90 OM"和"100 OM"，如图5-31所示。

图 5-31　差分类的添加

（3）打开PCB面板，选择Differential Pair Editor选项，进入差分对编辑器，如图5-32所示，可以看到这里总共有3个差分类。

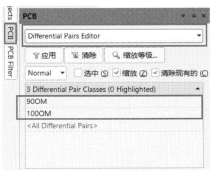

图 5-32　差分对编辑器

①All Differential Pairs：PCB中设置的所有差分对；

②90 OM：类引理器中添加的90 OM差分类；

③100 OM：类引理器中添加的100 OM差分类。

（4）如需要添加90 OM的差分对时，先选中"90 OM"类别，单击"添加"按钮，手工添加差分对，如图5-33所示，在"正网络"栏中添加差分"+"网络，在"负网络"栏中添加差分"-"网络，并在名称栏中更改差分对名称，方便识别。

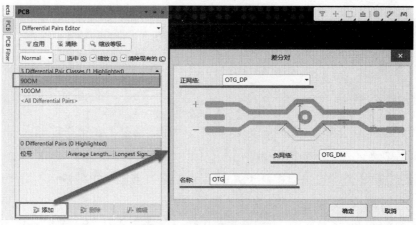

**图 5-33  手工添加差分对**

此外，还可以通过网络匹配从网络中创建差分对，"从网络创建差分对"对话框如图5-34所示。单击"从网络创建"按钮，进入"从网络创建差分对"界面，先选择需要添加差分对的差分类，在匹配栏中填入匹配符（常用的匹配符有"+""-""P""N""M"），下方列表中会显示出符合匹配条件的差分网络，然后勾选待添加的网络，如果不是，取消勾选即可。选择好差分对后，单击"执行"按钮，完成匹配添加。

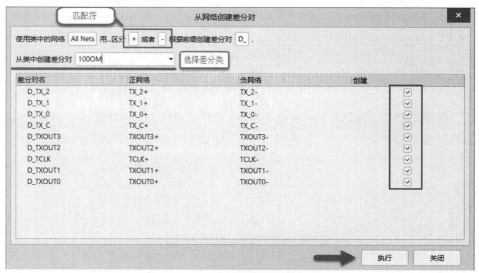

**图 5-34  "从网络创建差分对"界面**

### 2.设置差分规则

向导法

（1）打开PCB面板，展开PCB对象编辑页面，在下拉选项中选择Differential Pairs Editor，进入差分对编辑器，如图5-35所示。

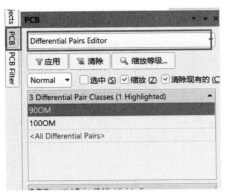

**图 5-35　差分对编辑器**

（2）单击需要设置规则的差分类，如90 OM，单击"规则向导"按钮，进入规则向导界面，如图5-36所示，根据向导填写相关设置参数。

**图 5-36　设置差分规则名称**

（3）单击Next按钮，设置DiffPair_MatchedLengths标签下的差分对误差，误差要求是以组为单位进行设置的，如果差分阻抗误差要求严格，可以减小其填入的值，在要求不严格的情况下可以采取默认的1000 mil，如图5-37所示。

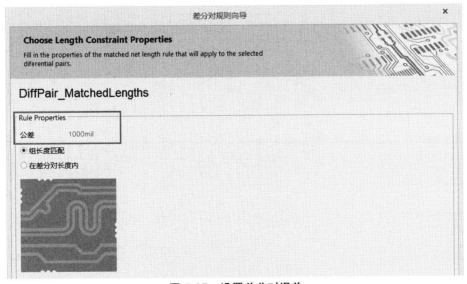

**图 5-37　设置差分对误差**

（4）设置阻抗线宽和间距。根据阻抗设计要求，不同的层输入对应的线宽和间距值，在这里最大、优选、最小的线宽值和间距值建议都填写成一样的，不要只填写一个范围，否则在差分对布线时可能会改变差分对的线宽或间距，造成阻抗不连续，如图5-38所示。

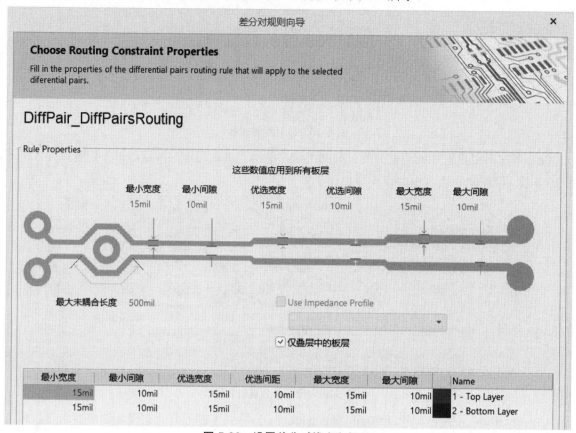

**图 5-38　设置差分对线宽和间距**

（5）规则创建完成，会提示创建的数据预览，如图5-39所示，方便核对确认。确认相关信息无误后，单击"完成"按钮，完成规则的创建。

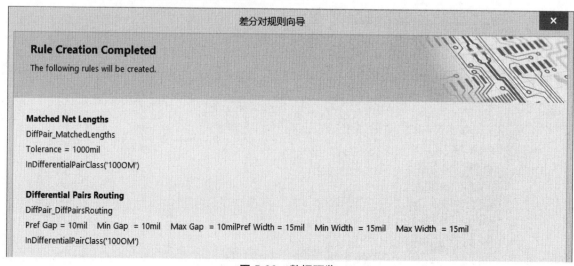

**图 5-39　数据预览**

（6）规则创建完成后，需要在PCB规则及约束编辑器中再检查一遍差分规则是否已经匹配上，如果没匹配上，用手工法再次匹配即可。差分规则的检查如图5-40所示。

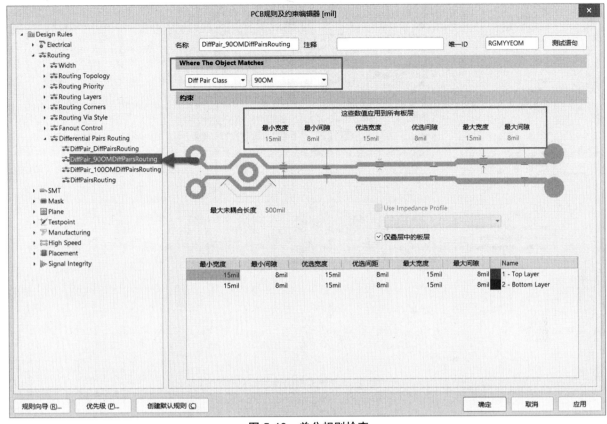

图 5-40　差分规则检查

手工创建差分规则的步骤如下：

（1）执行菜单栏中的"设计"→"规则"命令，或者按快捷键D+R，进入"PCB规则及约束编辑器[mil]"对话框。

（2）在Differential Pair Routing上右击，从弹出的快捷菜单中执行"新规则"命令，这里以创建一个100 OM差分规则为例进行介绍。

（3）填写相关参数。

①名称：填写差分规则的名称，如100 OM。

②Where The Object Matches：选择规则应用范围，选择Diff Pair Class，然后选择创建好的差分类100 OM。

③约束：根据要求填入差分线宽和间距。

（4）差分规则设置完成后，单击"应用"按钮，完成手工创建差分规则，如图5-41所示。

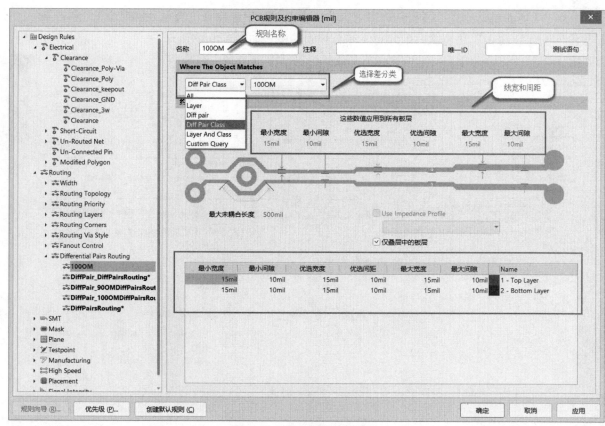

图 5-41 手工创建差分规则

## 5.16 PCB布线时线宽大小与规则设置的线宽不一致，如何解决？

在进行PCB布线时，规则中明明设置好了优选的布线线宽规则，布线时并没有按照规则设置线宽大小，如何解决？

**解决方法：**

这是由于优选项中的PCB交互式布线宽度来源选择不一致。打开"优选项"对话框，选择相应的模式即可，如图5-42所示。

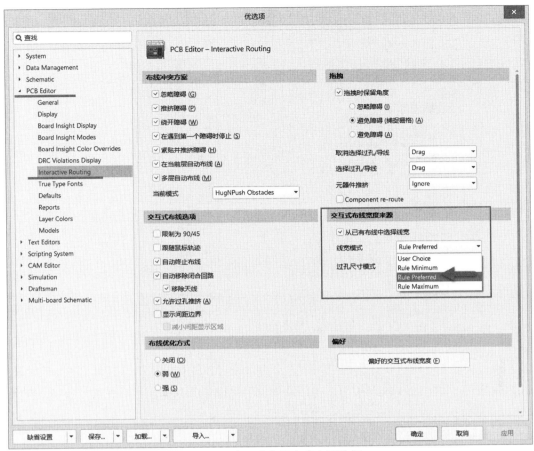

图 5-42 交互式布线宽度来源选择

## 5.17 PCB用查询助手创建规则后，出现Undeclared identifier 错误提示，如何解决？

PCB中创建规则后，出现Undeclared identifier错误提示，一般是由于存在重复的规则或者规则设置有误，检查报错的规则并进行更正即可。

## 5.18 如何设置规则，让DDR的所有布线都满足3W原则？

为了抑制电磁干扰，布线间距应尽量满足3W原则，即线与线（中心到中心）之间保持3倍线宽的距离。在DDR的布线中更是要严格满足3W原则，那么该如何设置规则，让DDR里面的所有布线都满足3W原则？

**解决方法：**

（1）新建一个网络类（Net Classes），并命名为DDR-ALL，将DDR所有布线归为一类，如图5-43所示。

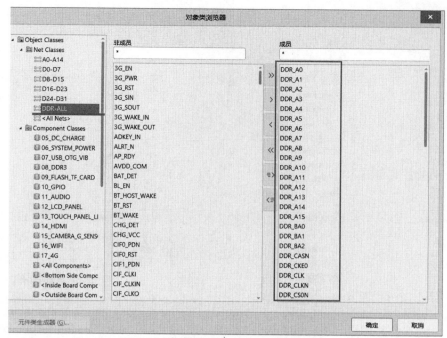

图 5-43　创建网络类包含DDR所有布线

（2）执行菜单栏中的"设计"→"规则"命令，或者按快捷键D+R，打开"PCB规则及约束编辑器[mil]"对话框。在Clearance_3W上右击，从弹出的快捷菜单中执行"新规则"命令，新建一个安全间距规则并将规则名称命名为Clearance_3W，如图5-44所示。

（3）按图5-44所示设置规则语句。

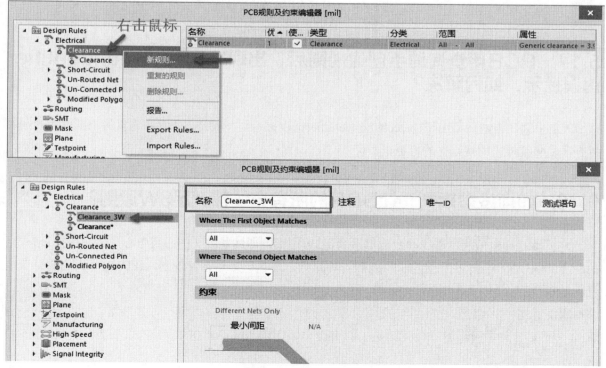

图 5-44　新建3W规则

## 5.19 如何为不同的网络设置不同的线宽规则？

如何为不同的网络设置不同的线宽规则？

**解决方法：**

（1）执行菜单栏中的"设计"→"规则"命令，或者按快捷键D+R，打开"PCB规则及约束编辑器[mil]"对话框。

（2）在Width规则上右击，从弹出的快捷菜单中执行"新规则"命令，新建一个线宽规则。

（3）新建的规则如图5-45所示，在右侧的匹配项内可以按网络、类、层，以及高级选项设置，并设置需要的条件。例如，可选某个网络，然后在下边约束项中改变线宽即可。

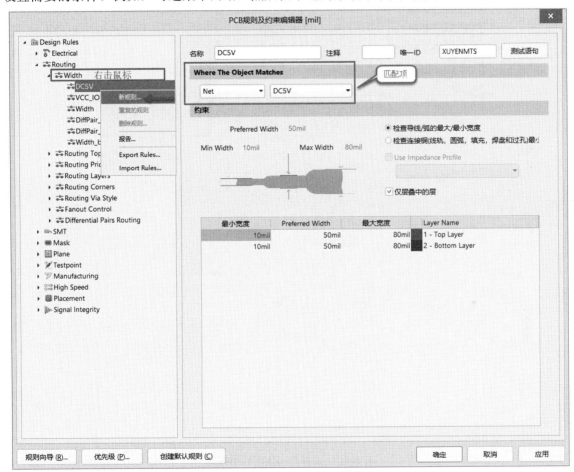

图 5-45　针对不同网络设置线宽

## 5.20 PCB中如何设置规则，使线与线之间的安全间距满足3W？

Altium Designer 19如何设置规则，使线与线之间的安全间距满足3W？

**解决方法：**

（1）执行菜单栏中的"设计"→"规则"命令，或者按快捷键D+R，打开"PCB规则及约束编辑器[mil]"对话框。

（2）在Clearance规则上右击，从弹出的快捷菜单中执行"新规则"命令，新建一个安全间距规则。

（3）在新建规则的界面，在右侧的匹配项内选择高级选项设置，选择Custom Query，单击"查询助手"按钮设置需要的条件，然后在下边约束项中改变间距即可，例如设置线与线之间的间距为12 mil，如图5-46所示。

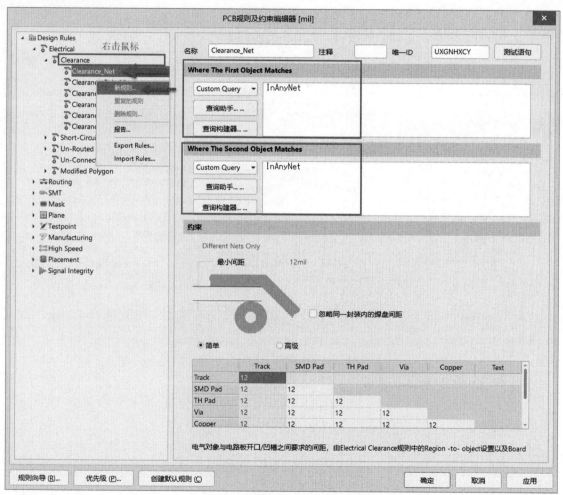

图 5-46 设置线与线之间的间距

# 5.21 如何单独设置覆铜间距规则？

**解决方法：**

（1）执行菜单栏中的"设计"→"规则"命令，或者按快捷键D+R，打开"PCB规则及约束编辑器[mil]"对话框。

（2）在Clearance上右击，从弹出的快捷菜单中执行"新规则"命令，新建一个安全间距规则。

（3）在新建规则的界面，在右侧的匹配项内选择高级选项设置，选择Custom Query，然后单击"查询助手"按钮设置需要的条件，在下边约束项中改变间距即可，例如设置覆铜（工具中显示为覆铜）间距为12 mil，如图5-47所示。

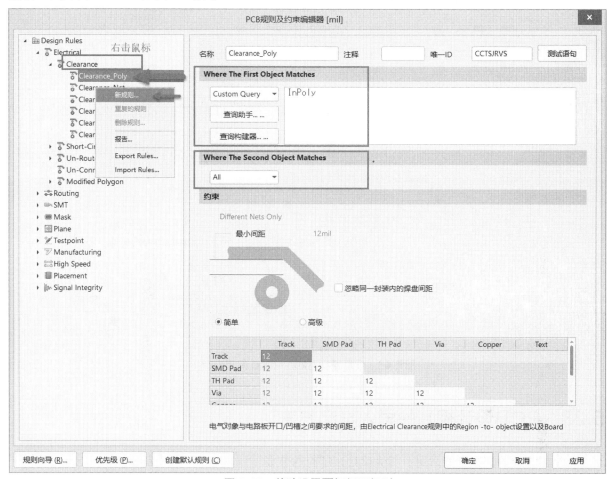

图 5-47　单独设置覆铜间距规则

## 5.22　如何设置规则使布线或者覆铜与keep-out线保持一定的间距?

**解决方法：**

（1）执行菜单栏中的"设计"→"规则"命令，或者按快捷键D+R，打开"PCB规则及约束编辑器[mil]"对话框。

（2）在Clearance上右击，从弹出的快捷菜单中执行"新规则"命令，新建一个安全间距规则。

（3）在新建规则的界面，在右侧的匹配项内选择高级选项设置，选择Custom Query，然后单击"查询助手"按钮设置需要的条件，在下边约束项中改变间距即可，例如设置覆铜与Keep-Out线保持20 mil的间距，如图5-48所示。

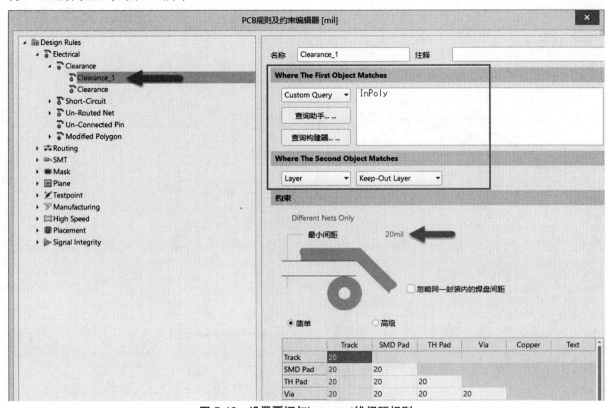

图 5-48 设置覆铜与keep-out线间距规则

## 5.23 PCB设计规则的导入导出方法

有时候设置的规则可能适用于其他项目，这时候就要用到规则的导入与导出。

（1）打开"PCB规则及约束编辑器[mil]"对话框，在左边规则项区域右击，在弹出的快捷菜单中执行Export Rules命令，如图5-49所示。

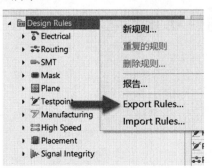

图 5-49 规则的导出

（2）在弹出的对话框中选择需要导出的规则项，一般选择全部导出，按快捷键Ctrl+A全选，如

图5-50所示。

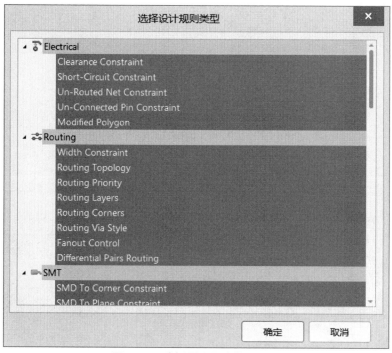

**图 5-50 选择需要导出的规则项**

（3）单击"确定"按钮之后会生成一个扩展名为.RUL的文件，这个文件就是导出的规则文件，选择路径将其保存即可，如图5-51所示。

**图 5-51 保存导出的规则**

（4）打开另外一个需要导入规则的PCB文件，按快捷键D+R，打开"PCB规则及约束编辑器[mil]"对话框，在左边规则项区域右击，在弹出的快捷菜单中执行Import Rules命令，如图5-52所示。

**图 5-52　规则的导入**

（5）在弹出的对话框中选择需要导入的规则，一般也是全选，如图5-53所示。

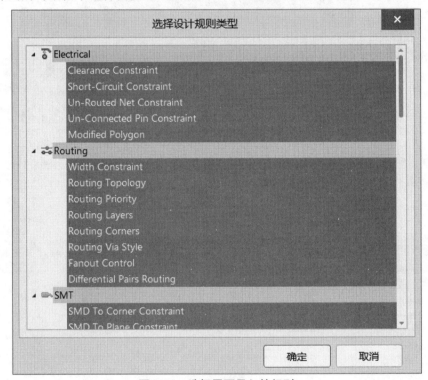

**图 5-53　选择需要导入的规则**

（6）选择之前导出的规则文件进行导入即可。

## 5.24　PCB中如何显示与隐藏飞线？

飞线是指在PCB中两点之间表示连接关系的线。飞线有利于理清信号的流向，方便进行布线操作。在PCB布线过程中可以关闭全部飞线，或者选择性地对某类网络或某个网络的飞线进行显示与隐藏。

在PCB界面按快捷键N，打开快捷飞线开关，选择"显示连接"（显示飞线）或"隐藏连接"

（隐藏飞线），如图5-54所示。

(1) 网络：针对单个或多个网络操作；

(2) 器件：针对器件网络飞线操作；

(3) 全部：针对全部飞线进行操作。

图 5-54 快捷飞线开关

## 5.25 PCB飞线不显示的解决方法

有时候在进行了飞线打开操作之后，飞线还是无法显示，可通过以下两种方法检查。

（1）检查飞线显示是否打开，按快捷键L，检查System Colors下的Connection Lines项是否显示，如果没有请设置为显示，如图5-55所示。

（2）在PCB面板的对象选择窗口中选择Nets，不要选择From To Editor，如图5-56所示。

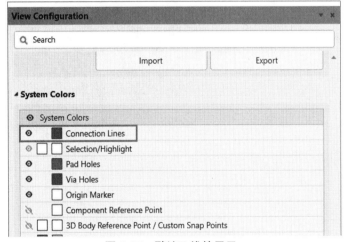

图 5-55 默认飞线的显示

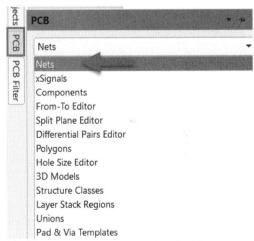

图 5-56 PCB面板对象选择

## 5.26 如何将PCB的可视栅格由线状改为点状？

在使用Altium Designer 19绘制PCB时，可视栅格类型默认为线状栅格，如图5-57所示。

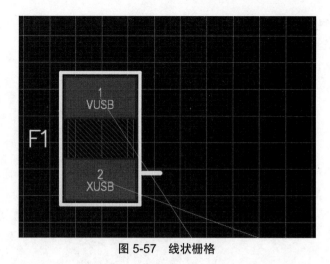

**图 5-57　线状栅格**

但是网格看久了，会产生一种非常杂乱的感觉，有一种视觉上的压力，如果改成点状的就好多了。那么该如何修改呢？

在PCB面板按快捷键Ctrl+G，弹出如图5-58所示的对话框，在"显示"一栏中将Lines改为Dots即可。

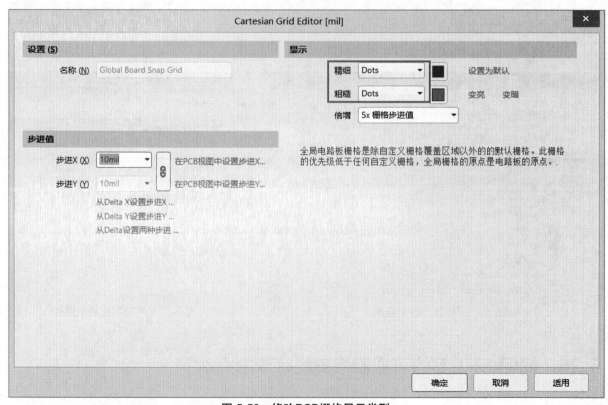

**图 5-58　修改PCB栅格显示类型**

如果是低版本的Altium Designer软件，如Altium Designer 09，修改方法为：

在PCB空白区域右击，在弹出的快捷菜单中执行Options→Board Options命令，或者按快捷键O+B，打开"板选项[mil]"设置对话框，修改"可视化网格"中的"标记"为Dots类型即可，如

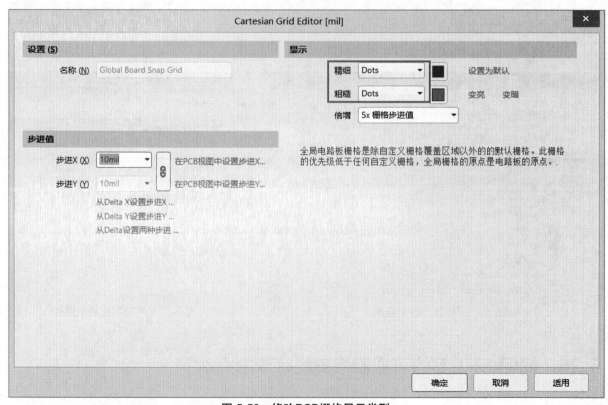

图5-59所示。

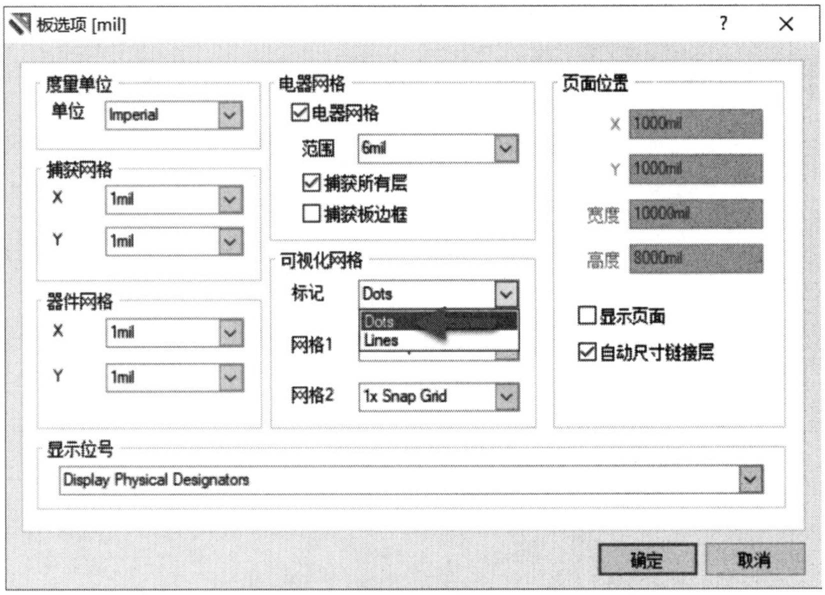

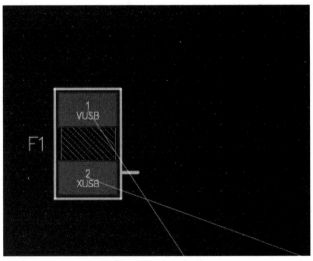

图 5-59　修改PCB栅格显示类型

改成点状栅格之后的效果如图5-60所示。

图 5-60　点状栅格

# 5.27　交互式布局与模块化布局

## 1. 交互式布局

为了方便布局时快速找到器件所在的位置，需要将原理图与PCB对应起来，使两者之间能相互映射，简称交互。利用交互式布局可以在元器件布局时快速找到元器件所在位置，大大提升工作效率。

（1）打开交叉选择模式，需要在原理图编辑界面和PCB编辑界面都执行菜单栏中的"工具"→"交叉选择模式"命令，将交叉选择模式使能，如图5-61所示。

图 5-61　打开"交叉选择模式"

（2）打开"交叉选择模式"命令，在原理图上选择器件之后，PCB上相对应的元器件会同步被选中；反之，在PCB中选中元器件，原理图也会被相应选中，如图5-62所示。

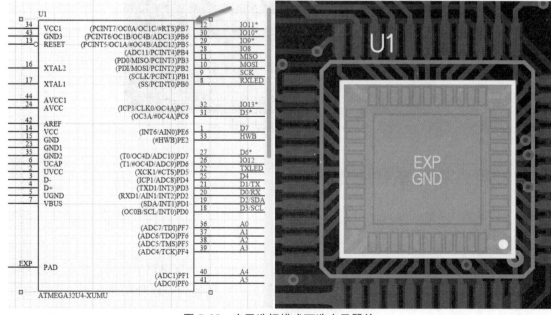

图 5-62　交叉选择模式下选中元器件

### 2. 模块化布局

在介绍模块化布局之前先介绍一个区域内排列元器件的功能，这一命令可以在预布局之前将一堆杂乱无章的元器件按照模块划分并排列整齐。单击工具栏中的"排列工具"按钮，在展开的按钮中有1个"在区域内排列器件"按钮，如图5-63所示。

图 5-63　区域内排列器件命令

模块化布局，就是利用交互式布局与模块化布局结合起来将同一个模块的电路布局在一起，然后根据电源流向和信号流向对整个PCB中的电路进行模块划分。布局时应按照信号流向，保证整个布局的合理性，要求模拟部分和数字部分分开，尽可能做到关键高速信号布线最短，其次考虑电路板的整齐、美观。

## 5.28　交互式布局时，如何设置交叉选择的对象只为元器件？

如图5-64所示，在交叉选择模式下，在原理图中选中元器件和网络，PCB中对应的元器件和网络都会高亮，如何设置只选中元器件？

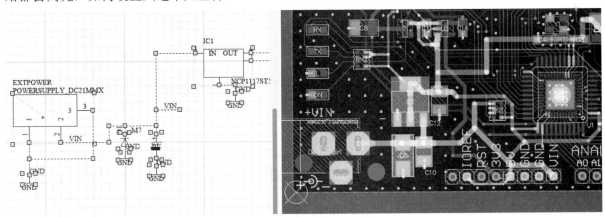

图 5-64　交叉选择对象为元器件和网络

**解决方法：**

按快捷键O+P，打开"优选项"对话框，在System选项下的Navigation选项中将交叉选择的对象设置为"元件"即可，如图5-65所示。

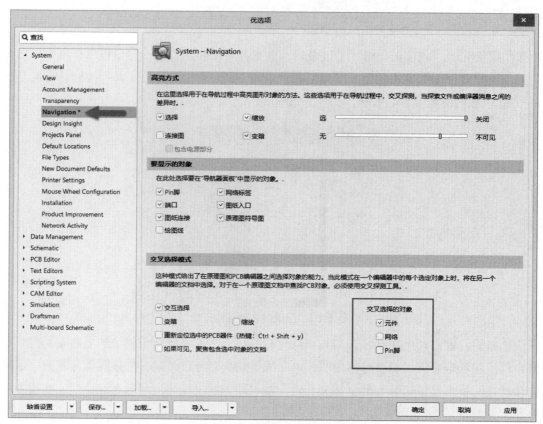

图 5-65　设置交叉选择的对象

## 5.29　PCB布局时如何快速把元器件放到另外一面去?

在PCB布局时拖动元器件的过程中按快捷键L，可以快速地把元器件放置到PCB的另一面。

## 5.30　PCB排列工具的使用

在PCB编辑界面上的工具栏中有一个"排列工具"选项，如图5-66所示，可以利用这个排列工具对元器件进行对齐等间距等操作，方便PCB布局。

图 5-66　排列工具

用户还可以按住Ctrl+鼠标左键，单击对应的图标设置快捷键，以实现快速对齐操作。

## 5.31　利用圆形阵列粘贴实现圆形布局的方法

要实现圆形布局，可通过圆形阵列粘贴的方法来实现，如图5-67所示。

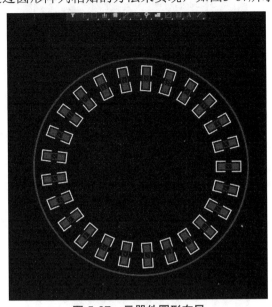

图 5-67　元器件圆形布局

（1）先选中需要复制的对象，并且按快捷键Ctrl+C进行复制。然后执行菜单栏中的"编辑"→"特殊粘贴"命令，或者按快捷键E+A，出现如图5-68所示的对话框。

（2）勾选"粘贴到当前层"，并单击"粘贴阵列"按钮，在弹出的"设置粘贴阵列"对话框中，将"阵列类型"选择为"圆形"，并填入相应的参数（需要说明的是："对象数量"与"间距（度）"相乘的结果是360°，这样才能让圆形均匀排列），如图5-69所示。

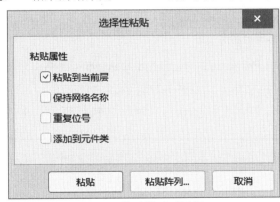
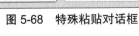

图 5-68　特殊粘贴对话框

图 5-69　设置粘贴阵列

（3）设置好参数以后，单击"确定"按钮，这时鼠标指针变成十字形状，鼠标左键第一次单击确定圆心的位置，第二次单击确定圆形粘贴的半径，得到的效果如图5-70所示。

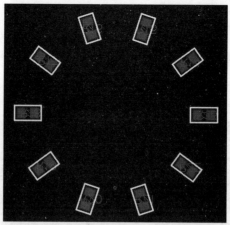

图 5-70　圆形阵列粘贴实现圆形布局

## 5.32　极坐标的设置及使用方法

要实现如图5-71所示的元器件布局效果，在Altium Designer 19软件里还可以使用极坐标的方法。

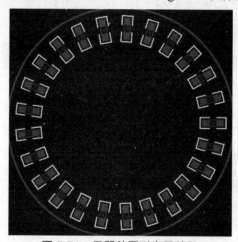

图 5-71　元器件圆形布局效果

（1）如果是Altium Designer 18以上版本，需在Properties中找到Grid Manager（栅格引理器），单击Add按钮，执行Add Polar Grid命令（添加极坐标网格），如图5-72所示。

如果是Altium Designer 18以下版本（须软件版本支持极坐标功能），执行菜单栏中的"设计"→"板参数选项"命令，或者按快捷键D+O，打开"板级选项[mil]"对话框，如图5-73所示。

图 5-72　Add Polar Grid（添加极坐标网格）

图 5-73　"板级选项[mil]"对话框

单击对话框左下角的"栅格"按钮，弹出"网格引理器"对话框，单击对话框左下角的"菜单"按钮或在对话框空白位置右击，在弹出的快捷菜单中执行"添加极坐标网格"命令，如图5-74所示。

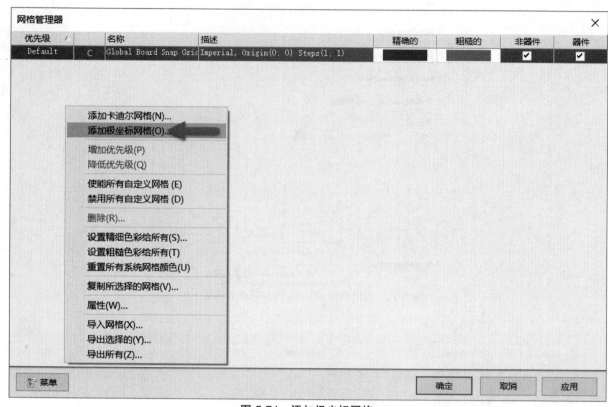

图 5-74　添加极坐标网格

（2）执行"添加极坐标网格"命令之后，网格引理器中会出现一个New Polar Grid新的栅格，如图5-75所示。

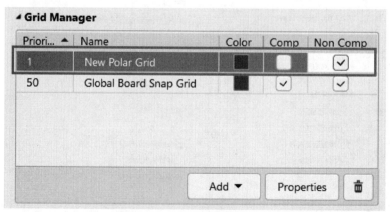

图 5-75　New Polar Grid

（3）双击新增的New Polar Grid，进入极坐标设置对话框，详细设置及说明如图5-76所示。

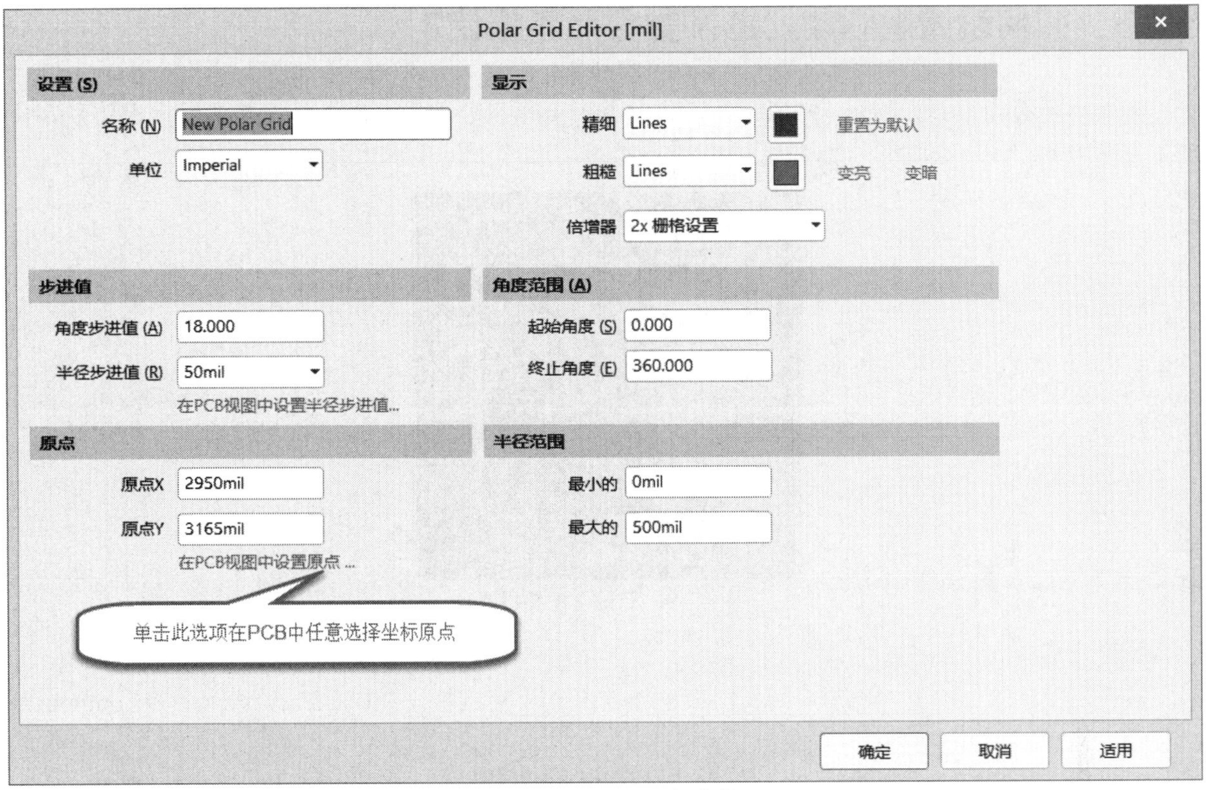

图 5-76 设置极坐标参数

这里需要说明的是：角度步进值与均分数的乘积必须等于"终止角度"与"起始角度"之差，否则到时候得到的极坐标会出现"等分不均"的现象。

（4）设置好以后单击"确定"按钮，得到极坐标的效果如图5-77所示。

（5）在极坐标中放置元器件的效果如图5-78所示。

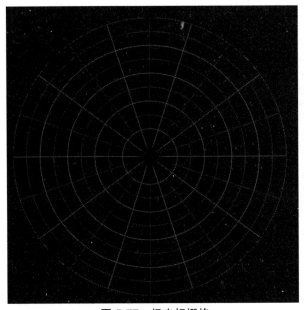

图 5-77　极坐标栅格

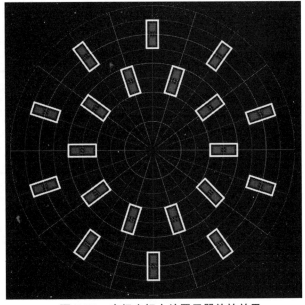

图 5-78　在极坐标中放置元器件的效果

205

## 5.33　如何设置规则让元器件重叠而不报错？

元器件重叠会报错，如图5-79所示，而有时候因为项目要求需要元器件重叠，如何设置规则让其不报错呢？

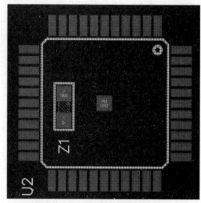

图 5-79　元器件重叠报错

**解决方法：**

按快捷键D+R，打开"PCB规则及约束编辑器[mil]"对话框，在Placement选项中将Component Clearance的最小间距设为0即可，如图5-80所示。

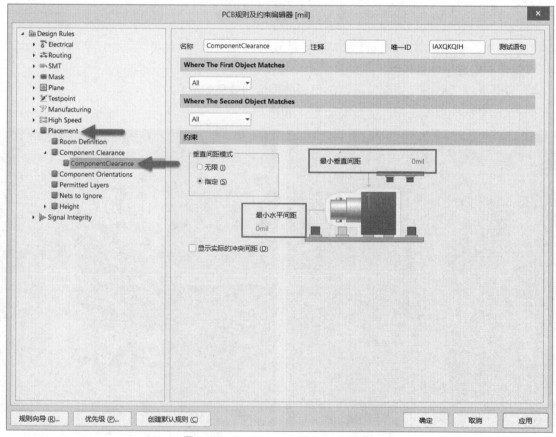

图 5-80　Component Clearance设置

## 5.34　从库中放置元器件到PCB时，元器件默认在Bottom层，如何解决？

如图5-81所示，从库中放置元器件到PCB时，元器件在Bottom层，如何解决？

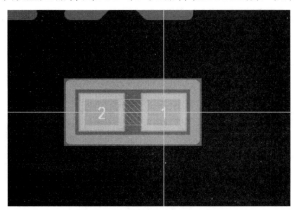

图 5-81　元器件在Bottom层

**解决方法：**

这是元器件默认层设置的问题，按快捷键O+P，打开"优选项"对话框。在PCB Editor选项下的Defaults选项中将元器件默认所在的层改为顶层即可，如图5-82所示。

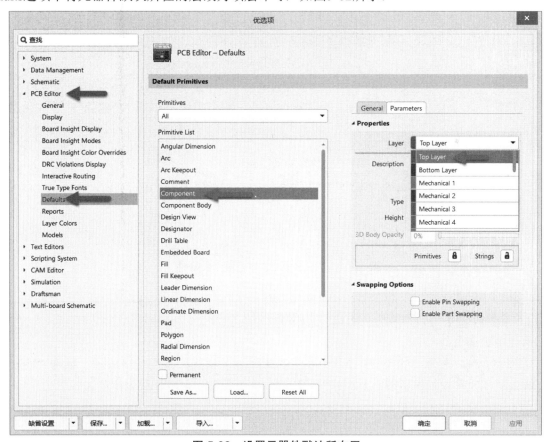

图 5-82　设置元器件默认所在层

## 5.35　如何在PCB中重新定位所选器件?

在PCB中选中一部分器件可以让它们自动吸附在光标上然后进行重新定位。

**解决方法:**

选中需要重新定位的器件,执行菜单栏中的"工具"→"器件摆放"→"重新定位选择的器件"命令,或按快捷键T+O+C,如图5-83所示。

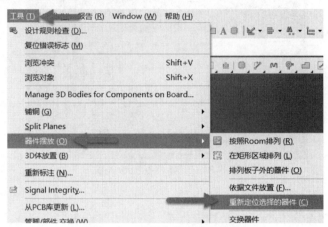

图 5-83　重新定位选择的器件

## 5.36　如何在PCB中快速查找指定元器件?

按快捷键J+C,在弹出的Component Designator对话框中输入元器件位号,如图5-84所示。单击"确定"按钮,光标会自动跳转到该元器件所在位置,即可实现在PCB中搜索定位指定元器件的操作。

图 5-84　在PCB中搜索定位某个元器件

## 5.37　如何在PCB中快速查找指定网络?

按快捷键J+N,在弹出的Net Name对话框中输入网络名称,如图5-85所示。单击"确定"按钮,光标会自动跳转到该网络所在位置,即可实现在PCB中搜索定位制定网络的操作。

图 5-85　在PCB中搜索定位某个网络

# 5.38　网络类（Net Classes）的添加方法

Classes（类）就是把想要的网络、元器件、差分对等归为一组，方便后期对其进行规则设置或统一编辑引理。首先介绍网络类（Net Classes）的添加方法。

执行菜单栏中的"设计"→"类"命令，或者按快捷键D+C，打开"对象类浏览器"对话框，进入Net Classes设置，右击，可以创建"添加类"或"重命名类"，如图5-86所示。

**图 5-86　添加网络类与重命名**

新建一个类，并将需要归为一类的网络从"非成员"列表添加到"成员"列表完成网络的分类，如图5-87所示。

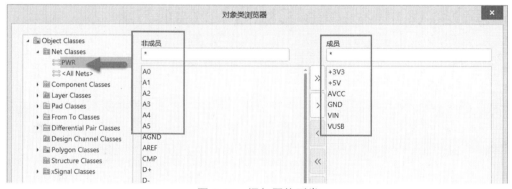

**图 5-87　添加网络到类**

# 5.39　元器件类（Component Classes）的添加方法

执行菜单栏中的"设计"→"类"命令，打开对象类浏览器，进入Component Classes设置，右击，可以添加类或重命名类，如图5-88所示。

图 5-88　添加元器件类与重命名

新建一个类，并将需要归为一类的元器件从"非成员"列表添加到"成员"列表完成元器件的分类，如图5-89所示。

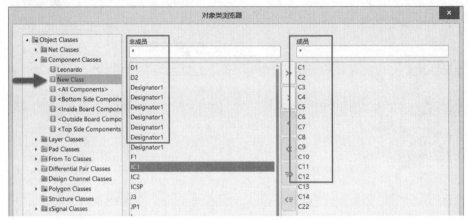

图 5-89　添加元器件到类

# 5.40　差分类（Differential Class）的添加方法

差分对类的设置与网络类的创建稍微有点差异，需要在对象类引理器中添加分类名称，然后在PCB面板的差分编辑器中进行添加。

差分类的创建如图5-90所示，类似网络类的创建，例如，创建一个90 OM和100 OM的类。

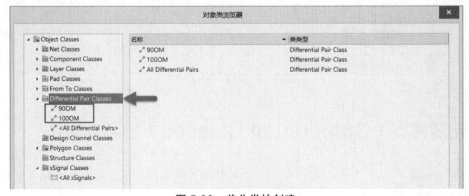

图 5-90　差分类的创建

添加差分对到对应的类中，请参照前文添加差分对的方法。

## 5.41 PCB中如何实现光标悬停高亮网络?

如图5-91所示，将光标放在某个网络线上时，可以自动高亮此网络线，如何实现呢？

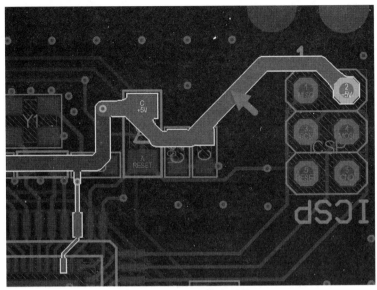

图 5-91 自动高亮网络

**解决方法：**

按快捷键O+P，打开"优选项"对话框，在PCB Editor选项下的Board Insight Display选项中取消勾选"仅换键时实时高亮"复选框，如图5-92所示。

图 5-92 光标悬停高亮设置

## 5.42 如何实现过孔或者元器件的精确移动？

在Altium Designer 19的PCB编辑界面中，选中需要移动的过孔或元器件，按快捷键M，然后在弹出的菜单中执行"通过X，Y移动选中对象"命令，在"获得X/Y偏移量[mil]"对话框中输入数值即可实现选中对象的精确移位，如图5-93所示。

图 5-93　通过X，Y移动选中对象

## 5.43　PCB中如何快速切换层？

Altium Designer 19自带换层快捷键＊键（小键盘右上角的＊）切换层，但是＊只能在当前使用的层当中依次切换，即在当前的电气层之前循环切换。

使用键盘右上角的"＋""－"键可以在所有层之间来回切换。

Ctrl+Shift+鼠标滚轮也可以在所有层之间来回切换。

## 5.44　PCB布线时按Shift+Space键，无法切换拐角模式，如何解决？

Altium Designer 19软件在布线时，按快捷键 Shift+Space 切换布线拐角模式总是切换不了。这是因为电脑使用的是搜狗输入法或者其他输入法的英文状态，按Shift+Space键可能和输入法软件的快捷键冲突了，造成Altium Designer 19软件无法正常执行快捷键来切换布线拐角模式，为了解决这一问题，需要安装美式键盘。美式键盘的添加方法在第1章已经介绍过。

**小提示**：当切换布线模式时，可能遇到无法画弧线的情况，到优选项中看看是否选中"限制为90/45"复选框，如图5-94所示。

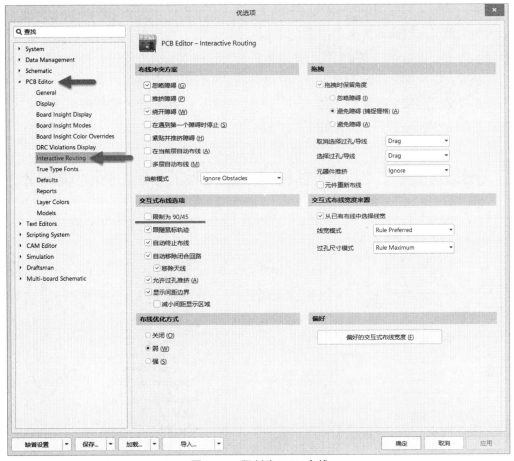

图 5-94　限制为90/45布线

---

## 5.45　PCB布线时布线末端总会有一个线头，如何解决？

如图5-95所示，PCB布线时线的末端总会不可控制地遗留一个小线头，如何解决？

图 5-95　PCB布线末端遗留小线头

**解决方法：**

这是因为关闭了布线前瞻功能，在交互式布线期间，对于当前正在布线的网络，已经确定布线的轨道段显示为实心，而尚未确定布线的轨道段显示为阴影线或空心，所有阴影线段都会在下一次鼠标单击时放置。中空部分称为前瞻部分，它的目的是布线时提前计划，考虑下一个段可能放在哪里，而不需要提交它。按快捷键1（键盘左上角的数字键1）可在布线时切换布线前瞻模式的开启与关闭（在PCB布线中默认是打开布线前瞻的功能的）。

## 5.46　布线过程中，出现闭合回路无法自动删除，如何解决？

按快捷键O+P，打开"优选项"对话框，在PCB Editor选项下的Interactive Routing中勾选"自动移除闭合回路"复选框，如图5-96所示。

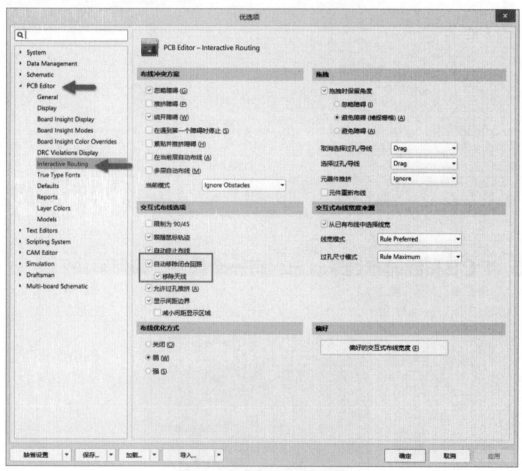

图 5-96　自动移除闭合回路设置

## 5.47　如何在PCB布线过程中快速切换布线宽度？

（1）Altium Designer 19在布线状态下按快捷键Shift+W，会弹出一个Choose Width对话框，如

图5-97所示，用户可以选择该对话框中的任意一个线宽来实现布线宽度的快速切换。

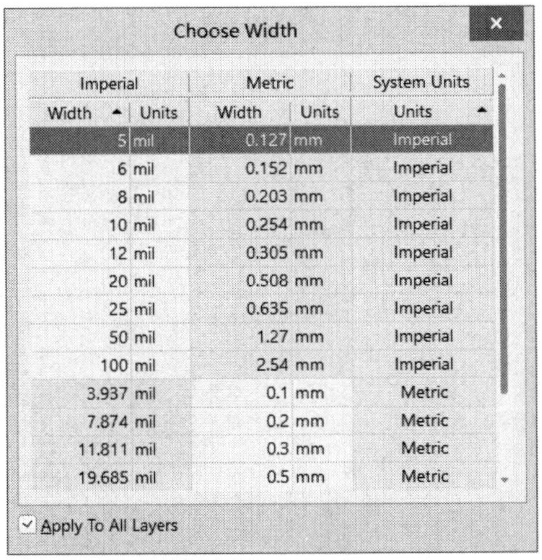

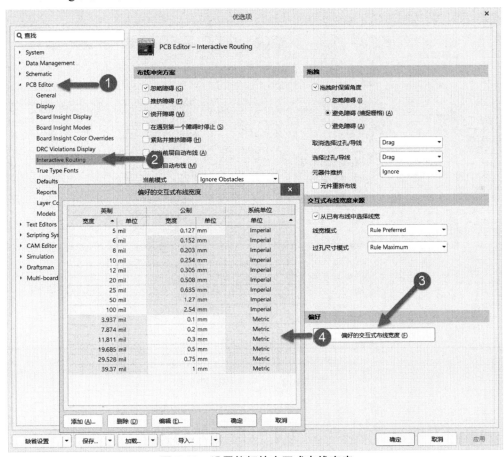

图 5-97　选择线宽

这个线宽列表是可以自己定义的，按快捷键O+P，打开"优选项"对话框，在PCB Editor选项下的Interactive Routing中设置偏好的交互布线宽度，如图5-98所示。

图 5-98　设置偏好的交互式布线宽度

（2）还可以在布线状态下按键盘左上角的数字键3，可以在最小、优选、最大线宽之间切换。

## 5.48 PCB布线时显示间距边界设置

如图5-99所示，PCB布线时可以显示间距边界，如何设置？

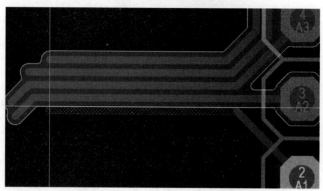

图 5-99　PCB布线显示间距边界

**解决方法：**

按快捷键O+P，打开"优选项"对话框，在PCB Editor选项下的Interactive Routing选项中勾选"显示间距边界"复选框即可，如图5-100所示。

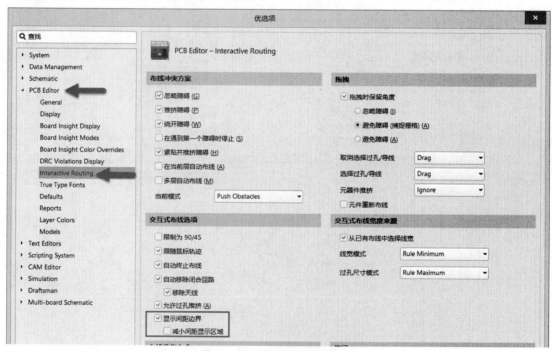

图 5-100　显示间距边界设置

## 5.49　如何设置移动器件或过孔时布线不移动？

移动过孔时，布线也跟着一起移动，如图5-101所示，如何设置让布线不动？

图 5-101　移动过孔时布线随之移动

**解决方法：**

按快捷键O+P，打开"优选项"对话框，在PCB Editor选项下的Interactive Routing选项中将拖曳模式设置为Move，如图5-102所示。

图 5-102　设置拖曳模式

## 5.50　PCB布线时如何设置才可以使不同网络的布线不能相互跨越？

如图5-103所示，PCB布线时，不同网络的布线可以相互跨越，如何设置让其不能跨越？

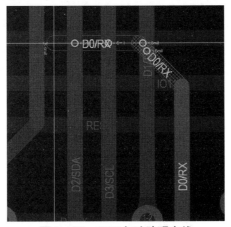

图 5-103　PCB忽略障碍布线

**解决方法：**

其实这是PCB布线模式选择的问题，在PCB布线模式中有忽略障碍、推挤障碍、绕开障碍，还有遇到第一个障碍时停止、紧贴并推挤障碍等多种PCB布线模式，用户可以根据需要切换不同的布线模式。按快捷键O+P，打开"优选项"对话框，在PCB Editor选项下的Interactive Routing中勾选需要的PCB布线模式，如图5-104所示。

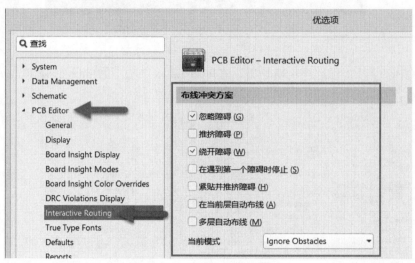

图 5-104　设置PCB布线模式

用户在PCB布线的过程中按快捷键Shift+R，可以快捷地切换PCB布线模式。

## 5.51　PCB布线时如何实时显示布线长度？

Altium Designer 19在PCB布线状态下按快捷键Shift+G，可以实时显示布线的总长度，如图5-105所示。

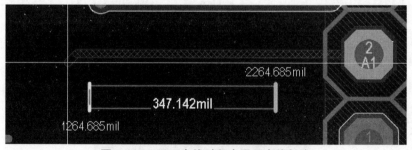

图 5-105　PCB布线过程中显示布线长度

## 5.52　PCB布线时如何设置器件捕捉栅格让器件更好地移动、对齐等？

捕捉栅格的使用可以很方便地实现移动、对齐等操作，按快捷键Shift+E可以切换捕捉栅格的打开或关闭。按快捷键G+G可在弹出的对话框中设置捕捉栅格的范围，如图5-106所示。如需更精细的移动元器件，可将捕捉栅格设置得小一些，如需更好地对齐可将捕捉栅格设置得大一些。

图 5-106　设置捕捉栅格对话框

## 5.53　PCB布线过程中如何在最小、优选、最大线宽之间切换线宽?

Altium Designer 19在PCB布线的过程中按键盘左上角的数字键3，可在规则设置的最小、优选、最大线宽三种范围之间切换。

## 5.54　PCB中设置了布线的优选线宽规则，但是布线时没有按照规则设置的线宽布线，如何解决?

如图5-107所示，明明设置了PCB布线的优选规则，但是布线时并没有按照规则设置的线宽布线，如何解决?

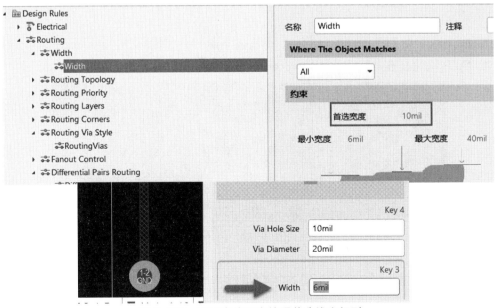

图 5-107　PCB布线没有按照首选线宽规则

**解决方法：**

按快捷键O+P，打开"优选项"对话框，在PCB Editor选项下的Interactive Routing*选项中选择交互式布线宽度来源，如图5-108所示。然后即可在PCB中按照选择线宽模式进行布线。

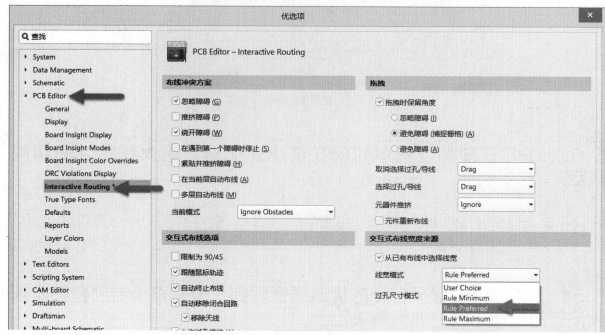

图 5-108　线宽模式选择

## 5.55　PCB布线过程中如何快速打孔以及如何实现快速打孔并换层？

Altium Designer 19在PCB布线的过程中按键盘左上角的数字键2，可实现快速打孔。按键盘右上角的 * 键可以实现快速打孔并换层，如图5-109所示。

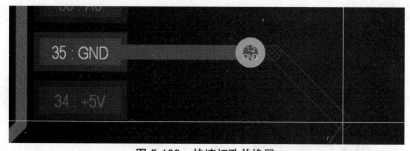

图 5-109　快速打孔并换层

## 5.56　PCB布线时如何同时布多根线？

如图5-110所示，如何做到同时布多根线？

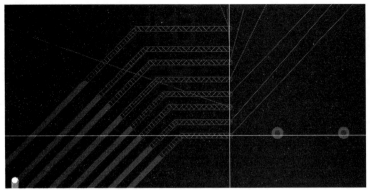

图 5-110 交互式布多根线

**解决方法:**

先选中需要同时布线的网络,然后执行菜单栏中的"布线"→"交互式总线布线"命令,或单击工具栏中的"交互式布多根线连接"按钮 ≋ ,即可实现同时布多根线。

## 5.57 PCB布线后布线不能被选中,如何解决?

如图5-111所示,PCB在布线之后,布线不能被选中,如何解决?

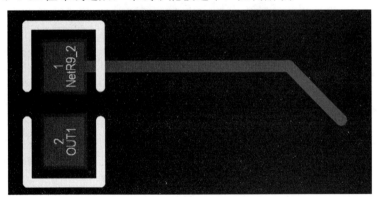

图 5-111 PCB布线不能被选中

**解决方法:**

打开PCB编辑器中过滤器,查看是否将对应的选项使能。未使能时,是选不中相应的选项的,如图5-112所示。

图 5-112 PCB过滤器

## 5.58 如何快速给信号线添加屏蔽地过孔？

在信号线两边添加屏蔽过孔的工作量不比PCB布线轻松，有没有更好的解决方法呢？当然有。

Altium新版本中的"添加网络屏蔽"功能可以让软件自动完成信号线两旁打过孔的工作。添加网络屏蔽的具体实现的步骤如下：

（1）打开PCB编辑界面，执行菜单栏中的"工具"→"缝合孔/屏蔽"→"添加网络屏蔽"命令，打开"添加屏蔽到网络[mil]"对话框，设置相应的参数，如图5-113所示。

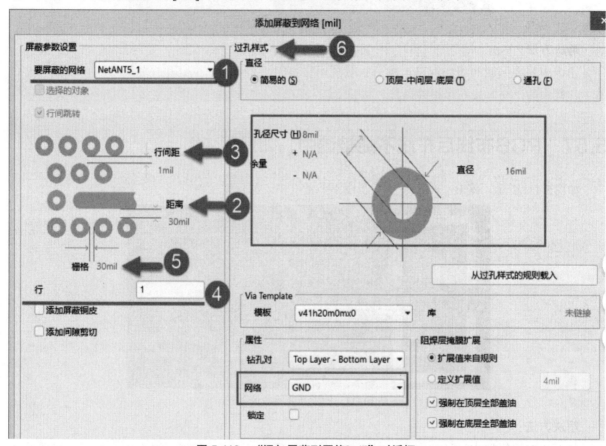

图 5-113　"添加屏蔽到网络[mil]"对话框

①设置需要屏蔽的网络。例如，此处选择要屏蔽的网络为NetANT5_1。

②设置过孔边缘到信号线边缘间距距离。例如，此处设置为30 mil。

③设置两排过孔之间的行间距。如果过孔行数为1，则可忽略该间距值。

④设置过孔行数。

⑤设置过孔之间的间距。

⑥在过孔样式中设置过孔尺寸及网络。

（2）参数设置完毕之后，单击"确定"按钮，软件会自动添加屏蔽过孔。

（3）使用"添加网络屏蔽"功能实现信号线自动添加过孔屏蔽效果，如图5-114所示。

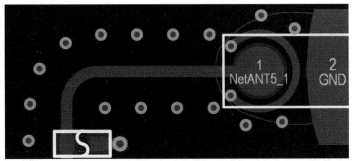

图 5-114　自动添加过孔屏蔽

## 5.59　如何快速给整板添加地过孔？

为PCB整板添加地过孔的工作也不是那么轻松的，但可以通过Altium新版本中的"给网络添加缝合孔"功能，让软件来自动完成整板添加地过孔工作。

（1）首先打开PCB编辑界面，执行菜单栏中的"工具"→"缝合孔/屏蔽"→"给网络添加缝合孔"命令，或者按快捷键T+H+A，打开"添加过孔阵列到网络[mil]"对话框，在该对话框中按照图5-115所示设置相应的参数。

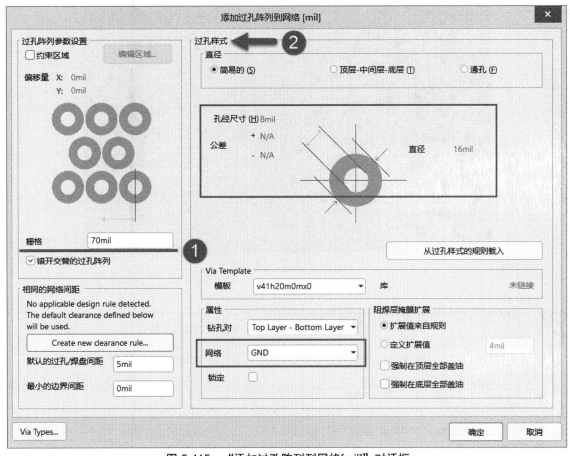

图 5-115　"添加过孔阵列到网络[mil]"对话框

①设置过孔间距，即栅格。

②在过孔样式中设置孔径尺寸及网络。

需要特别提示的是，给整板添加地过孔之前，需要对PCB顶层和底层整板覆上地铜皮，否则无法自动添加地过孔，且会弹出如图5-116所示的信息提示。

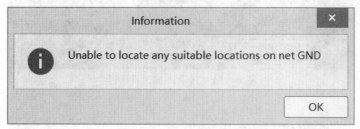

图 5-116　Unable to locate any suitable locations on net GND

（2）参数设置完毕之后，单击"确定"按钮，等待软件完成地过孔的添加即可。添加完地过孔的效果如图5-117所示。

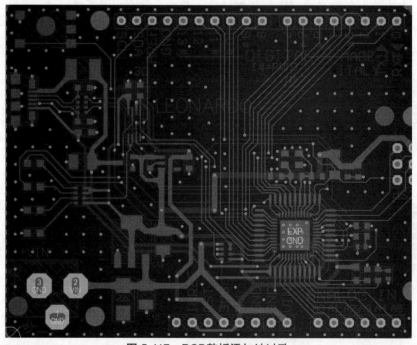

图 5-117　PCB整板添加地过孔

## 5.60　PCB中如何实现网络等长调节？

在PCB设计中，网络等长调节目的就是为了尽可能地降低信号在PCB上传输延迟的差异。

（1）在Altium Designer 19中网络等长调节可通过蛇形布线实现，在进行蛇形等长之前需要完成PCB相应布线的连通，然后执行菜单栏中的"布线"→"网络等长调节"命令，或者按快捷键U+R，单击需要等长的布线并按Tab键调出等长设置窗口，如图5-118所示。

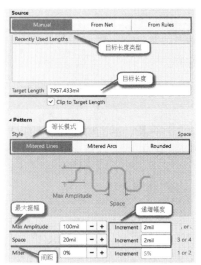

图 5-118　蛇形等长设置

①Target Length提供3种目标长度类型可选。

Manual：手工设置等长目标长度。

From Net：依据网络选择等长目标长度。

From Rules：依据规则来设置目标长度。

②Pattern提供3种等长模式。

Mitered Lines：斜线条模式。

Mitered Arcs：斜弧模式。

Rounded：半圆模式。

3种蛇形等长模式的效果如图5-119所示，一般采用第2种斜弧模式。

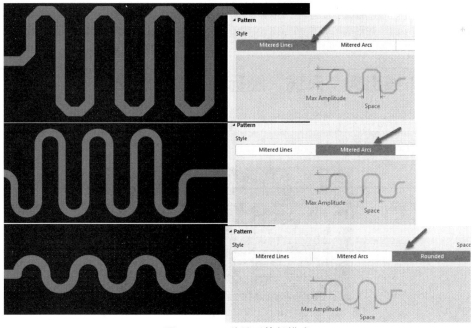

图 5-119　3种蛇形等长模式

（2）等长参数设置完毕之后，在需要等长的信号线上滑动即可拉出蛇形线。在等长的状态下，可以分别调整蛇形线的上下振幅，数字键1减小拐角幅度，数字键2增大拐角幅度，数字键3减小Space间距，数字键4增大Space间距。

（3）在完成一段蛇形等长之后，如果需要调整蛇形线可以用鼠标拖动调制线进行调整，如图5-120所示。

差分对蛇形线等长类似与单端蛇形等长，执行菜单栏中的"布线"→"差分对网络等长调节"命令，或者按快捷键U+P，单击需要等长的差分对并按Tab键调出差分对等长设置窗口，设置方式类似与单端等长的设置，如图5-121所示。

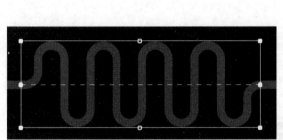

图 5-120　蛇形线的调整

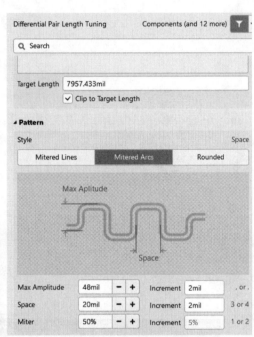

图 5-121　差分对等长设置

## 5.61　PCB布线出现"天线"图标，如何解决？

如图5-122所示，在PCB布线时，当有未连接好的网络时，该布线的末端会出现一个类似"天线"一样的图标，如何设置让它不提示？

图 5-122　天线图标

执行菜单栏中的"工具"→"设计规则检查"命令，或按快捷键T+D，打开"设计规则检查器[mil]"对话框。在检查项中找到Manufacturing这一选项，取消勾选Net Antennae复选框，如图5-123所示。

图 5-123　取消勾选Net Antennae复选框

# 5.62　PCB自动优化布线功能的使用

Altium Designer 19可以对一部分布线自动进行优化，先选择一部分要优化的布线，再按一下Tab键，这时会选择全部对应的网络，接着执行菜单栏中的"布线"→"优化选中布线"命令或者按快捷键Ctrl+Alt+G。

（1）先选择一部分要修整的线路，然后按Tab键，这时会选中全部对应的网络，如图5-124所示。

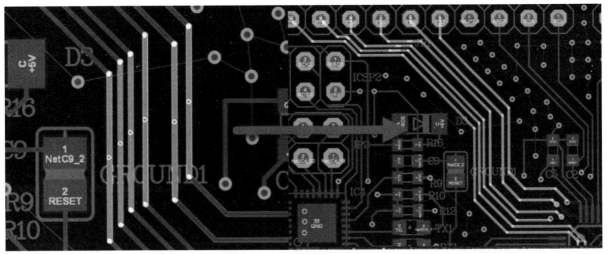

图 5-124　选择需要调整的布线

（2）接着执行菜单栏中的"布线"→"优化选中布线"命令或者按快捷键Ctrl+Alt+G，优化过后的布线如图5-125所示。

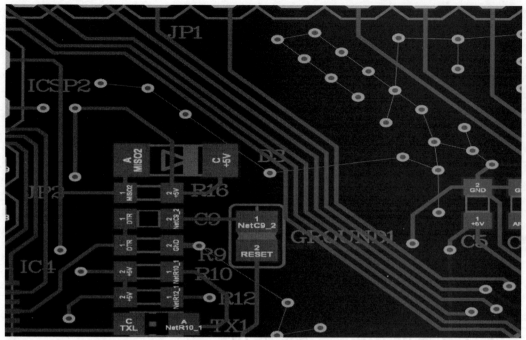

图 5-125　自动优化布线

## 5.63　PCB中如何切断已经布好的布线？

Altium Designer 19软件自带切断布线功能，执行菜单栏中的"编辑"→"裁剪导线"→"切刀属性[mil]"命令，或者按快捷键E+K，在裁剪导线的状态下按Tab键可以更改切刀宽度，如图5-126所示。

被裁剪后的布线效果如图5-127所示。

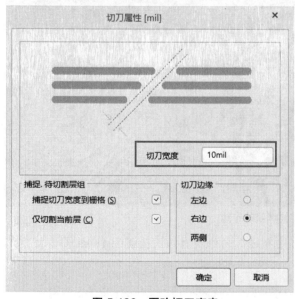

图 5-126　更改切刀宽度

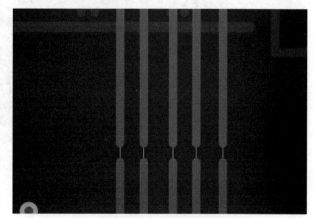

图 5-127　裁剪后的布线

## 5.64 如何选中飞线?

新版本的Altium Designer 19软件支持选中飞线功能。按下Alt键的同时，按下鼠标左键往左框选即可选中飞线，如图5-128所示。

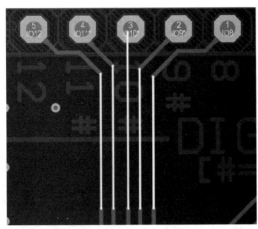

图 5-128 选中飞线

## 5.65 PCB布线时，完成一段导线连接后如何自动终止布线?

Altium Designer 19在PCB布线时，完成一段导线连接后如何自动终止布线?

**解决方法:**

按快捷键O+P，打开"优选项"对话框，在PCB Editor选项下的Interactive Routing选项中勾选"自动终止布线"复选框即可，如图5-129所示。

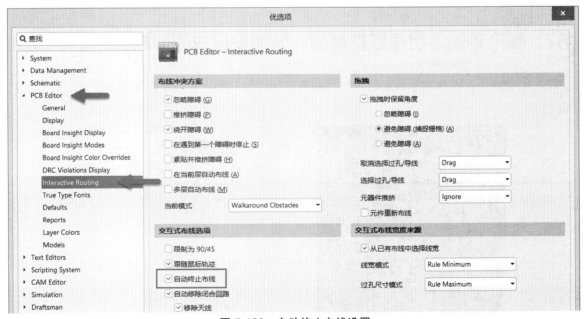

图 5-129 自动终止布线设置

## 5.66 PCB如何进行线头及重复布线的检查?

在PCB布线完成之后,如需检查布线是否有线头以及重复布线,可将布线和过孔设置为半透明化,方便检查。具体实现方法如下:

(1)按快捷键Ctrl+D,打开"视图配置"选项,在Object Visibility选项中将Vias、Arcs、Tracks设置为半透明状态,如图5-130所示。

(2)在该模式下可以清楚地看到PCB布线上的线头及重复布线等,还能检查PCB布线是否连接到位,如图5-131所示。

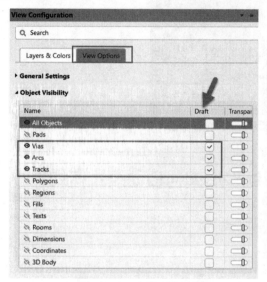

图 5-130 半透明化设置

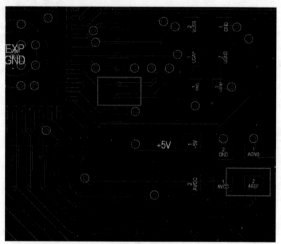

图 5-131 对象半透明化的效果

## 5.67 蛇形等长的拐角是直角的,如何设置成圆弧的?

如图5-132所示,在做蛇形等长时,尽引参数设置没有问题,但是布出来的蛇形线是直角的,如何解决?

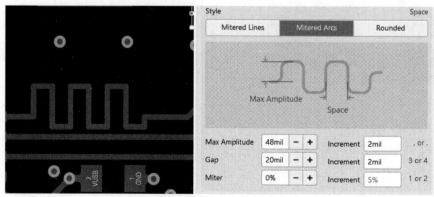

图 5-132 网络等长调节

**解决方法：**

在等长的状态下，按键盘左上角的数字键1减小拐角幅度，数字键2增大拐角幅度，通过这两个快捷键即可调整出合适的蛇形线拐角模式。

## 5.68 如何统一修改多根线的线宽？

选中需要修改线宽的布线，然后按F11键，在弹出的设置对话框中统一修改线宽，如图5-133所示。

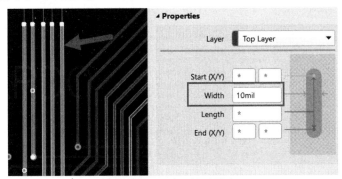

图 5-133　统一修改线宽

## 5.69 如何取消已经布好的所有线？

PCB设计的过程中，有可能需要对一些已经布好线的地方进行取消布线，或者对整个PCB文件重新布线，Altium Designer 19提供了快速取消PCB布线的功能。

执行菜单栏中的"布线"→"取消布线"→"全部"命令，或者按快捷键U+U+A，可以一次性取消全部布线，此功能还适用于对网络、器件等取消布线，如图5-134所示。

图 5-134　取消布线

# 5.70  Altium Designer 19中如何自动布线?

对于散热、电磁干扰及高频特性要求较低的电路设计,采用自动布线操作可以降低布线的工作量,并减少布线时所产生的遗漏。如果自动布线不能够满足设计的要求,则须手工布线进行调整。

在进行自动布线之前,首先应对自动布线规则进行设置。执行菜单栏中的"设计"→"规则"命令,或者按快捷键D+R,系统将弹出如图5-135所示的"PCB规则及约束编辑器[mil]"对话框。

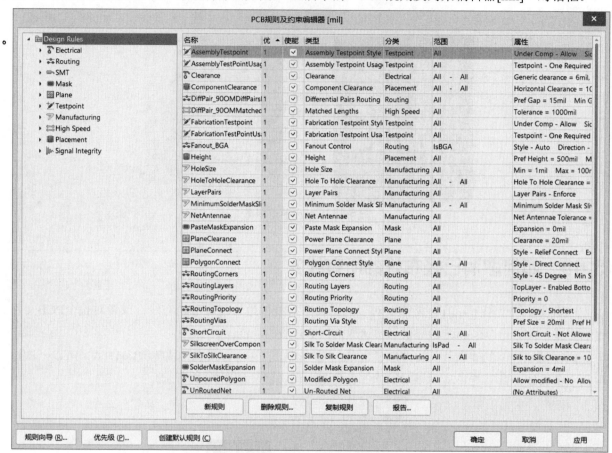

**图 5-135　　"PCB规则及约束编辑器[mil]"对话框**

在"PCB规则及约束编辑器[mil]"对话框设置好相应的规则后,就可以执行自动布线操作。执行菜单栏中的"布线"→"自动布线"命令。用户不仅可以选择全部自动布线,还可以对指定的区域、网络及元器件进行单独的布线。

(1) All(全部):该命令用于为全局自动布线,其操作步骤如下。

①执行菜单栏中的"布线"→"自动布线"→"全部"命令,或者按快捷键U+A+A。系统将弹出"SitUS布线策略"对话框,在该对话框中可以设置自动布线策略。

②选择一项布线策略,然后单击Route All按钮即可进入自动布线状态。这里选择系统默认的"Default 2 Layer Board(默认双面板)"策略,如图5-136所示。布线过程中将自动弹出Messages面板,并显示自动布线的状态信息,如图5-137所示。

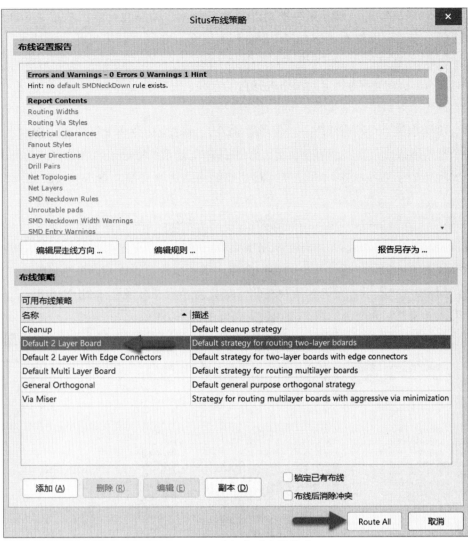

图 5-136 选择自动布线策略

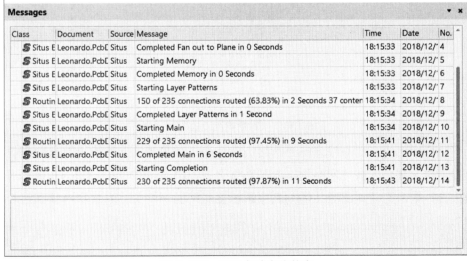

图 5-137 显示自动布线状态

③当元器件布局比较密集或者布线规则过于严格时，自动布线可能无法布通。即使完全布通的PCB电路板仍会有部分网络布线不合理，例如绕线过多、布线过长等问题，此时就需要手工进行调整。

（2）网络：该命令用于为指定的网络进行自动布线，其操作步骤如下。

①在规则设置中对该网络布线的线宽进行合理的设置。

②执行菜单栏中的"自动布线"→"网络"命令，此时光标变成十字形状，移动光标到该网络上的任意一个电气连接点（飞线或焊盘）处，单击鼠标左键系统将对该网络进行自动布线。

③此时光标仍处于布线状态，可以继续对其他的网络进行布线，右击或按Esc键即可退出布线状态。

（3）网络类：该命令用于为指定的网络类进行自动布线，其操作步骤如下。

①"网络类"（Net Classes）是多个网络的集合，可以在"对象类浏览器"对话框中对其进行编辑引理。执行菜单栏中的"设计"→"类"命令，或者按快捷键D+C，系统将弹出"对象类浏览器"对话框，如图5-138所示。系统默认存在的网络类为"所有网络"（All Nets），用户可以自定义新的网络类，将需要归为一类的网络添加到定义好的网络类中。

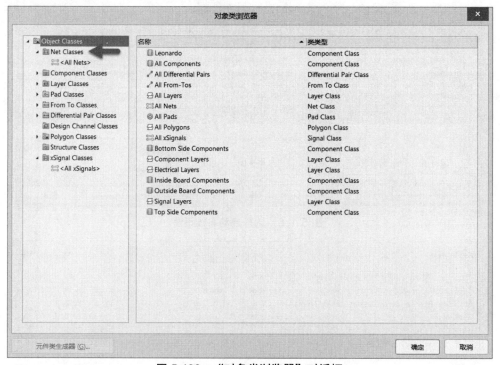

**图 5-138　"对象类浏览器"对话框**

②执行菜单栏中的"自动布线"→"网络类"命令，如果当前文件中没有自定义的网络类，系统将会弹出提示框，提示未找到网络类，否则系统会弹出Choose Objects Class（选择对象类）对话框，列出当前文件中具有的网络类。在列表中选择要布线的网络类，系统会对该网络类内的所有网络进行自动布线。

③在自动布线过程中，所有布线状态、结果会在Messages面板中显示出来。右击或按Esc键即可

退出该状态。

## 5.71 PCB编辑界面的左上角的抬头显示，如何隐藏以及固定在某个位置？

Altium Designer 19的PCB编辑界面中左上角有一个抬头显示悬浮栏，这一悬浮栏不仅可以显示坐标，单击PCB中某个器件它还能显示该器件的信息，例如：该器件所在的层、位号、阻值等信息，如图5-139所示。

图 5-139  抬头显示

按快捷键Shift+H，可以切换"抬头显示"的显示与隐藏。

按快捷键Shift+G，"抬头显示"会跟着光标移动，可以将其移动到PCB界面的任意位置，再按一下Shift+G就可以锁定"抬头显示"的位置，如图5-140所示。

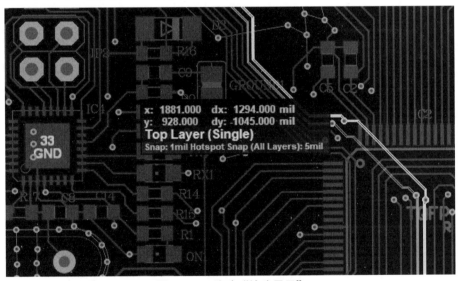

图 5-140  移动"抬头显示"

## 5.72 原理图更新到PCB时，如何保留PCB中已添加的差分对？

在PCB中添加差分对后，每次重新执行原理图更新到PCB的操作时，PCB中已添加的差分对默认会被移除，如何让它不移除？

**解决方法：**

原理图更新到PCB时，在"工程变更指令"对话框中取消勾选Remove Differential Pair（2）下的

Remove复选框，即不移除差分对，如图5-141所示。

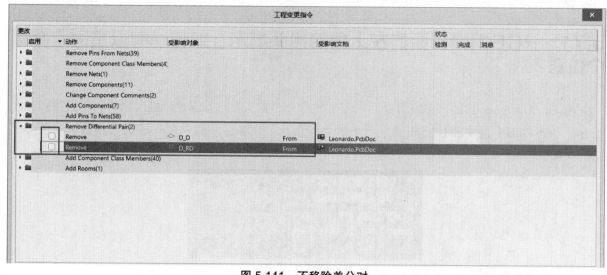

图 5-141　不移除差分对

## 5.73　如何在PCB中开槽?

使用Altium Designer 19设计PCB时，想在PCB上开一个槽或者挖一个孔该如何操作？正确的做法是使用"板子切割"（Board Cutout）方法。

具体方法实现方法为：在任意一个层上画出需要挖槽孔的形状，然后选择这个形状的所有线条，执行菜单栏中的"工具"→"转换"→"以选中的元素创建板切割槽"命令。这样即可完成PCB的开槽操作，可以在3D预览中查看效果，如图5-142所示。

图 5-142　创建板切割槽

## 5.74　PCB中的异形封装，出现焊盘冲突的报错，如何解决?

如图5-143所示，PCB中的异形封装，出现某些焊盘冲突报错，如何解决？

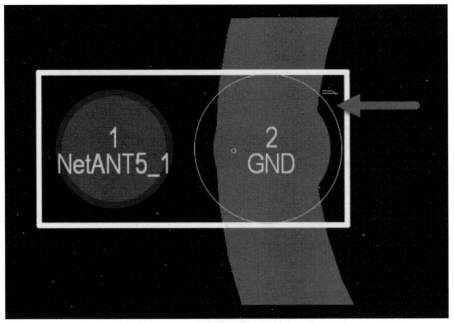

图 5-143　异形封装焊盘冲突报错

**解决方法：**

这是由于异形封装中的一些元素如填充、覆铜等没有网络导致的错误，将其设置为与焊盘相同的网络名称即可。双击封装，在弹出的属性设置对话框中将Primitives解锁，如图5-144所示。

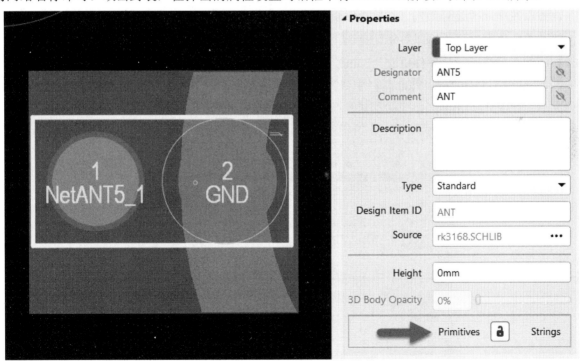

图 5-144　解锁Primitives

然后就可以单独选中异形封装中的单一元素，例如填充、覆铜等，将其设置为与焊盘相同的网络即可，如图5-145所示。

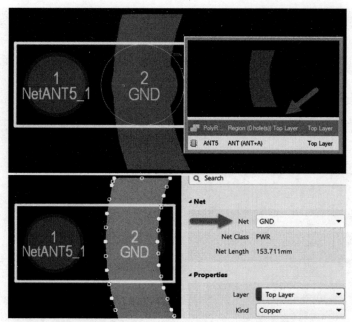

图 5-145　给异形封装中无网络的对象设置网络

## 5.75　在PCB中如何一次性修改元器件位号或阻值字体大小?

　　这里以统一修改位号为例。在PCB编辑界面中,选中任意一个元器件位号,然后右击,在弹出的快捷菜单中执行"查找相似对象"命令。弹出"查找相似对象"对话框,在Object Specific选项中选择相应的对象将其筛选条件更改为Same,如图5-146所示。然后单击"确定"按钮,弹出第2个对话框,在Text Height和Text Width两栏中修改为合适的参数,即可统一修改PCB中所有元器件位号的字体大小,如图5-147所示。

图 5-146　设置相似项

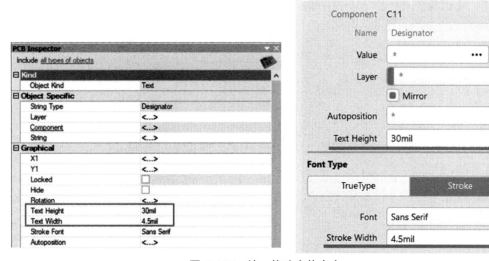

图 5-147　统一修改字体大小

## 5.76　如何给没有网络的过孔统一添加网络？

在PCB编辑界面中，选中任意一个无网络的过孔，然后右击，在弹出的快捷菜单中执行"查找相似对象"命令，弹出"查找相似对象"对话框。在Object Specific选项中选择相应的对象并将其筛选条件更改为Same，如图5-148所示。然后单击"确定"按钮，弹出Net面板，在Net选项中选择Net Class，即可给过孔统一添加网络，如图5-149所示。

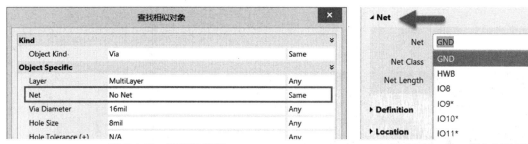

图 5-148　设置相似项　　　　　　　　　　图 5-149　统一添加过孔网络

## 5.77　如何添加泪滴？

添加泪滴是指在导线连接到焊盘时逐渐加大其宽度，因为其形状像泪滴，所以称为补泪滴。采用补泪滴的最大好处就是提高了信号完整性，因为在导线与焊盘尺寸差距较大时，采用补泪滴连接可以使得这种差距逐渐减小，以减少信号损失和反射，并且在电路板受到巨大外力的冲撞时，还可以降低导线与焊盘或者导线与过孔的接触点因外力而断裂的风险。

在PCB设计时，如果需要进行补泪滴操作，可以执行菜单栏中的"设计"→"泪滴"命令，在打开的如图5-150所示的"泪滴"对话框中进行泪滴的添加与删除。

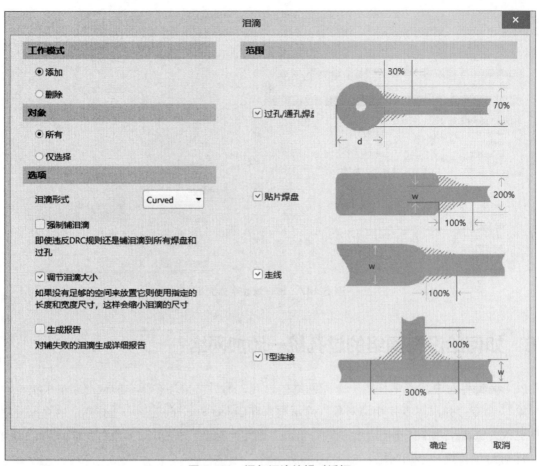

**图 5-150　添加泪滴编辑对话框**

设置完毕之后，单击"确定"按钮，完成对象的泪滴添加操作，补泪滴前后焊盘与导线连接的变化如图5-151所示。

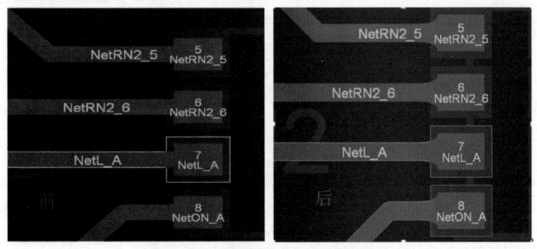

**图 5-151　补泪滴前后焊盘与导线连接的变化**

## 5.78　如何设置过孔的默认尺寸？

首先在规则中对过孔的尺寸进行更改，修改好尺寸后，再执行放置过孔命令，放置过孔之前，先按Tab键修改默认尺寸，然后再放置过孔，这样之后每次放置的过孔都是同样的尺寸。

## 5.79　PCB中如何给导线添加新的网络？

在PCB编辑界面中双击需要添加或者修改网络的导线，弹出导线属性编辑对话框，在Net选项中设置网络，如图5-152所示。

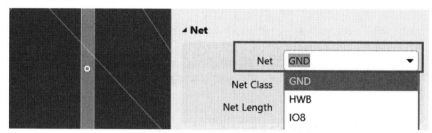

图 5-152　给导线添加网络

## 5.80　PCB中焊盘的网络名称不显示，如何解决？

如图5-153所示，PCB中元器件的焊盘不显示网络名称，如何解决？

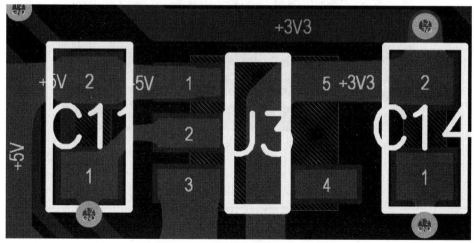

图 5-153　焊盘不显示网络名称

**解决方法：**

按快捷键Ctrl+D，打开View Configuration对话框，选择View Option选项，PAD Nets可以设置焊盘网络名称的显示或隐藏，如图5-154所示。

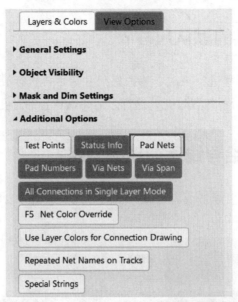

图 5-154　设置焊盘网络名称的显示与隐藏

---

# 5.81　PCB中过孔的网络名称不显示，如何解决？

如图5-155所示，PCB中的过孔不显示网络，如何解决？

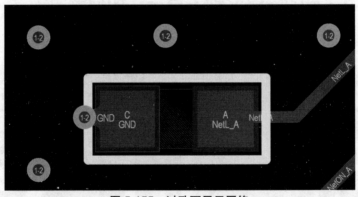

图 5-155　过孔不显示网络

**解决方法：**

按快捷键Ctrl+D，打开"视图选项"对话框，取消选择Via Nets选项即可，如图5-156所示。

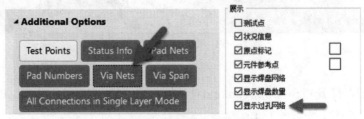

图 5-156　显示过孔网络设置

## 5.82 如何修改PCB编辑界面工作区的背景颜色?

Altium Designer 19的PCB编辑界面工作区的背景颜色默认是灰色的,那么可以修改工作区的背景颜色吗?

答案是可以的,按快捷键L,打开View Configuration对话框,选择Layers&Colors选项,在System Colors选项下的Workspace in 2D Mode Start/End中单击颜色图标修改工作区背景颜色,如图5-157所示将工作区背景颜色修改为黄色。

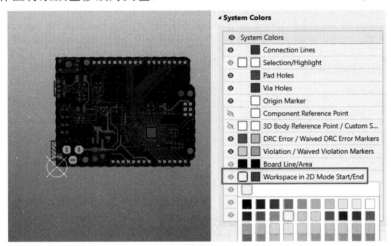

图 5-157 修改PCB编辑界面工作区的背景颜色

## 5.83 网络类(Net Class)创建的快捷方法

创建网络类(Net Class)不仅可以在"对象类浏览器"中创建,还可以在PCB编辑界面选择需要归为一类的网络,快速地创建网络类,具体实现方法如下:

(1)选中需要归为一类的网络,右击,在弹出的快捷菜单中执行"网络操作"→"根据选择的网络创建网络类"命令,如图5-158所示。

图 5-158 执行"根据选择的网络创建网络类"

(2)在弹出的"对象类名称"对话框中输入类名称,单击"确定"按钮即可完成网络类的创建，如图5-159所示。

图 5-159　输入对象类名称

（3）在"对象类浏览器"中可看到刚刚创建的网络类Net Class 1，如图5-160所示。

图 5-160　创建好的网络类

## 5.84　导线与过孔、焊盘等是否连接到位的检查方法

（1）按快捷键Ctrl+D，打开View Configuration选项，在Object Visibility选项中将其他选项全部隐藏，并在Draft栏勾选Vias、Arcs、Tracks对应的复选框，将其设置为半透明状态，如图5-161所示。

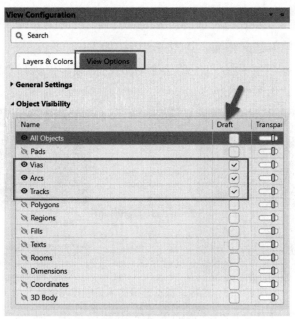

图 5-161　半透明化设置

（2）在该模式下可以清楚地看到PCB布线与过孔、焊盘等是否连接到位的情况，如图5-162所示。

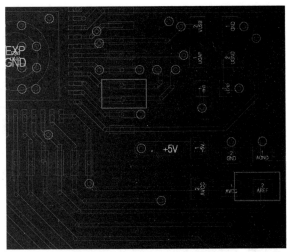

图 5-162　对象半透明化的效果

# 5.85　过孔盖油与不盖油设置方法

过孔盖油表示不开窗，是将过孔的铜箔用绿油盖住；过孔不盖油是指过孔开窗，即铜箔裸露出来，二者区别如图5-163所示。

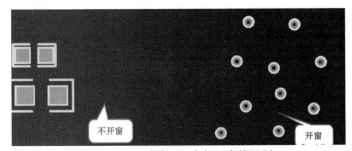

图 5-163　过孔不开窗与开窗的区别

对于普通的过孔，一般在生产时都做盖油处理，防止过孔氧化。单个过孔设置盖油的方法为：双击需要盖油的过孔，在弹出的过孔属性编辑对话框中设置盖油，如图5-164所示。

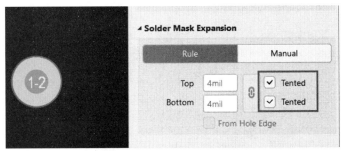

图 5-164　单个过孔盖油

对于多个需要盖油的过孔，使用全局修改来设置。右击，在弹出的快捷菜单中执行"查找相似对象"命令，设置相似项，再设置盖油即可，如图5-165所示。

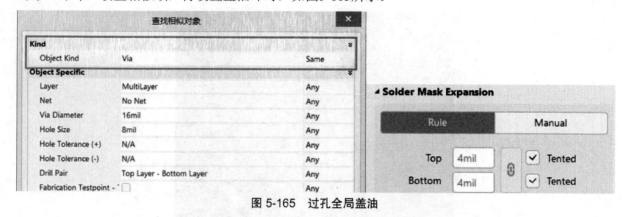

图 5-165 过孔全局盖油

## 5.86 如何放置螺钉孔？

Altium Designer 19中放置螺钉孔、定位孔时可以直接放置焊盘，或按快捷键P+P放置焊盘，按Tab键，在弹出的焊盘属性编辑对话框中设置焊盘尺寸即可，如图5-166所示。

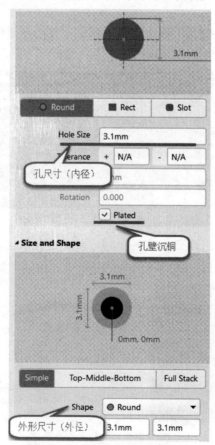

图 5-166 通过焊盘设置螺丝孔

注意孔径尽量不要和螺钉的直径一致，尽量将孔径加大0.1 mm，否则到时候做出来的孔可能会塞不进螺钉（主要看PCB生产商制板偏差以及螺钉孔直径公差）。

还可以通过放置一个圆，选中需要转换的圆，然后执行菜单栏中的"工具"→"转换"→"将选中的对象转换为切割槽"命令，或者按快捷键T+V+B，将圆转换成螺钉孔。

## 5.87　BGA的Fanout（扇出）方法

### 1. 软件的自动扇出方式

进行PCB设计时，常会遇到BGA类型的封装，此类封装需要先进行扇出，然后才能进行后面的PCB布线工作。BGA扇出前后效果对比如图5-167所示。

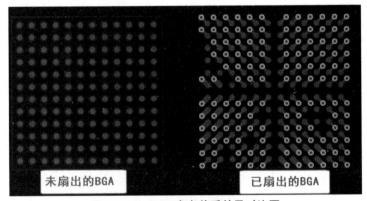

图 5-167　BGA扇出前后效果对比图

（1）在进行软件自动扇出操作之前，需满足以下要求。

①选择合适的线宽及过孔大小，即设置好线宽、间距、过孔大小等规则。

②BGA内部没有任何元素对象，例如布线或者过孔等。

（2）在满足上述要求之后，将光标移动到需要进行扇出的元器件处，右击，在弹出的快捷菜单中执行"器件操作"→"扇出器件"命令，如图5-168所示。或者执行菜单栏中的"布线"→"扇出"→"器件"命令，如图5-169所示。弹出"扇出选项"对话框，如图5-170所示。

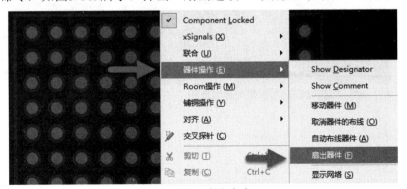

图5-168　扇出命令1

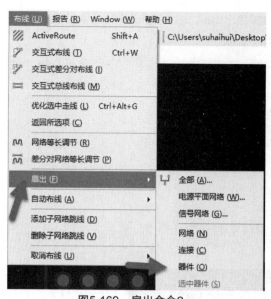

图5-169　扇出命令2

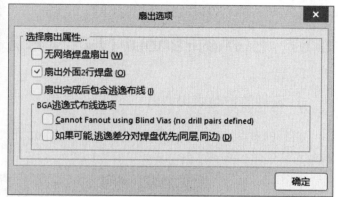

图5-170　"扇出选项"对话框

（3）在"扇出选项"设置对话框中，各选项作用如下：

①无网络焊盘扇出：勾选此选项时，BGA中无网络的焊盘会扇出；不勾选此选项，BGA中无网络的焊盘不扇出。

②扇出外面2行焊盘：勾选此选项时，BGA最外面2行焊盘会扇出；不勾选此选项，BGA最外面2行焊盘不会扇出，BGA外面2行焊盘扇出与否效果对比如图5-171所示。

③扇出完成后包含逃逸布线：勾选此选项时，BGA扇出并从焊盘引线出来，如图5-172所示（此项不建议勾选，因为GND和Power等线也会被引出来，占据BGA出线空间）。

④Cannot Fanout using Blind Vias：无盲埋孔扇出。

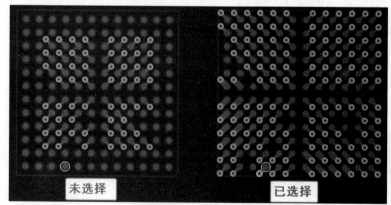

图 5-171　BGA外面2行焊盘扇出与否效果对比图

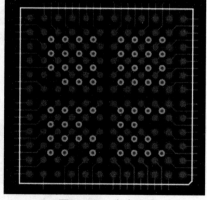

图5-172　扇出逃逸

## 2. 手工扇出方式

手工扇出BGA的步骤如下：

（1）测量BGA焊盘引脚中心间距，以确定扇出所用过孔尺寸，按快捷键Ctrl+M测量两个相邻焊盘的间距，如图5-173所示。

（2）根据不同的引脚中心间距，可以参考如下标准设置过孔尺寸，如图5-174所示。

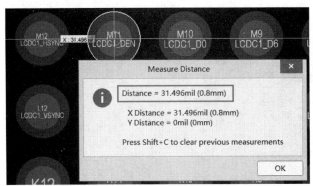

图 5-173　测量BGA焊盘引脚中心间距

| 管脚中心间距/mm | 扇出过孔尺寸/mm |
|---|---|
| 1.00 | 0.6×0.3 |
| 0.80 | 0.4×0.2 |
| 0.65 | 0.35×0.20 |
| 0.50 | 0.2×0.1（激光孔） |

图 5-174　根据引脚中心间距确定过孔尺寸

（3）将过孔打在其中一个焊盘中间，然后选中过孔，按快捷键M，在弹出的菜单中执行"通过X，Y移动选中对象"命令，如图5-175所示。

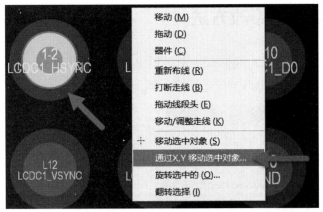

图 5-175　执行"通过X，Y移动选中对象"命令

（4）根据测量的引脚中心间距，确定X/Y偏移量，将过孔移动到BGA焊盘中间，如图5-176所示。

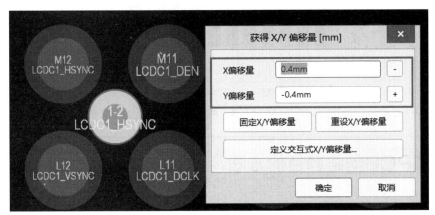

图 5-176　移动过孔到焊盘中间

（5）将过孔与焊盘用导线连接起来，然后复制粘贴完成其他焊盘的扇出即可，如图5-177所示。

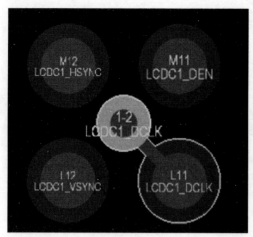
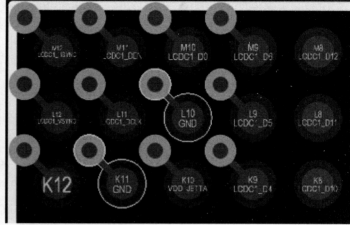

图 5-177　BGA手工扇出方式

## 5.88　PCB层颜色的修改方法

按快捷键L，在弹出的View Configuration对话框中选择Layers & Colors选项，在Layers中单击层名称前面的颜色按钮，选择需要更改的颜色即可，如图5-178所示。

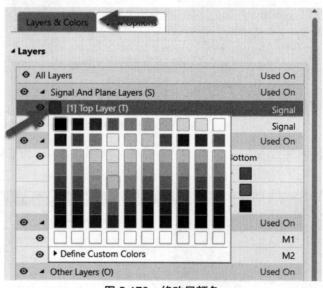

图 5-178　修改层颜色

## 5.89　添加PCB网络颜色的方法

通常为了方便区分不同信号的布线，用户可以对某个网络或者网络类别进行颜色设置，可以方便地理清信号流向和识别网络。

（1）打开PCB文件，单击PCB编辑界面右下角的Panels按钮，在弹出的菜单栏中选择PCB项，即可打开PCB编辑面板。在PCB编辑面板上方的下拉列表框中选择Nets，打开网络引理器。

（2）选择一个或者多个网络，右击，在弹出的快捷菜单中执行Change Net Color命令，对单个网络或者多个网络进行颜色更改，如图5-179所示。

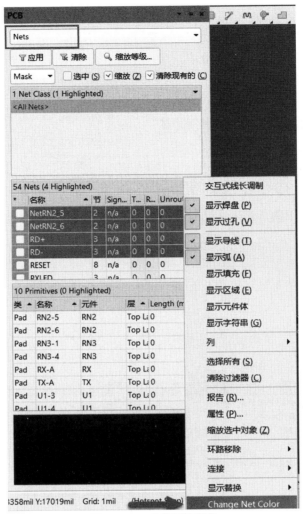

**图 5-179　改变网络颜色**

（3）执行改变网络颜色命令后，右击，在弹出的快捷菜单中执行"显示替换"→"选择的打开"命令，对修改过颜色的网络进行使能。

（4）到此就完成了网络颜色的修改，如果在PCB编辑界面看不到颜色的变化，需要按键盘上的F5键显示网络颜色。

## 5.90　多原理图、多PCB文件的导入处理

在用Altium Designer 19中进行PCB工程设计时，有时一个工程中可能不止一个PCB文件，例如，一个设备里有主板和扩展板或者按键板等等，这时就需要在一个工程里添加多个原理图、PCB文件，如图5-180所示。

在Altium Designer 19中将原理图导入到PCB是通过执行原理图菜单Design→Update PCB

Document xxx.PcbDoc命令，如图5-181所示。

图 5-180  多原理图、PCB工程                       图 5-181  原理图更新到PCB

执行原理图更新到PCB的操作之后，虽然选择的是更新到某一个PCB文件，但是最后结果是，所有原理图都被导入到了这个选中的PCB文件中，无法实现不同的原理图导入到不同的PCB。那么该如何实现指定的原理图文件更新到指定的PCB文件中呢？

（1）在原理图编辑界面执行菜单栏中的"工程"→"显示差异"命令，弹出"选择比较文档"对话框，如图5-182所示。

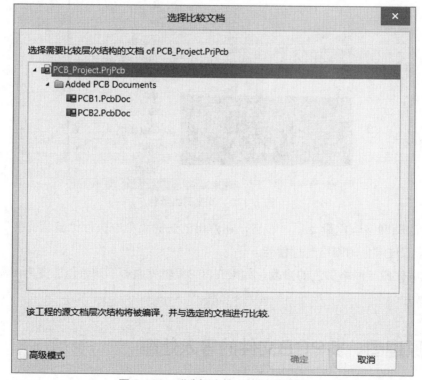

图 5-182  "选择比较文档"对话框

（2）在"选择比较文档"对话框中，勾选左下角的"高级模式"复选框，对话框将显示成两个专栏，如图5-183所示。

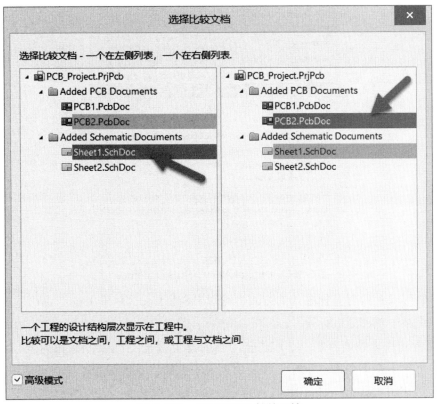

图 5-183　选择需要比较的文档

（3）在其中一个专栏中选择Sch Doc，并在另一个专栏中选择对应的Pcb Doc文件，如图所示选择左边的Sheet1.SchDoc原理图文件与右边的PCB2.PcbDoc文件对应，然后单击"确定"按钮。

（4）弹出Differences between Schematic Document [...] and PCB Document [...]对话框，如图5-184所示，列出了Sch和PCB的对应关系。

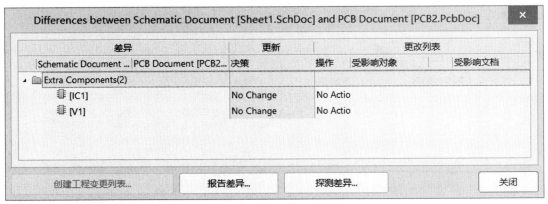

图 5-184　显示差异对话框

（5）右击，执行Update All in>>PCB Document[...]命令，将Sheet1.SchDoc里面所有内容更新到PCB2.PcbDoc中，如图5-185所示。

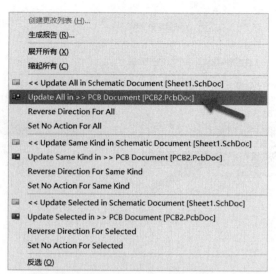

**图 5-185** Update All in>>PCB Document

从图5-185中可以看到有多种导入的方式，可以从Sch Doc到PCB Doc，也可从PCB Doc到Sch Doc，还可以选中某一些部分进行导入。

（6）可以看到在未执行步骤（5）之前，"创建工程变更列表"按钮为灰色，执行完步骤（5）之后，即可单击左下角的"创建工程变更列表"按钮，这时弹出"工程变更命令"对话框，之后的操作跟菜单栏中Design→Update PCB Document xxx.PcbDoc命令的操作方法一样，如图5-186所示。

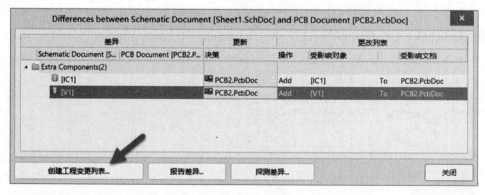

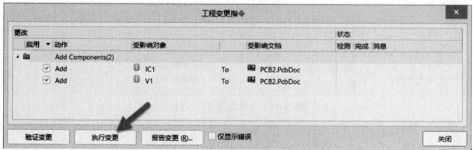

**图 5-186** Update PCB Document

（7）单击"执行变更"按钮，指定的原理图文件就更新到指定的PCB文件中了，如图5-187所示。

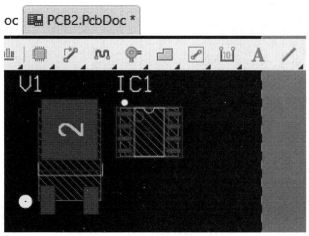

图 5-187 完成原理图更新到PCB

## 5.91 快速调整丝印的方法

Altium Designer 19中原理图更新到PCB后丝印的位置是乱的，除了手工单个调整其位置外，还可以按快捷键Ctrl+A全选，然后按快捷键A+P，弹出"元器件文本位置"对话框，如图5-188所示。根据需要选择"标识符（位号）"或"注释（阻值）"，然后再指定位置后单击"确定"按钮，即可统一调整丝印位置。

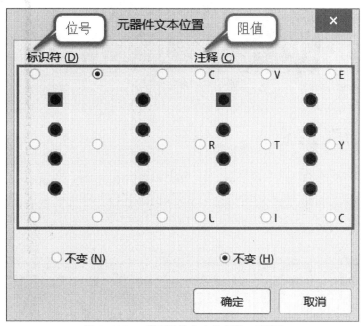

图 5-188 "元器件文本位置"对话框

还可以在PCB中选择部分元器件，然后按快捷键A+P，再选择位置，如图5-189所示为将选择的元器件位号放置在元器件顶端。

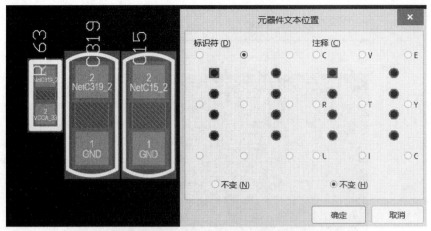

图 5-189　选择元器件位号调整位置

单击"确定"按钮，即可快速完成位号的调整，效果如图5-190所示。

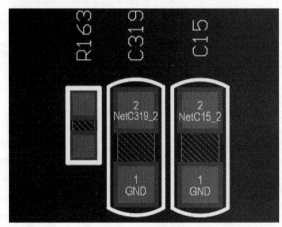

图 5-190　调整好的位号

## 5.92　PCB叠层的设置

通过增加叠层可实现多层板的设计，以6层板为例来介绍Altium Designer 19软件添加叠层的方法。

（1）在PCB编辑界面，执行菜单栏中的"设计"→"层叠引理器"命令，或者按快捷键D+K，打开如图5-191所示的PCB叠层示意图。

| # | Name | Type | Material | | Thickness | Dk | Pullback distance | Weight | Orientation |
|---|------|------|----------|---|-----------|-----|-------------------|--------|-------------|
| | Top Overlay | Overlay | | | | | | | |
| | Top Solder | Solder Mask | Solder Resist | ⋯ | 0.4mil | 3.5 | | | |
| 1 | Top Layer | Signal | | ⋯ | 1.4mil | | | 1oz | Top |
| | Dielectric 1 | Dielectric | FR-4 | ⋯ | 12.6mil | 4.8 | | | |
| 2 | Bottom Layer | Signal | | ⋯ | 1.4mil | | | 1oz | Bottom |
| | Bottom Solder | Solder Mask | Solder Resist | ⋯ | 0.4mil | 3.5 | | | |
| | Bottom Overlay | Overlay | | | | | | | |

图 5-191　PCB叠层示意图

小提示：在最新版的Altium Designer 19软件中，添加叠层之前需要选择特征，单击Features按钮，单击选择Printed Electronics选项，如图5-192所示。

| # | Name | Material | | Type | Thickness | Dk | Df | Weight | |
|---|------|----------|--|------|-----------|----|----|--------|--|
| | Top Overlay | | | Overlay | | | | | |
| | Top Solder | Solder Resist | … | Solder Mask | 0.4mil | 3.5 | | | |
| 1 | Top Layer | | … | Signal | 1.4mil | | | 1oz | |
| | Dielectric 1 | FR-4 | … | Dielectric | 12.6mil | 4.8 | | | |
| 2 | Bottom Layer | | … | Signal | 1.4mil | | | 1oz | |
| | Bottom Solder | Solder Resist | … | Solder Mask | 0.4mil | 3.5 | | | |
| | Bottom Overlay | | | Overlay | | | | | |

图 5-192　选择特征

然后再次单击Features按钮，选择Printed Electronics选项，如图5-193所示，即可正常进行叠层设置。

| # | Name | Material | | Type | Thickness | Dk | Df | |
|---|------|----------|--|------|-----------|----|----|--|
| | Top Overlay | | | Overlay | | | | |
| | Top Solder | Solder Resist | … | Solder Mask | 0.4mil | 3.5 | | |
| 2 | Layer 2 | | … | Conductive | 1.4mil | | | |
| 1 | Layer 1 | | … | Conductive | 1.4mil | | | |
| | Bottom Solder | Solder Resist | … | Solder Mask | 0.4mil | 3.5 | | |
| | Bottom Overlay | | | Overlay | | | | |

图 5-193　Printed Electronics选项选择特征

（2）从图5-191中可以看出这是一个两层板的叠层结构，如需添加层，直接在层叠引理器中右击，在弹出的快捷菜单中选择添加正片或负片，层参数设置如图5-194所示。

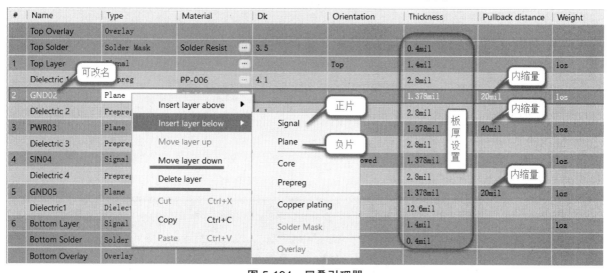

图 5-194　层叠引理器

①选择其中一个层右击，可以在其上方添加层（Insert layer above）或下方添加层（Insert layer below），可添加正片或负片；

②Move layer up和Move layer down命令可以调整层的顺序；

③Delete layer可以删除层；

④双击Layer Name可以更改层名称，方便识别；

⑤可根据叠层结构设置板厚；

⑥为了满足设计的"20H"，可以设置负片层的内缩量。

（3）按快捷键Ctrl+S保存叠层设置，完成叠层设置，一个六层板的叠层效果如图5-195所示。

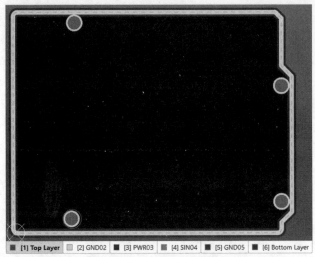

图 5-195 六层板叠层效果

**小提示：** 信号层采用"正片"，电源层和GND层采用"负片"的方式处理，可以很大程度上减小文件数据量的大小、提高设计的速度。

## 5.93 如何在PCB中进行开窗（露铜）设置？

一般情况下，PCB板上的导线都是开窗的，可以防止线路氧化和短路。所谓的开窗就是去掉导线或铜皮上的油墨，让导线裸露就可以上锡。如图5-196所示，就是开窗的效果，PCB开窗并不少见，最常见的可能就是内存条了，内存条的一边有金手指，即是开窗的效果。当然金手指表面还需要其他的处理工艺。开窗还有一个很常见的功能，如PCB布线开窗后可以上锡增加铜箔厚度，增加导线的载流量，这在电源板和控制板中比较常见。那么在PCB中开窗如何实现呢？

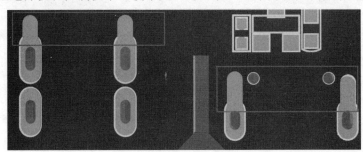

图5-196 PCB开窗效果图

如果需要在Top Layer层开窗，只需要在Top Solder层上放置和导线相同的Line（线条）或填充区域即可。同样，如果在Bottom Layer层开窗，只需要在Bottom Solder层放置Line（线条）或填充区域即可，如图5-197所示。

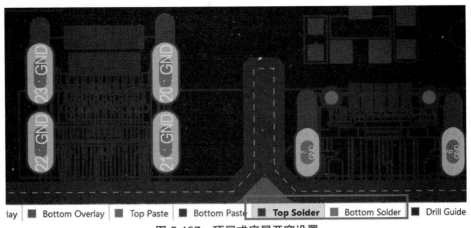

图 5-197　顶层或底层开窗设置

## 5.94　PCB中Room的使用

Room是在PCB板上划分出的一个空间，用于把整体电路中的一部分（子电路）布局在Room内，使这部分电路元器件限定在Room内布局，可以对Room内的电路设置专门的布线规则。在PCB编辑器上放置Room，特别适合于多通道电路，达到简化PCB板设计的目的。

这里以在Room中设置单独的线宽为例，来介绍Room的使用。

（1）首先放置Room，执行菜单栏中的"设计"→Room命令，可手工放置Room，还可以从选择的器件中自动创建Room。

（2）放置Room到需要的位置，如这里在BGA上放置一个Room，并命名为Room1，如图5-198所示。

图 5-198　放置Room

（3）按快捷键D+R，打开"PCB规则及约束编辑器[mil]"对话框，新建一个线宽规则，并为刚刚放置的Room设置约束条件。Room中的对象设置规则语法是WithinRoom('Room名称')。如图5-199

所示，将Room中线宽设置为4 mil。

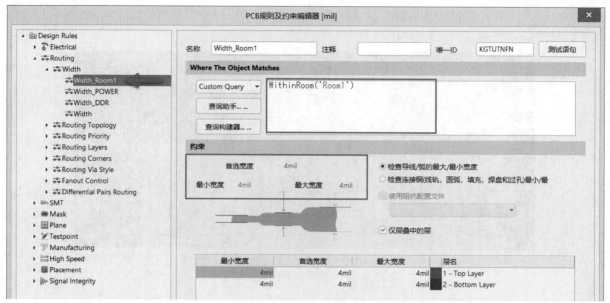

图 5-199　设置Room规则

（4）这样就确保Room区域内的线宽为4 mil，Room区域外的线宽为整板设置的线宽，如图5-200所示。

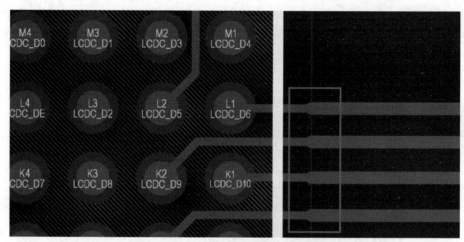

图 5-200　使用Room设置单独的线宽

此外，在Room里框选出一定区域后，不仅仅可以单独设置线宽规则，还可以对它设置PCB规则，定义页上的任意规则。

## 5.95　PCB特殊粘贴的使用

在Altium Designer 19的PCB编辑环境中，有时候经常需要复制粘贴过孔、导线等，如果只是简单地使用Ctrl+C和Ctrl+V命令，这样复制过来的对象并没有保存原先的网络名称，此时就需要使用"特殊粘贴"功能了。

（1）按快捷键Ctrl+C复制需要的对象，然后执行菜单栏中的"编辑"→"特殊粘贴"命令，或者按快捷键E+A，弹出"选择性粘贴"对话框，设置需要的粘贴属性，勾选"保持网络名称"复选框，单击"粘贴"按钮，即可实现智能粘贴，这样粘贴过来的对象即可保持原来的网络名称，如图5-201所示。

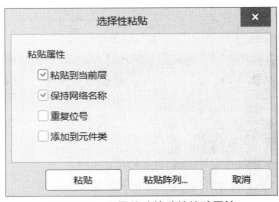

图 5-201　设置特殊粘贴的粘贴属性

（2）单击"选择性粘贴"对话框中的"粘贴阵列"按钮，弹出"设置粘贴阵列"对话框，可以实现圆形或线性阵列粘贴。圆形阵列粘贴和线性阵列粘贴的效果分别如图5-202和图5-203所示。

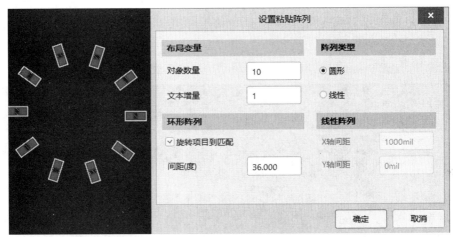

图 5-202　圆形阵列粘贴

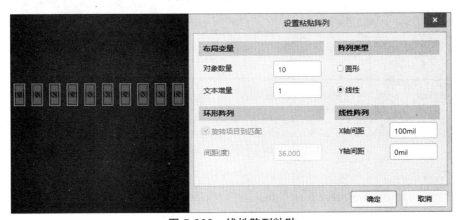

图 5-203　线性阵列粘贴

# 5.96 PCB中联合功能的使用

在Altium Designer 19的PCB编辑界面中有一个联合功能,能对一些排版好的器件和其他对象组合成一个整体来移动。下面来看看这个功能的使用:

(1)选择需要组合的器件、布线及其他。在选择的组件上右击,在弹出的快捷菜单中执行"联合"→"从选中的器件生成联合"命令,如图5-204所示。

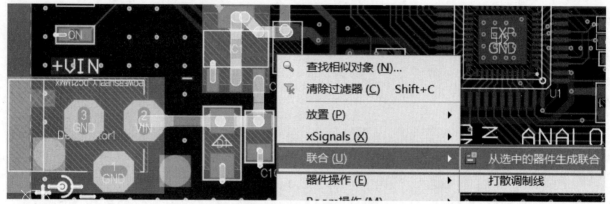

图 5-204 从选中的器件生成联合

(2)弹出信息的提示对话框显示有多少个对象形成了联合,单击OK按钮即可完成联合的操作。

(3)联合后的这些对象可以作为一个整体移动,如图5-205所示。

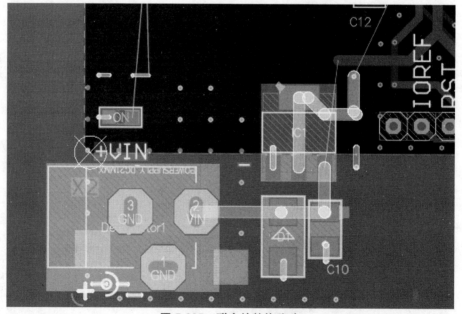

图 5-205 联合的整体移动

(4)在联合中选中任意一个对象右击,在弹出的快捷菜单中执行"联合"→"从联合中打散器件"命令,在弹出的"确定分割对象Union"对话框中单击"关闭所有"按钮,然后单击"确定"按钮即可解除联合,如图5-206所示。

图 5-206　选择对象保留在Union中或从中移除

## 5.97　过孔和焊盘的相互转换

在Altium Designer 19中可以实现过孔和焊盘的相互转换，选中需要转换的过孔或焊盘，执行菜单栏中的"工具"→"转换"→"选中的自由焊盘转换成过孔/选择的过孔转换成自由焊盘"命令，即可实现过孔和焊盘的相互转换，如图5-207所示。

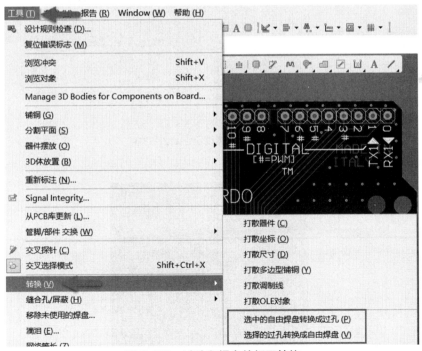

图 5-207　过孔和焊盘的相互转换

## 5.98 Solder层的扩展距离缩小的设置方法

如图5-208所示，元器件的引脚Solder层扩展值比较大，如何改小元器件的引脚Solder层扩展值呢？

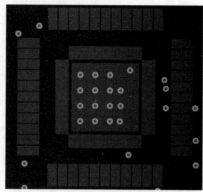

图 5-208 元器件的引脚Solder层

**解决方法：**

按快捷键D+R，打开"PCB规则及约束编辑器[mil]"对话框，在Mask选项下的Solder Mask Expansion中修改外扩值即可，如图5-209所示。

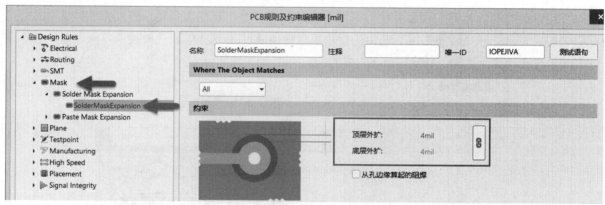

图 5-209 修改Solder外扩值

修改过后的效果如图5-210所示。

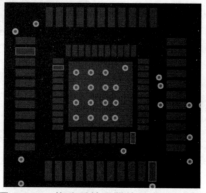

图 5-210 修改后的元器件引脚Solder层

# 5.99 如何给PCB中没有网路的导线添加网络名称?

如图5-211所示,直接在PCB中放置元器件并连线,导线和焊盘上面是没有网络名称的,如何添加网络名称呢?

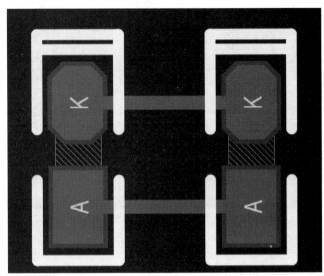

图 5-211 焊盘和导线上无网络名称

**解决方法:**

执行菜单栏中的"设计"→"网络表"→"设置物理网络"命令,或者按快捷键D+N+G,在弹出的"配置物理网络"对话框中单击"执行"按钮,然后弹出"网表更改"提示框,单击"继续"按钮,最后单击"关闭"按钮即可完成网络名称的添加,如图5-212所示。添加网络名称后的效果如图5-213所示。

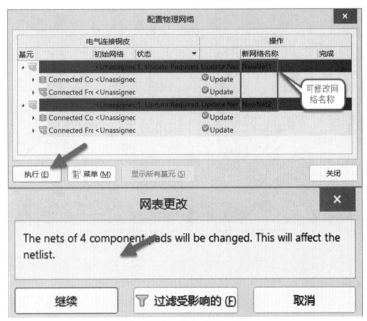

图 5-212 添加网络名称

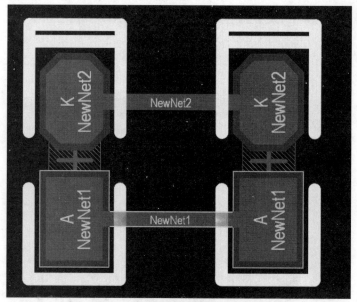

图 5-213 添加网络名称后的效果

## 5.100 PCB违反规则报错提示不明显，如何解决？

如图5-214所示，图中的GND网络和XTAL2网络存在短路和违反安全间距的错误，但是软件只提示短路的标识，而违反安全间距这一项并没有显示出来，如何解决？

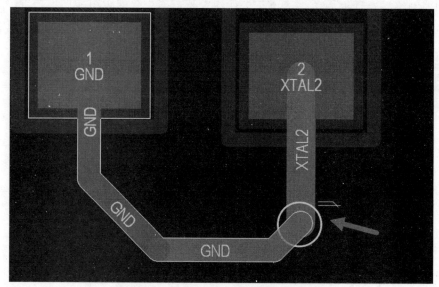

图 5-214 PCB违反规则报错提示不明显

**解决方法：**

这是由于DRC显示样式没有勾选，按快捷键O+P，打开"优选项"对话框，在PCB Editor选项下的DRC Violations Display*中将对应规则项的冲突细节勾选即可，如图5-215所示。

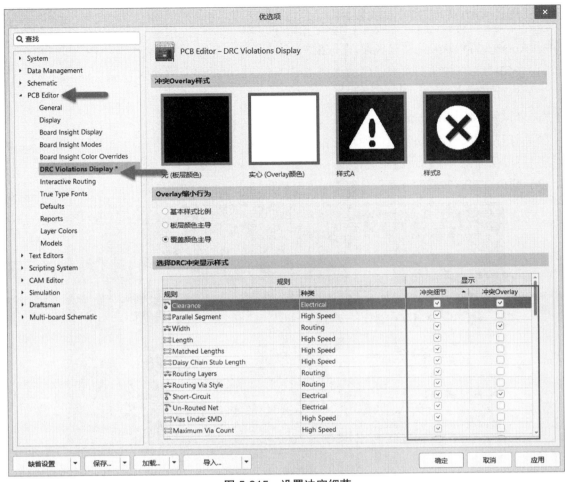

图 5-215　设置冲突细节

设置好以后，DRC违反规则报错的效果如图5-216所示。

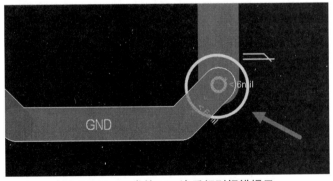

图 5-216　正常的PCB违反规则报错提示

## 5.101　模块复用功能的使用方法

此处介绍Altium Designer 19两种常用模块复用方法：一种是利用Room实现相同模块复用，另外一种是利用复制和粘贴功能实现。

## 1. 利用Room实现相同模块复用

利用Room实现模块复用需要满足以下条件：

（1）PCB中相同模块的对应器件的通道值（Channel Offset）必须相同。

（2）器件不能锁住，否则无法进行Room复用。

下面来详细介绍使用Room进行模块复用的方法：

（1）打开需要进行模块复用的原理图，在PCB中有两个或者多个模块是一样的布局布线，进行模块复用可以保证每一个模块的布局布线一模一样。

（2）将原理图更新到PCB中，并将其中一个模块完成布局，如图5-217所示。

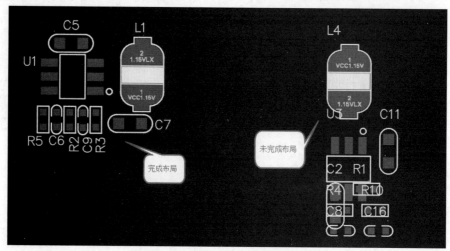

图 5-217　将其中一个模块完成布局

然后双击元器件查看元器件的通道值（Channel Offset）与对应模块的元器件的通道值是否一致，不一致的需要手动改为一样的通道值，否则无法完成模块复用。但是从PCB中手动修改通道值对于元器件比较多的模块来说是很耗费时间的事情，这时候就可以利用PCB List的筛选功能来快速修改通道值，具体步骤如下所示。

（1）在交叉选择模式下，从原理图中框选其中一个模块，在PCB编辑界面中打开PCB List面板，将筛选条件设置为Edit selected objects indude only Components，只选择显示元器件，然后找到这些元器件的通道值，图中Channel Offset栏就是这些元器件的通道值，并将其复制，如图5-218所示。

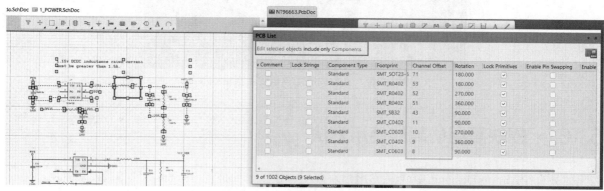

图 5-218　复制元器件的通道值

（2）从原理图中框选另外一个模块，同样在PCB编辑界面打开PCB List面板，也是要先设置筛选条件为Edit selected objects indude only Components，只选择显示元器件，然后在Channel Offset栏将上面复制的通道值粘贴到该通道值里面，如图5-219所示。

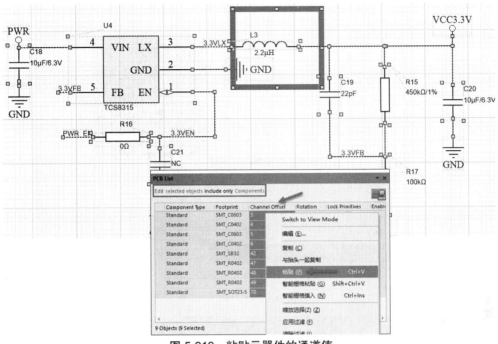

图 5-219　粘贴元器件的通道值

需要特别注意的是：相同模块通道值修改时，需打开交叉选择模式，从原理图中选择模块，这样在PCB中才能正确修改通道值。

（3）通道值修改好以后，就可以利用Room实现模块复用了。框选模块，执行菜单栏中的"设计"→Room→"从选择的器件产生矩形的Room"命令，或者按快捷键D+M+T，生成Room。另一个模块的操作方法也是一样，这样即可得到包含元器件的Room，如图5-220所示。

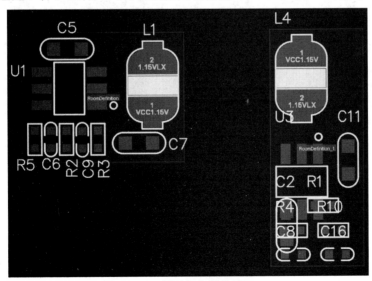

图 5-220　得到包含器件的Room

（4）复制Room格式。执行菜单栏中的"设计"→Room→"拷贝Room格式"命令，或按快捷键D+M+C，图5-221所示。

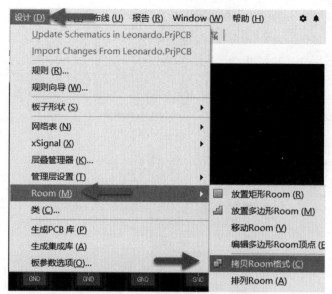

图 5-221 "拷贝Room格式"命令

（5）这时候光标变成十字形状，先单击Room1，然后再单击Room2，如图5-222所示。

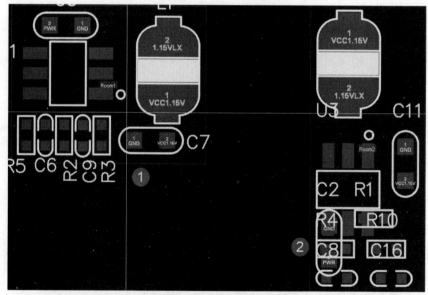

图 5-222 选择Room

（6）弹出"确认通道格式复制"对话框，按图5-223所示进行设置。

图 5-223  设置Room通道格式复制参数

（7）参数设置完毕后，单击"确定"按钮，即可完成模块的复用，如图5-224所示。

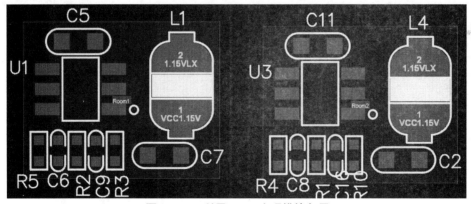

图 5-224  利用Room实现模块复用

## 2.复制粘贴功能实现模块复用

这里使用上面的电路图来介绍利用复制粘贴功能实现模块复用的方法

（1）复制已经布局好的模块，并粘贴，粘贴过来的模块元器件位号会出现"_"的下画线，如图5-225所示。

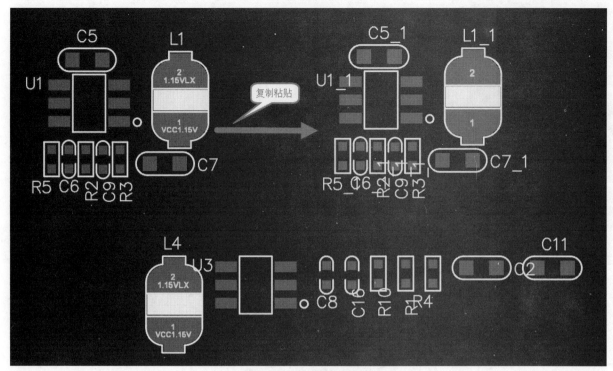

图 5-225　复制粘贴模块

（2）选中下面没有布局的元器件，通过按快捷键M+S移动选择的对象，将重合的元器件放置在粘贴过来的模块上，如图5-226所示。

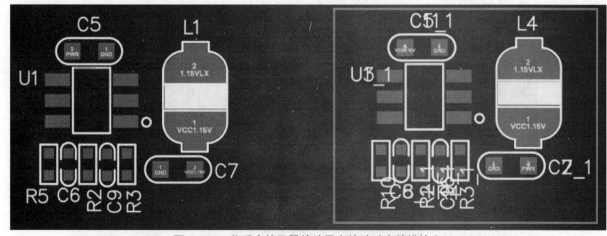

图 5-226　将重合的元器件放置在粘贴过来的模块上

（3）将位号中含有"_"标识的元器件符号删掉，即可完成模块复用，如图5-227所示。

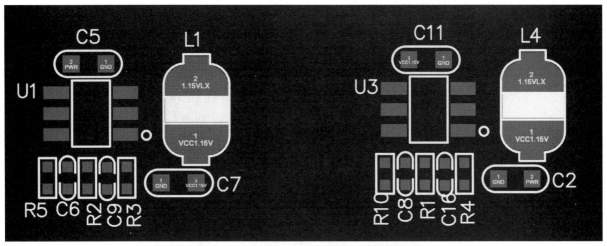

图 5-227　利用复制粘贴功能实现模块复用

## 5.102　内电层的分割

（1）在多层板的设计中往往会有多路电源，所以在PCB叠层设置中经常会创建一个负片层作为电源层，可以通过电源层对PCB板上面的电源进行分割，如图5-228所示。

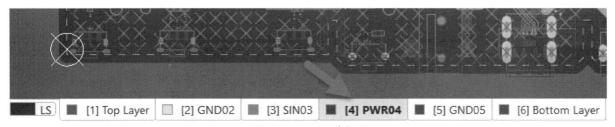

图 5-228　PWR电源层

（2）在PWR（电源）层中进行电源分割。首先在信号层高亮需要分割的电源网络中，切换到PWR层，按快捷键P+L放置无网络属性的线条（Line），并且线宽要设置为10～15 mil，沿着高亮的电源网络绘制一个闭合的区域，如图5-229所示。

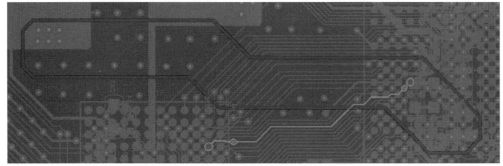

图 5-229　放置分割线

（3）双击被线条围起来的区域，就可以给这个区域添加一个网络，如图5-230所示。

图 5-230　给分割区域添加网络

添加好网络后可以看见这个分割区域的颜色跟其他区域已经不一样了，这样电源分割已经完成了，如图5-231所示。

图 5-231　电源分割完毕

## 5.103　从现有的PCB文件中提取封装的方法

在使用Altium Designer 19时，可以从PCB中生成封装库，用于提取PCB文件中的封装。

（1）打开Altium Designer 19软件，然后打开自己想要导出封装库的PCB文件，执行菜单栏中的"设计"→"生成PCB库"命令，或按快捷键D+P，如图5-232所示。

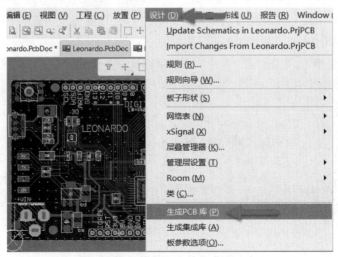

图 5-232　从PCB文件生成PCB库

（2）封装库生成后可以看见生成了一个和工程同名字的封装库文件，切换到PCB Library面板可以查看生成的封装库，如图5-233所示。

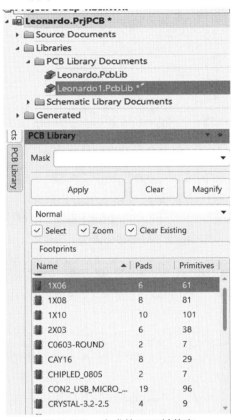

图 5-233　生成的PCB封装库

# 5.104　PCB中如何放置镂空文本？

如图5-234所示，如何在PCB中放置这样效果的文本？

图 5-234　镂空文本

**解决方法：**

执行菜单栏中的"放置"→"文本"命令，或按快捷键P+S，输入需要放置的文本，双击已经放置好的文本更改属性（或在放置的状态下按Tab键修改属性），按图5-235所示进行设置，即可完成镂空字体的放置。

图 5-235　文本镂空设置

---

## 5.105　PCB中元器件的位号和阻值不显示的解决方法

　　如图5-236所示，PCB中所有元器件的位号和阻值都不显示，检查了位号和阻值的"显示/隐藏"设置按钮，都是处于显示状态，并且对应的丝印层也是打开的，如何解决？

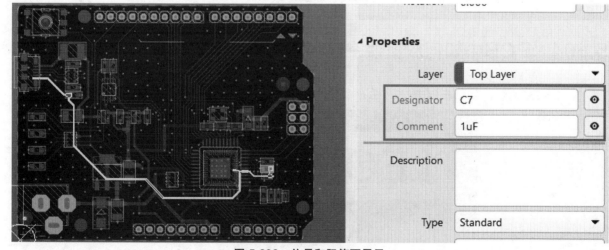

图 5-236　位号和阻值不显示

**解决方法：**

　　按快捷键Ctrl+D，打开View Configuration对话框，选择View Options选项，查看当中的Texts项是不是被关闭了，如果是隐藏的状态，PCB上是不会显示位号和阻值的，如图5-237所示。

图 5-237　Texts显示设置

## 5.106　PCB如何线选?

在Altium Designer 19中如果需要选中多个对象,除了直接框选外,还可以使用线选功能。按快捷键S+L,光标变成十字形状,按住鼠标左键划出一段虚线,与这根线接触到的对象都会被选中,这就是PCB的线选功能,如图5-238所示。

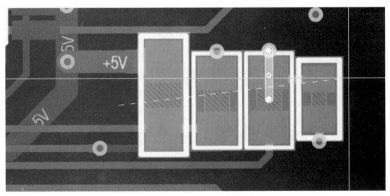

图 5-238　PCB线选功能的使用

## 5.107　PCB中如何隐藏元器件参考点?

如图5-239所示,PCB中的元器件显示参考原点,如何取消显示?

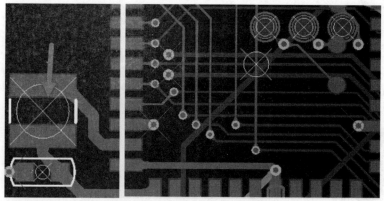

图 5-239　PCB元器件显示参考点

**解决方法：**

按快捷键Ctrl+D，打开"视图选项"，在"展示"栏取消"元件参考点"复选框即可，如图5-240所示。

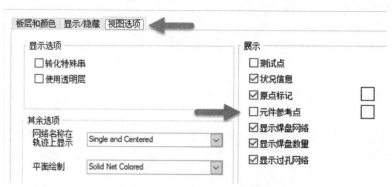

图 5-240　取消展示元件参考点

如果是Altium Designer 18及之后的版本，按快捷键L，打开View Configuration面板，在Layers & Colors选项中将Component Reference Point取消显示即可，如图5-241所示。

图 5-241　取消显示Component Reference Point

## 5.108 PCB中如何隐藏3D元器件体参考点/自定义捕捉点？

如图5-242所示，PCB中显示十字形状的3D元器件体参考点/自定义捕捉点，如何取消显示？

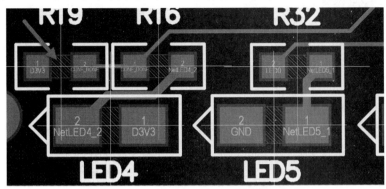

图 5-242　PCB中显示3D元器件体参考点

**解决方法：**

按快捷键L，打开View Configuration面板，在Layers & Colors选项中将3D Body Reference Point/Custom Snap Points取消显示即可，如图5-243所示。

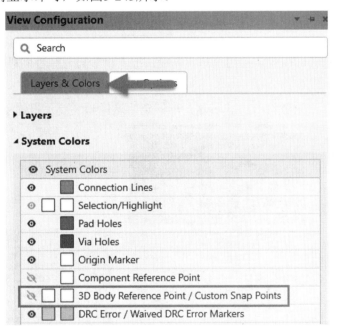

图 5-243　取消显示3D Body Reference Point/Custom Snap Points

## 5.109 异形封装中的填充没有网络，如何解决？

一些异形封装制作过程中，使用到填充，而这些异形封装更新到PCB后，由于填充没有网络，将会导致该异形封装报错，如何给异形封装中的填充添加网络呢？

**解决方法：**

（1）双击异形封装，在Properties面板中将Primitives这一项解锁，如图5-244所示。

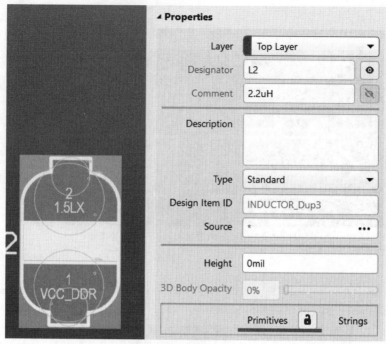

图 5-244　解锁Primitives

（2）然后就可以单独选中封装中的填充或覆铜，把它设置为与焊盘同样的网络即可，如图5-245所示。

（3）添加完网络后，重新将Primitives这一项锁定，这样封装就不报错了，如图5-246所示。

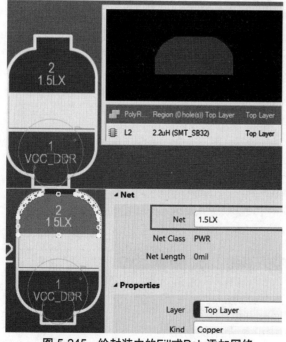

图 5-245　给封装中的Fill或Poly添加网络

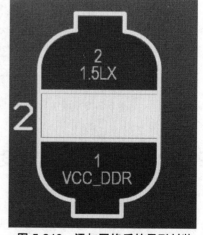

图 5-246　添加网络后的异形封装

## 5.110 PCB中如何对元器件的位号重命名？

在Altium Designer 19的PCB中如需对元器件的位号重命名，双击该元器件，在弹出的Properties面板中修改位号值即可，如图5-247所示。

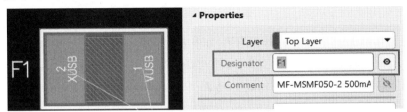

图 5-247 修改元器件位号

## 5.111 在PCB修改了元器件位号，如何进行反向标注？

在PCB中对元器件的位号进行重新编号以后，原理图对应的元器件位号就与之对应不上了，这样从原理图中重新更新到PCB时就会扰乱布局，那么如何从PCB中更新位号到原理图中相对应的器件中呢？

**解决方法：**

（1）打开需要修改元器件位号的PCB文件，对PCB文件重新标注。执行菜单栏中的"工具"→"重新标注"命令，弹出"根据位置重新标注[mil]"对话框，选择一个方向进行标注，如图5-248所示。

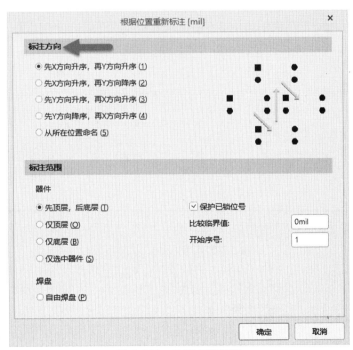

图 5-248 PCB重新标注

（2）设置好重新标注选项后，单击"确定"按钮，执行重新标注，这时候会生成一个.WAS文件在工程目录下，如图5-249所示。

**图 5-249　生成.WAS文件**

（3）打开PCB对应的原理图文件，执行菜单栏中的"工具"→"标注"→"反向标注原理图"命令，在弹出的对话框中选择PCB生成的.WAS文件，如图5-250所示。

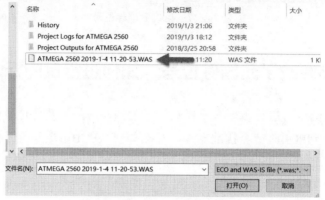

**图 5-250　添加.WAS文件**

（4）弹出更改信息对话框，单击OK按钮，然后弹出"标注"对话框，单击"接受更改（创建ECO）"按钮，最后在"工程变更指令"对话框中单击"执行变更"按钮，即可完成PCB到原理图的反向标注，如图5-251所示。

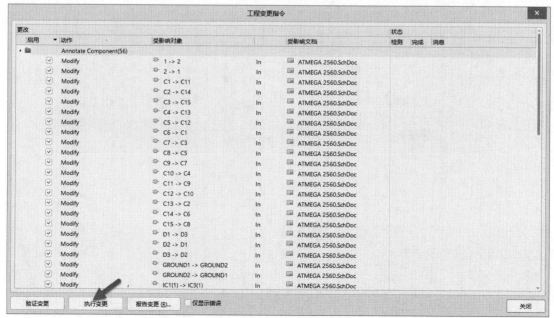

**图 5-251　执行变更**

小提示：不要在PCB中进行多次的重新标注，如果在PCB文件中多次更改标注会生成多个.WAS文件，在SCH文件中执行反向标注后可能得不到正确的结果。

## 5.112　如何设置规则使元器件与Keep-Out线接触而不会报错？

如图5-252所示，PCB文件中是使用Keep-Out层作为板框，当把接口元器件放置到板边与Keep-Out线接触时就会报错，如何设置让它不会报错？

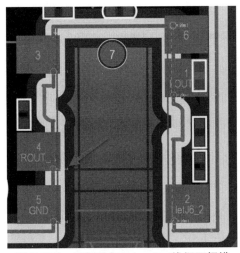

图 5-252　元器件与Keep-Out线间距报错

**解决方法：**

（1）首先新建一个元器件类（Component Classes）。执行菜单栏中的"设计"→"类"命令，或者按快捷键D+C，在"对象类浏览器"对话框中找到Component Classes这一项，右击，在弹出的快捷菜单中执行"添加类"命令，新建一个元器件类。如在这里新建一个名为KEEP的元器件类，并将与Keep-Out线冲突的这些元器件归为一类，如图5-253所示。

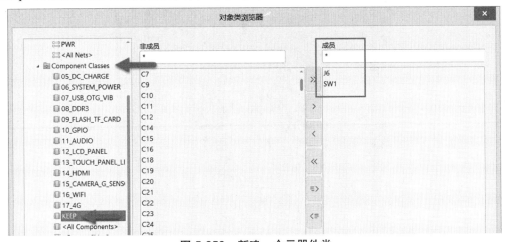

图 5-253　新建一个元器件类

（2）按快捷键D+R，打开"PCB规则及约束编辑器[mil]"对话框。在Electrical电气规则中的Clearance规则中新建一个规则并命名，然后设置约束项，将安全间距设置为0即可，如图5-254所示。

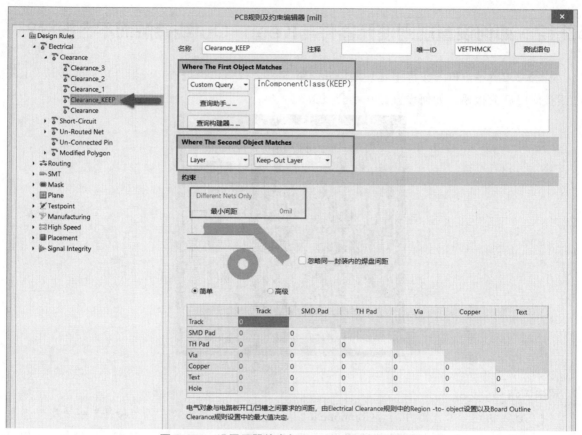

图 5-254　设置元器件类与Keep-Out层的安全间距

（3）保存刚刚设置的规则，这样元器件与Keep-Out线就不会报错了，如图5-255所示。

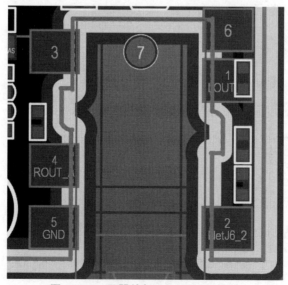

图 5-255　元器件与Keep-Out不报错

# 5.113 如何利用覆铜引理器实现快速整板覆铜？

在Altium Designer 19中进行大面积覆铜时，常规的操作是用覆铜命令沿着板框绘制一个闭合的区域，然后完成覆铜操作。但是遇到不规则的异形板框，沿着板框绘制覆铜区域的方法就显得不是很方便，这时可以使用覆铜引理器来实现快速的整板覆铜。

（1）打开覆铜引理器。执行菜单栏中的"工具"→"覆铜"→"覆铜引理器"命令，或按快捷键T+G+M。在覆铜引理器中单击"来自......的新多边形..."按钮，选择"板外形"选项，然后在右边覆铜属性对话框中设置覆铜属性，单击"应用"按钮，再单击"确定"按钮即可完成整板的覆铜，如图5-256所示。

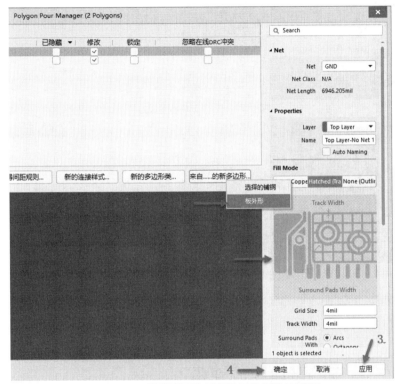

图 5-256　利用覆铜引理器进行整板快速覆铜

（2）整板覆铜后的效果如图5-257所示，注意检查铜皮是否有网络，如没有双击铜皮添加网络即可。

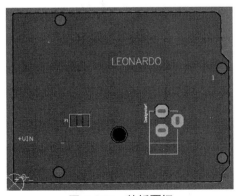

图 5-257　整板覆铜

## 5.114 异形板框的PCB如何快速覆铜？

很多情况下PCB板框是一个不规则的异形板框，想要创建一个和板子形状一模一样的覆铜，该如何处理呢？下面详细介绍异形覆铜的创建过程：

选中闭合的异形板框或区域，执行菜单栏中的"工具"→"转换"→"从选择的元素创建覆铜"命令，或按快捷键T+V+G，即可创建一个与板子形状一样的覆铜，如图5-258所示。

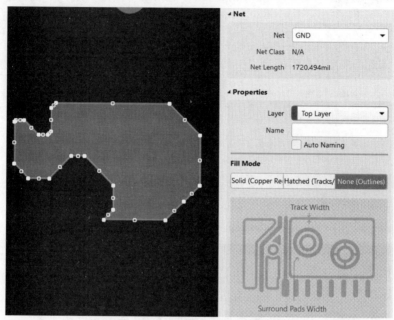

图 5-258 从选择的元素创建覆铜

双击转换的覆铜，更改铜皮的覆铜模式、网络及层属性等即可。同样的方式还可以创建其他异形覆铜。

## 5.115 如何把铜皮的直角改成钝角？

如图5-259所示，如何把直角铜皮调整成钝角的形式？

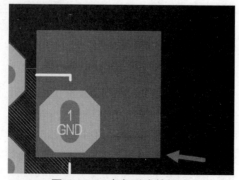

图 5-259 直角形式的铜皮

**解决方法：**

选中铜皮，右击，在弹出的快捷菜单中执行"覆铜操作"→"调整覆铜边缘"命令，光标变成十字形状，在铜皮边缘直角位置绘制成钝角即可，如图5-260所示。

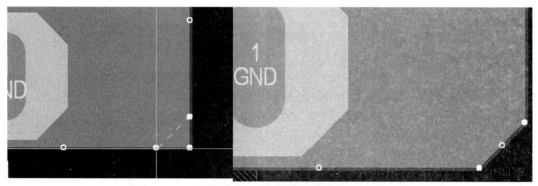

图 5-260　调整覆铜边缘

使用"调整覆铜边缘"命令不仅可以调整覆铜拐角，还可以很方便地调整覆铜的大小。

# 5.116　覆铜时，铜皮不包含相同网络的导线，如何解决？

如图5-261所示，覆铜时，同种网络的导线不能和铜皮重合一起，如何解决？

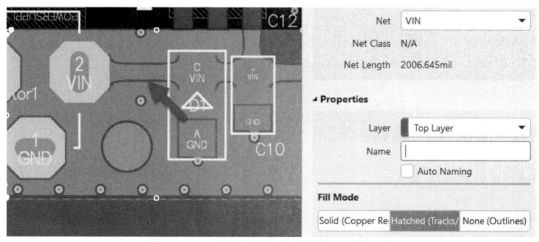

图 5-261　同种网络的布线不能和铜皮重合一起

**解决方法：**

在覆铜属性设置中选择Pour Over All Same Net Objects选项即可，如图5-262所示。

图 5-262　设置覆铜属性

## 5.117　覆铜时如何避免铜皮灌进器件焊盘中间？

如图5-263所示，覆铜时总会有些铜皮灌进器件焊盘中间，如何避免这种情况？如何把这些铜皮删掉？

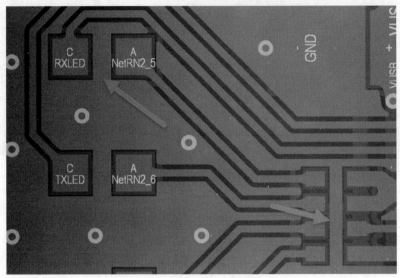

图 5-263　铜皮灌进器件焊盘之间

**解决方法：**

（1）增大覆铜安全间距，这样能减少器件中间灌进的铜皮。

（2）如覆铜安全间距不可更改，可在器件焊盘中间放置多边形覆铜挖空区域，这样就能阻止铜皮覆进来。

## 5.118　覆铜时如何移除死铜？

在覆铜属性面板中勾选Remove Dead Copper复选框，即可在覆铜时自动移除死铜，如图5-264所示。

图 5-264　移除死铜设置

## 5.119　多边形覆铜时，通孔焊盘采用十字连接，贴片焊盘采用全连接，如何实现？

如图5-265所示，多边形覆铜时，通孔焊盘十字连接，贴片焊盘成全连接的形式，如何实现？

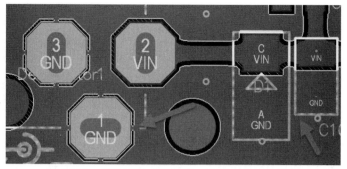

图5-265　通孔焊盘十字连接，贴片焊盘成全连接

**解决方法：**

按快捷键D+R，打开"PCB规则及约束编辑器[mil]"对话框。在Plane选项下的PolygonConnect中设置覆铜连接方式的约束项为"高级"，然后分别设置通孔焊盘和SMD PAD的连接方式，如图5-266所示。

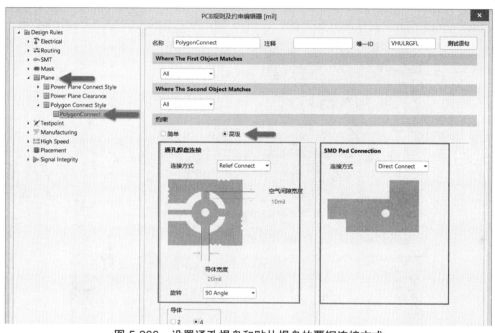

图 5-266　设置通孔焊盘和贴片焊盘的覆铜连接方式

## 5.120　PCB中禁止覆铜区域的放置

执行菜单栏中的"放置"→"多边形覆铜挖空"命令，光标变成十字形状，在需要放置覆铜挖空的区域绘制一个闭合的区域即可。

## 5.121　如何合并多个覆铜？

如图5-267所示，覆铜时如何将两块同一网络的覆铜合并为一块覆铜？

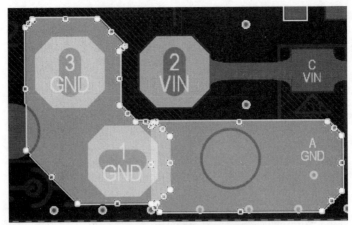

图 5-267　两块相同网络的覆铜

**解决方法：**

选中需要合并的覆铜，右击，在弹出的快捷菜单中执行"覆铜操作"→"合并选中覆铜"命令（低版本的Altium Designer 软件没有该功能），这样就能将选中的覆铜合并，如图5-268所示。

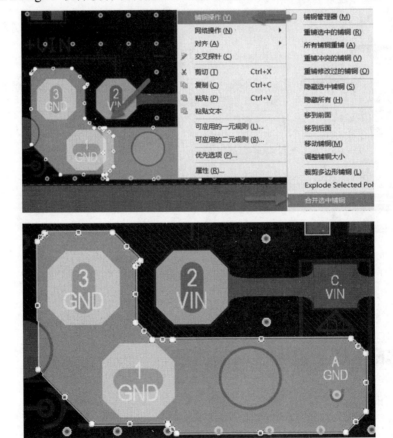

图 5-268　合并选中的覆铜

## 5.122 覆铜如何修改铜皮的大小?

在修改铜皮大小之前,按快捷键O+P,打开"优选项"对话框,在PCB Editor选项下的General*选项中将覆铜重建功能打开,如图5-269所示。

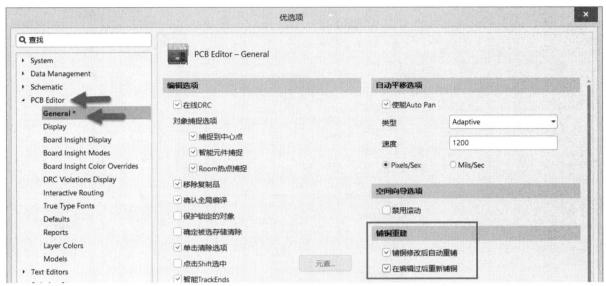

图 5-269 修改或编辑后自动重新覆铜

直接选中覆铜后,将光标移动到覆铜边缘待光标变成一个双向箭头时,按住鼠标左键可直接拖动边缘修改铜皮的大小。

## 5.123 覆铜后铜皮不出现,只出现红色的外框,如何解决?

这是由于没有打开修改或编辑后自动重新覆铜功能,可在优选项中打开。另外一种方法选中覆铜,右击,在弹出的快捷菜单中执行"覆铜操作"→"重铺选中的覆铜"命令即可。

## 5.124 PCB尺寸标注的放置方法?

在使用Altium Designer 19软件画完PCB后,如何给PCB加上尺寸标注?

**解决方法:**

一般在Mechanical层添加标注信息,选择任意一个机械层,执行菜单栏中的"放置"→"尺寸"→"线性尺寸"命令,光标变成十字形状,选择起点和终点拖拉即可,放置的过程中按"空格键"可以改变放置的方向,按Tab键可以修改尺寸标注的属性,如图5-270所示。

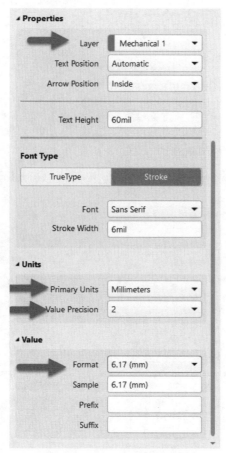

图 5-270　尺寸标注属性设置

（1）Layer：放置的层。

（2）Primary Units：显示的单位，如mil、mm（常用）、inch。

（3）Value Precision：显示的小数位后的个数。

（4）Format：显示的格式，常用"（mm）"。

线性尺寸放置好的效果如图5-271所示。

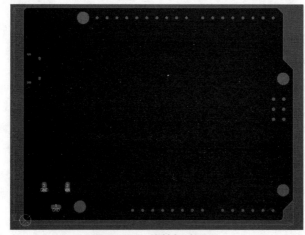

图 5-271　线性标注显示

## 5.125　在3D状态下Shift+右键旋转PCB之后，如何快速恢复默认视图？

如图5-272所示，在3D状态下Shift+右键旋转PCB之后，很难将板子归回原位，如何快速恢复原状？

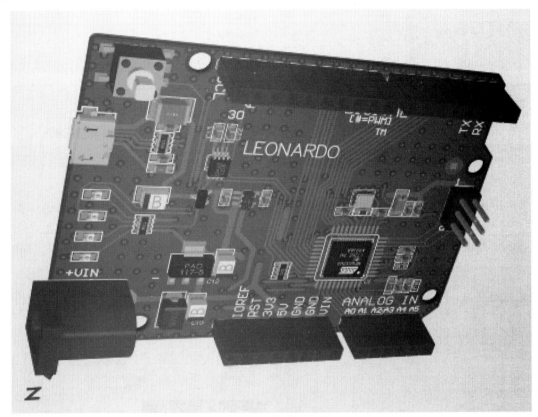

图 5-272　转动3D视图

**解决方法：**

按键盘上的数字键"0"可以将电路板恢复为默认的零平面旋转，数字键"9"可以将电路板调整为平面和垂直（90°旋转）。按快捷键Ctrl + F翻转PCB以显示电路板的另一侧。

## 5.126　使用脚本程序在PCB中添加LOGO及调整大小的方法

LOGO具有特点鲜明、识别性强的特点，在PCB设计中经常要导入LOGO标示，下面介绍利用脚本程序添加LOGO的方法。

（1）位图的转换，因为脚本程序只能识别BMP位图，所以可利用Windows画图工具将LOGO图片转换成单色的BMP位图，如果单色位图失真了，可以转换成16位图或者其他位图。LOGO图片的像素越高，转换的LOGO越清晰，利用Windows画图工具转换位图的方法如图5-273所示。

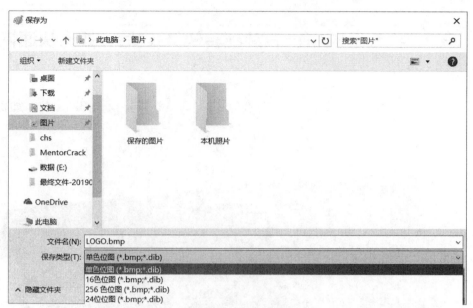

图 5-273　转换位图

（2）打开Altium Designer 19软件，并打开需要导入LOGO的PCB文件。执行菜单栏中的"文件"→"运行脚本"命令或DXP→"运行脚本"命令（低版本Altium Designer），在"选择脚本运行"界面，单击"浏览"按钮，执行"来自文件"命令，选择LOGO转换脚本文件，如图5-274所示。

单击加载进来的脚本程序，单击"确定"按钮将进入PCB LOGO导入向导，如图5-275所示，并对向导进行设置。

图 5-274　加载脚本程序

图 5-275　LOGO转换设置

①Load：加载转换好的位图；

②Board Layer：选择好LOGO需要放置层，一般选择Top Overlayer；

③Image size：预览导入之后的LOGO大小；

④Scaling Factor：导入比例尺，可调节Image size尺寸，调节出需要的Logo尺寸；

⑤Negative：反向设置，一般不勾选，一般在二维码LOGO的导入时需勾选该选项；

⑥Mirror X：关于X轴镜像；

⑦Mirror Y：关于Y轴镜像。

设置好参数之后，单击Convert按钮，开始LOGO转换，等待软件自动转换完成，转换好的
LOGO效果如图5-276所示。

图 5-276　转换好的LOGO效果图

此外，如果对导入的LOGO大小不满意，还可以通过创建"联合"的方式进行大小调整。

创建联合的方法如下：

框选刚刚导入的LOGO，右击，在弹出的快捷菜单中执行"联合"→"从选中的器件生成联
合"命令，如图5-277所示。

图 5-277　从选中的器件生成联合

生成联合后，在LOGO上面再次右击，在弹出的快捷菜单中执行"联合"→"调整联合的大
小"命令，如图5-278所示。

图 5-278　调整联合的大小

这时光标变成十字形状，单击LOGO，会出现LOGO调整大小的调整点，单击调整点拖动就可
以调整LOGO的大小了，如图5-279所示。

图 5-279　调整后的LOGO

此外，还可以将LOGO做成封装，方便下次调用。在PCB元器件库中新建一个元器件并命名为LOGO，从PCB文件中复制LOGO，然后粘贴到PCB元器件库中做成封装。下次调用时直接放置即可，如图5-280所示。

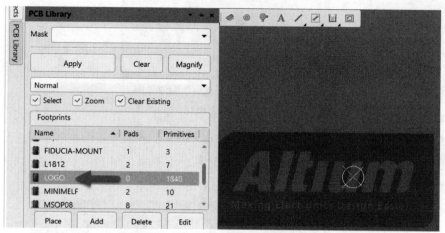

图 5-280　将LOGO做成封装

## 5.127　如何将PCB板翻转？

按快捷键Ctrl+F或者快捷键V+B可将PCB翻转到背面。

## 5.128　如何查看PCB信息？

Altium Designer 19的PCB中的板子信息可以查看当前PCB文件的信息，例如焊盘数量、过孔数量等信息。

在低版本Altium Designer软件中，执行菜单栏中的"报告"→"板子信息"命令，或者按快捷键R+B，如图5-281所示。

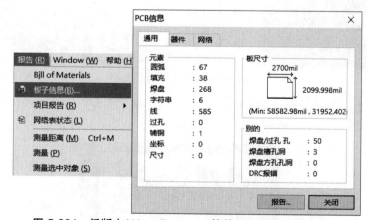

图 5-281　低版本Altium Designer 软件PCB信息查看方式

而Altium Designer 18及之后的版本查看PCB信息的选项放到了PCB编辑界面右侧栏Properties面板的Board Information选项中，如图5-282所示。

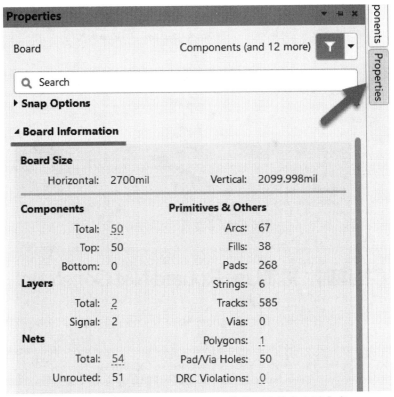

图 5-282　高版本Altium Designer软件PCB信息查看方式

## 5.129　DRC检查时，提示Hole Size Constraint（Min=1mil）（Max=100mil）（All），如何解决？

如图5-283所示，DRC检查时，出现 Hole Size Constraint的错误，如何解决？

| [Hole | Leonardo.Pcbl | Advan | Hole Size Constraint: (110mil > 100mil) Pad Designator1-1(30 | 10:51:1 |
| [Hole | Leonardo.Pcbl | Advan | Hole Size Constraint: (110mil > 100mil) Pad Designator1-2(42 | 10:51:1 |
| [Hole | Leonardo.Pcbl | Advan | Hole Size Constraint: (110mil > 100mil) Pad Designator1-3(18 | 10:51:1 |
| [Hole | Leonardo.Pcbl | Advan | Hole Size Constraint: (125.984mil > 100mil) Pad Free-(2577.98 | 10:51:1 |

图 5-283　Hole Size Constraint

**解决方法：**

孔大小报错。这个参数主要会影响到PCB制板厂对钻孔的工艺，对于设置太小或者太大的孔，制板厂未必会有这么细的钻头或者这么精准的工艺，同时也未必有太大的钻头。按快捷键D+R，打开"PCB规则及约束编辑器[mil]"对话框，在Manufacturing选项下的Hole Size中修改孔径规则大小即可，如图5-284所示。

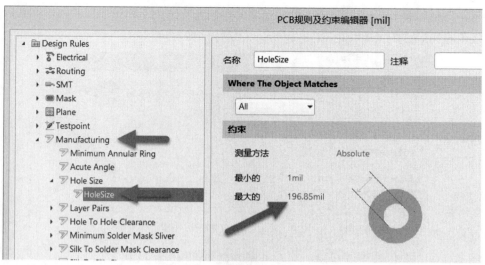

图 5-284　修改孔径规则大小

## 5.130　DRC检查时，提示Un-Routed Net Constraint，如何解决？

如图5-285所示，DRC检查时，出现Un-Routed Net Constraint的错误，如何解决？

图 5-285　Un-Routed Net Constraint

**解决方法：**

未布线网络报错。这是由于PCB中存在未布线的网络，有时候PCB元器件数量巨大，很多网络焊盘靠得很近，肉眼无法确定是否已布线。在报告信息Messages中双击错误项，软件会自动跳转到PCB中对应的错误项所在的位置，如图5-286所示，方便用户检查错误并将未布线的网络连接好即可。

图 5-286　检查未连接网络错误

# 5.131　DRC检查时，提示Clearance Constraint，如何解决？

如图5-287所示，DRC检查时，出现Clearance Constraint的错误，如何解决？

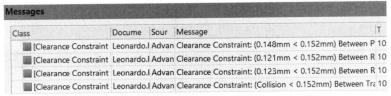

图 5-287　Clearance Constraint

**解决方法：**

安全间距报错，也就是规则中设置的PCB中的电气安全间距，PCB中布线或者焊盘等电气对象安全间距小于规则中的设定值。在报告信息Messages中双击错误项，软件会自动跳转到PCB中对应的错误项所在的位置，如图5-288所示，方便用户检查错误并将其改正。

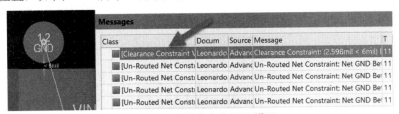

图 5-288　检查安全间距错误

# 5.132　DRC检查时，提示Short-Circuit Constraint，如何解决？

如图5-289所示，DRC检查时，出现Short-Circuit Constraint的错误，如何解决？

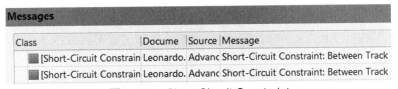

图 5-289　Short-Circuit Constraint

**解决方法：**

短路报错，即禁止不同网络的对象相接触，在报告信息Messages中双击错误项，软件会自动跳转到PCB中对应的错误项所在的位置，如图5-290所示，方便用户检查错误并将其改正。

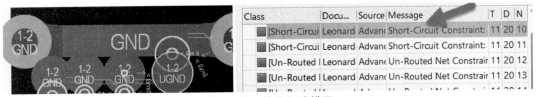

图 5-290　检查短路错误

## 5.133 DRC检查时，提示Modified Polygon（Allow Modified: No），（Allow shelved:No），如何解决？

如图5-291所示，DRC检查时，出现Modified Polygon（Allow Modified：No），（Allow shelved：No）的错误，如何解决？

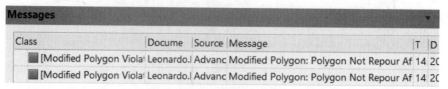

图 5-291 Modified Polygon

**解决方法：**

多边形覆铜调整后未更新而产生的报错。导致这项检查错误的原因是放置覆铜或在电源分割，模拟地数字地分割时候，编辑修改了覆铜而未更新覆铜。如图5-292所示，手工调整了覆铜的外轮廓或者形状，而没有重新覆铜，那么DRC检查时就会报错。

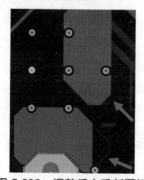

图 5-292 调整后未重新覆铜

在报告信息Messages中双击错误项，软件会自动跳转到PCB中错误项所在的位置，选中报错的覆铜右击，在弹出的快捷菜单中执行"覆铜操作"→"重铺选中的覆铜"命令对已选择的错误覆铜执行重新覆铜，或者执行"所有覆铜重铺"命令对整个PCB的覆铜区域全部重新覆铜，即可消除错误项，如图5-293所示。

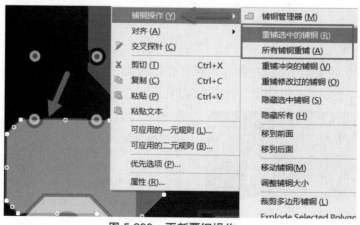

图 5-293 更新覆铜操作

# 5.134 DRC检查时，提示Width Constraint（Min=...mil）（Max=...mil）（Preferred=...mil）（All），如何解决？

如图5-294所示，DRC检查时，出现Width Constraint (Min=...mil) (Max=...mil) (Preferred=...mil) (All)的错误，如何解决？

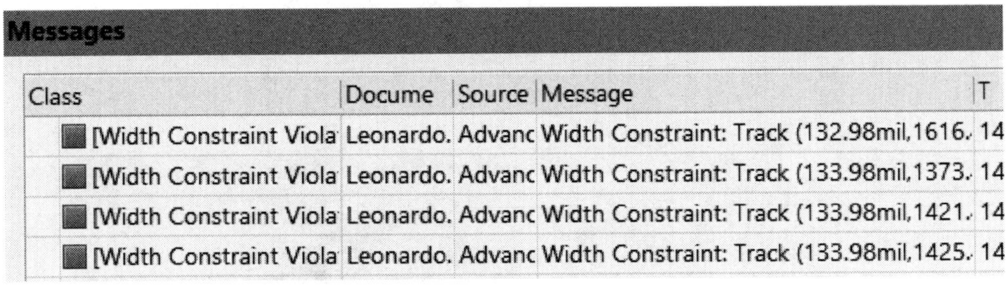

| Class | Docume | Source | Message | T |
|---|---|---|---|---|
| [Width Constraint Viola | Leonardo. | Advanc | Width Constraint: Track (132.98mil,1616. | 14 |
| [Width Constraint Viola | Leonardo. | Advanc | Width Constraint: Track (133.98mil,1373. | 14 |
| [Width Constraint Viola | Leonardo. | Advanc | Width Constraint: Track (133.98mil,1421. | 14 |
| [Width Constraint Viola | Leonardo. | Advanc | Width Constraint: Track (133.98mil,1425. | 14 |

图 5-294　Width Constraint

**解决方法：**

布线线宽报错。线宽的约束体现在电源布线时需要考虑电流大小、PCB制板厂的最小线宽，这些需要做最小线宽的约束设置。而有些信号布线需要考虑阻抗要求、差分信号要求，还要考虑BGA的扇出布线，这些需要做最大线宽的约束设置。在报告信息Messages中双击错误项，软件会自动跳转到PCB中错误项所在的位置，修改规则中线宽约束值或者修改PCB中的报错的线宽使之符合规则约束的线宽即可。

# 5.135 DRC检查时，提示Silk to Silk（Clearance=5mil）（All），（All），如何解决？

如图5-295所示，DRC检查时，PCB中显示Silk to Silk (Clearance=5mil) (All)，(All)的安全间距报错如何解决？

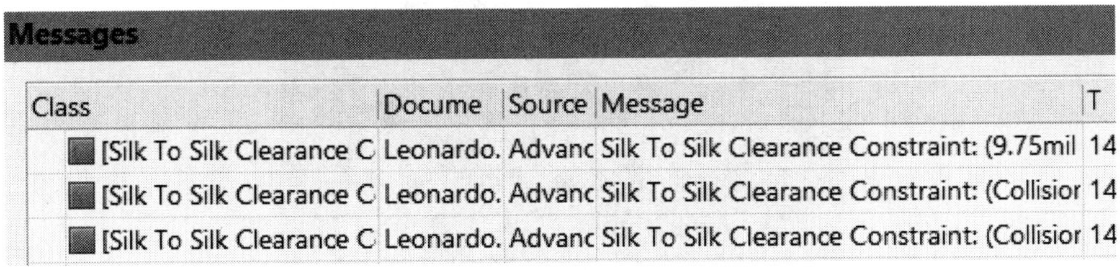

| Class | Docume | Source | Message | T |
|---|---|---|---|---|
| [Silk To Silk Clearance C | Leonardo. | Advanc | Silk To Silk Clearance Constraint: (9.75mil | 14 |
| [Silk To Silk Clearance C | Leonardo. | Advanc | Silk To Silk Clearance Constraint: (Collisior | 14 |
| [Silk To Silk Clearance C | Leonardo. | Advanc | Silk To Silk Clearance Constraint: (Collisior | 14 |

图5-295　Silk to Silk Clearance

**解决方法：**

丝印与丝印间距报错。这个是同一层丝印之间的距离规则，按快捷键D+R，打开"PCB规则及约束编辑器[mil]"对话框。在Manufacturing选项下的Silk To Silk Clearance*选项中修改丝印层文字到其他丝印层对象间距即可，如图5-296所示。

301

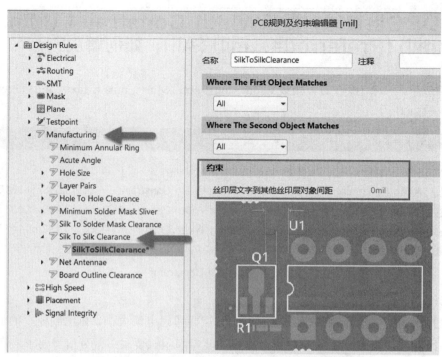

图 5-296　修改丝印层文字到其他丝印层对象间距

# 5.136　DRC检查时，显示Net Antennae天线图标的错误，如何解决？

如图5-297所示，PCB中出现Net Antennae天线图标，如何解决？

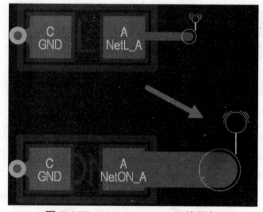

图 5-297　Net Antennae天线图标

**解决方法：**

网络天线报错。这个错误是指某些网络布线尚未完成，布线另一端没有与对应的网络相连接，就形成天线效应错误。按快捷键T+D，打开"设计规则检查器[mil]"对话框，设置Net Antennae项为不检测即可，如图5-298所示。

图 5-298　设置Net Antennae项为不检测

## 5.137　DRC检查时，提示Power Plane Connect Rule(Relief Connect) (Expansion=20mil)，如何解决？

**解决方法：**

电源平面连接规则报错。该项常用于多层板项目中，主要设置覆铜时铜皮和焊盘引脚连接方式、距离等参数。按快捷键D+R，打开"PCB规则及约束编辑器[mil]"对话框，根据相应的错误提示进行修改即可，如图5-299所示。

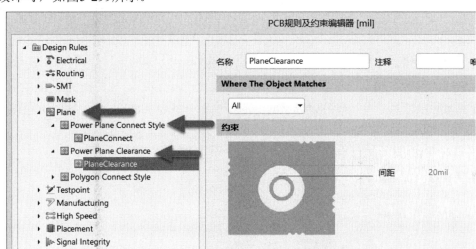

图 5-299　修改Power Plane连接方式与距离

## 5.138　DRC检查时，提示Hole To Hole Clearance (Gap=10mil) (All)，(All)，如何解决？

**解决方法：**

孔到孔之间的间距约束规则报错。有时候元器件的封装有固定孔，而与另一层的元器件的固定孔距离太近，或者两个过孔或焊盘的靠得太近，从而报错。按快捷键D+R，打开"PCB规则及约束编辑器[mil]"对话框，修改孔到孔之间的间距值，如图5-300所示。

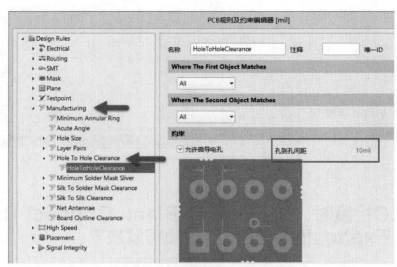

图 5-300　修改孔到孔之间的间距值

# 5.139　DRC检查时，提示Minimum Solder Mask Sliver (Gap=5mil)（All），（All），如何解决？

**解决方法：**

最小阻焊间隙报错。一般的在焊盘周围都会包裹着阻焊层，组焊层存在的目的是生成工艺中确定阻焊油、绿油的开窗范围。两个焊盘的组焊层靠得太近则会报错，按快捷键D+R，打开"PCB规则及约束编辑器[mil]"对话框，修改阻焊之间的间距值至合适距离即可，如图5-301所示。

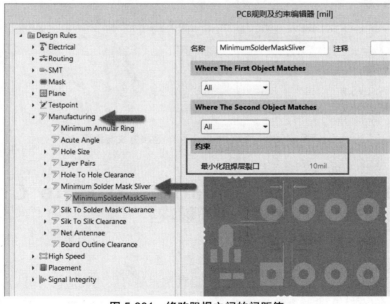

图 5-301　修改阻焊之间的间距值

# 5.140　DRC检查时，提示Silk To Solder Mask (Clearance= 4mil)(IsPAD)，(All)，如何解决？

**解决方法：**

丝印到阻焊距离报错。丝印与阻焊距离太近则会报错，按快捷键D+R，打开"PCB规则及约束编辑器[mil]"对话框，修改对象与丝印层的最小间距，如图5-302所示。

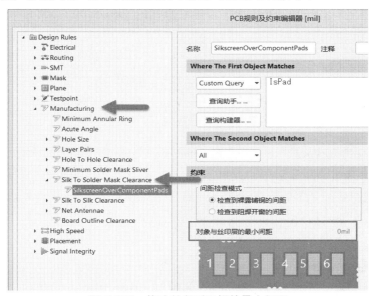

图 5-302　修改丝印到阻焊的最小间距

# 5.141　DRC检查时，提示Height Constraint (Min=0mil) (Max=1000mil)(Prefered=500mil)(All)，如何解决？

高度约束报错。PCB中元器件的高度值超出了规则设定的约束值，按快捷键D+R，打开"PCB规则及约束编辑器[mil]"对话框，设定元器件的高度约束值，从元器件所在的层算起，如图5-303所示。

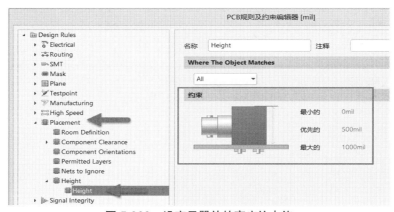

图 5-303　设定元器件的高度约束值

# 5.142　DRC检查时，提示...\Templates\report_drc.xsl does not exist，如何解决？

DRC检查时弹出...\Templates\report_drc.xsl does not exist错误报告，如图5-304所示，如何解决？

图 5-304　...\Templates\report_drc.xsl does not exist错误报告

**解决方法：**

出现这个问题是由于DRC模板文件report_drc.xsl已经损坏或者丢失，原因可能是因为非法关机或者病毒引起的，从其他地方复制一个report_drc.xsl文件到软件安装路径下的Templates文件夹内即可（如果找不到该文件，可以联系作者获取），如图5-305所示。

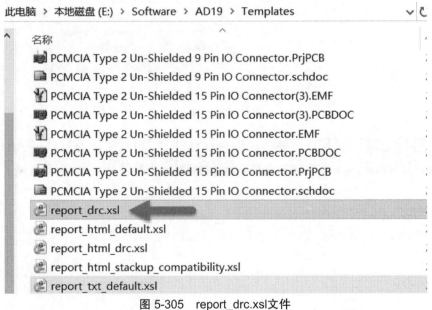

图 5-305　report_drc.xsl文件

# 5.143　清除DRC检查错误标志的方法

如图5-306所示，在进行设计规则检查后如果PCB中存在较多错误，那么将会有很多的错误标志展示在PCB中，如何清除这些错误提示？

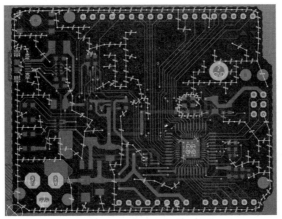

图 5-306　DRC检查错误标志

**解决方法：**

执行菜单栏中的"工具"→"复位错误标志"命令，或者按快捷键T+M即可复位DRC错误标志。

# 5.144　位号图的输出

在焊接电路板时，为了便于在焊接时找到元器件位置，需要生成元器件的位号图。PCB中的位号调整好之后，可使用Altium Designer 19的智能PDF功能输出PDF格式的位号图文件。

（1）执行菜单栏中的"文件"→"智能PDF"命令，或者按快捷键F+M，弹出"智能PDF"对话框，单击Next按钮。

（2）输出的对象是PCB的位号图，则导出目标选择"当前文档"。在"输出文件名称"中可修改文件的名称和保存的路径，接着单击Next按钮，如图5-307所示。

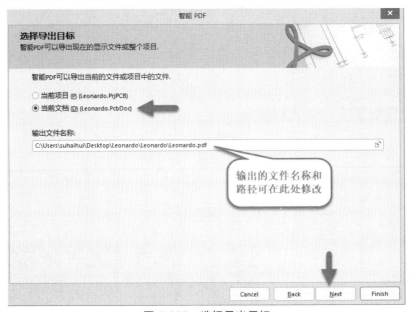

图 5-307　选择导出目标

（3）取消勾选"导出原材料的BOM表"，单击Next按钮，如图5-308所示。

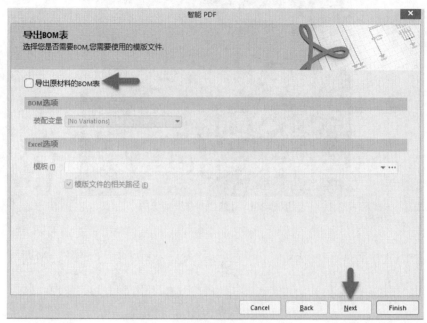

图 5-308　取消导出原材料的BOM

（4）弹出"PCB打印设置"对话框，光标移动到Printouts & Layers设置栏中的Multilayer Composite Print位置处右击，在弹出的快捷菜单中执行Create Assembly Drawings命令，如图5-309所示。

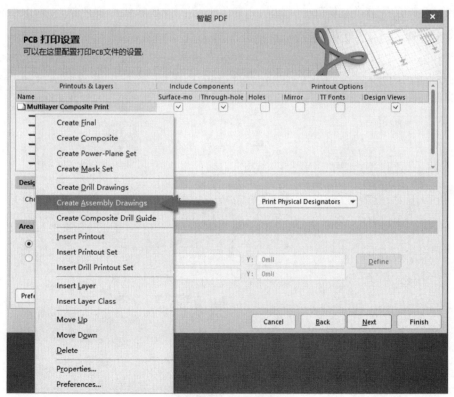

图 5-309　打印设置

执行Create Assembly Drawings命令之后，在"PCB打印设置"对话框中设置Top/Bottom LayerAssembly Drawing属性，如图5-310所示。

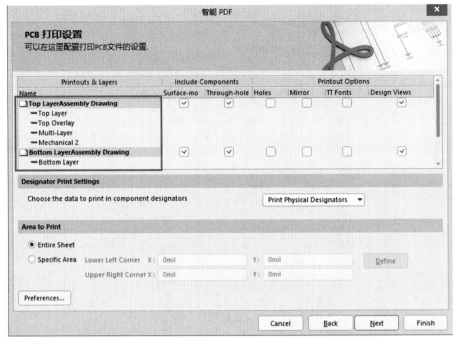

图 5-310 Top/Bottom LayerAssembly Drawing打印设置

（5）双击左侧TOP LayerAssembly Drawing的白色图标，会弹出右侧的"打印输出特性"对话框，可以对Top层进行输出层的设置。在此对话框中的"层"选项中对要输出的层进行编辑，此处用户只需要输出Top Overlay和Keep-Out Layer（板框层，根据自身所使用的层进行设置）即可，其他的层可删除，如图5-311所示。

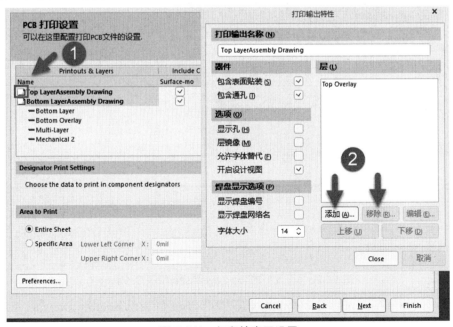

图 5-311 打印输出层设置

添加层时，在弹出的"板层属性"对话框中的"打印板层类型"里查找需要的层，单击"是"按钮，如图5-312所示。然后打开"打印输出特性"对话框，单击Close按钮即可。

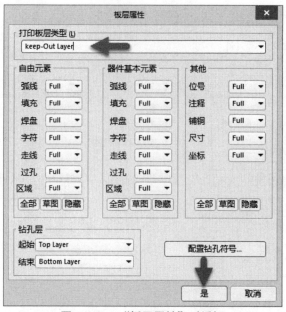

图 5-312 "板层属性"对话框

（6）至此，完成Top LayerAssembly Drawing输出设置，如图5-313所示。

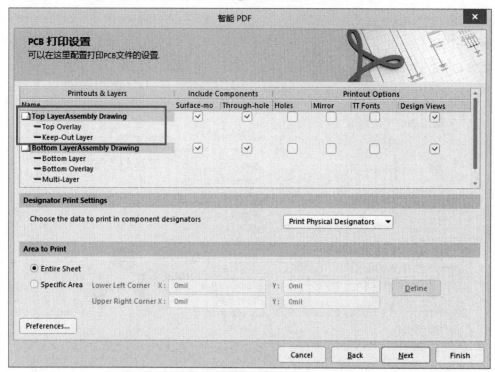

图 5-313 设置好的Top LayerAssembly Drawing

（7）Bottom LayerAssembly Drawing的设置方法与Top LayerAssembly Drawing一致，重复步骤（5）、（6）的操作即可。

（8）最终的设置如图5-314所示，然后单击Next按钮。注：底层装配必须勾选Mirror复选框。

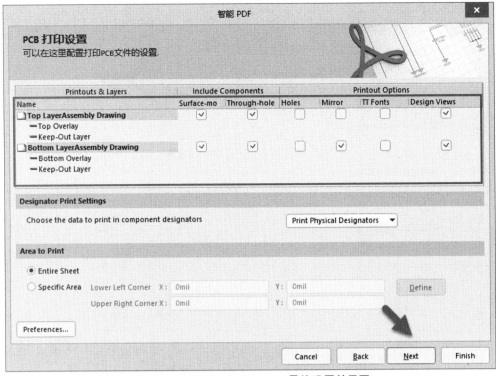

图 5-314　Printouts & Layers最终设置效果图

（9）将"PCB颜色模式"设置为单色，单击Next按钮，如图5-315所示。

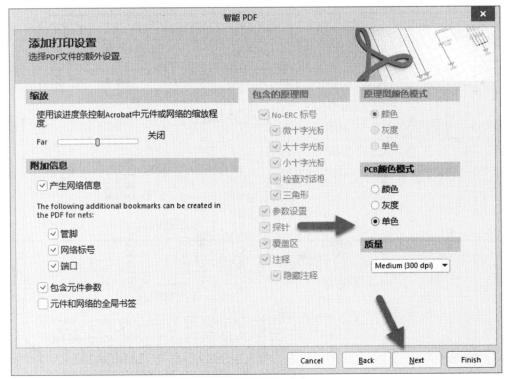

图 5-315　单色输出

（10）最后选择是否保存设置到Output job文件，可保持默认，直接单击Finish按钮完成PDF文件的输出，如图5-316所示。

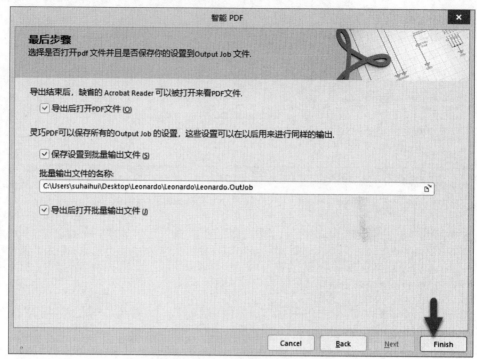

图 5-316　完成智能PDF输出设置

（11）最终输出效果如图5-317所示的元器件位号图。

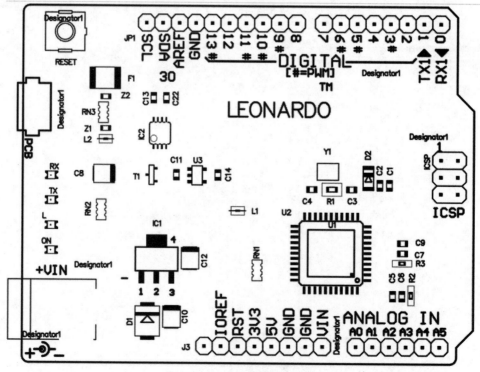

图 5-317　位号图的输出效果

## 5.145 阻值图的输出

调整并将元器件的阻值显示在PCB中，将位号隐藏，然后按照位号图的输出方式输出，就会得到元器件的阻值图，如图5-318所示。

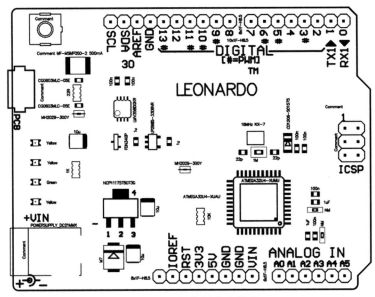

图 5-318  阻值图输出效果

## 5.146  智能PDF输出时只有一部分内容，如何解决？

这是由于输出区域设置不正确所致，如图5-319所示，在Area to Print处选择Entire Sheet即可（下方的Specific Area选项可以填入用户想要输出的范围）。

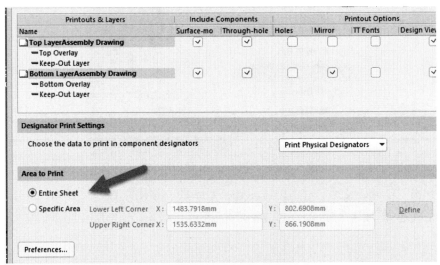

图 5-319  输出区域设置

## 5.147　Gerber文件的输出方法

Gerber文件是一种符合 EIA 标准，用于驱动光绘机的文件，该文件是把 PCB 中的布线数据转换为光绘机用于生产1:1高度胶片的光绘数据，能被光绘图机处理的文件格式。当使用 Altium Designer 19绘制好PCB电路图文件之后，需要打样制作，但又不想提供给厂家工程文件，那么就可以直接生成Gerber文件，将生成的Gerber文件提供给PCB生产厂家就可以打样制作PCB。

输出Gerber文件时，建议在工作区打开工程文件，生成的相关文件会自动输出到OutPut文件夹中。

操作步骤如下：

（1）输出Gerber文件。

①在PCB界面中，执行菜单栏中的"文件"→"制造输出"→Gerber Files命令，如图5-320所示。

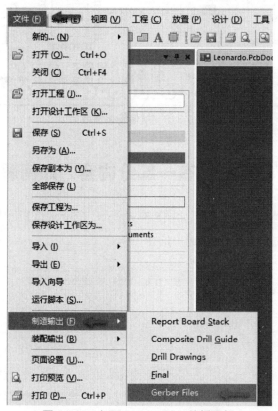

图 5-320　打开Gerber Files编辑面板

②系统将弹出"Gerber设置"对话框，Gerber Files的"通用"选项设置如图5-321所示，单位选择"英寸"，格式选择"2:4"。

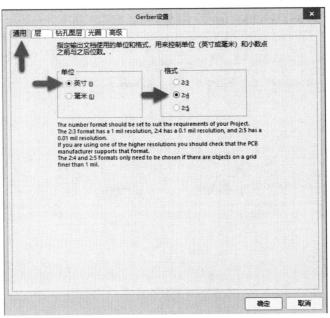

图 5-321　Gerber Files通用设置

③"层"选项中，在"绘制层"的下拉列表框里边选"选择使用的"，并检查一下需要输出的层，"镜像层"选择"全部去掉"，同时勾选"包括未连接的中间层焊盘"复选框。输出设置如图5-322所示，输出选择如图5-323所示。

图 5-322　层的输出设置

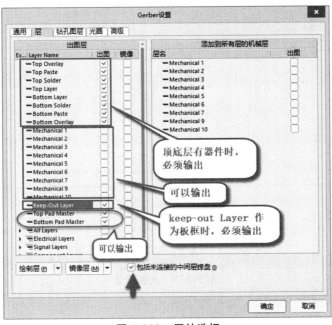

图 5-323　层的选择

④"钻孔图层"选择所用到的层，如图5-324所示，其他设置保持默认。

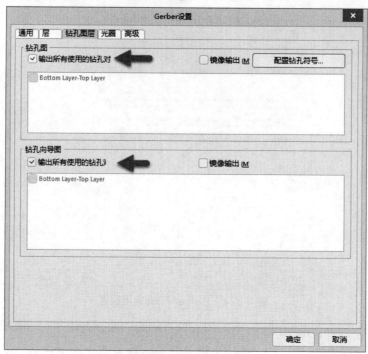

图 5-324 钻孔图层设置

⑤"光圈"选项，选择"RS274X"格式，其他默认，如图5-325所示。

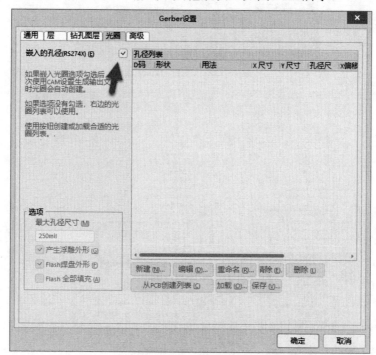

图 5-325 光圈设置

⑥设计"高级"选项时，胶片规则相应数值如下，可在末尾增加一个"0"，增加文件输出面积。其他设置保持默认即可，如图5-326所示。至此，Gerber Files的设置结束，单击"确定"按钮。

输出效果如图5-327所示。

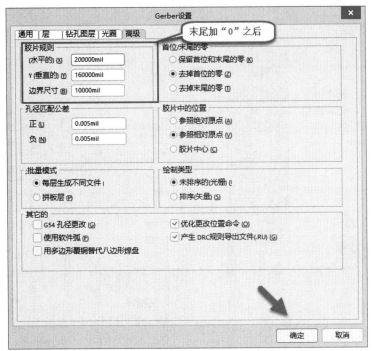

图 5-326 高级选项设置

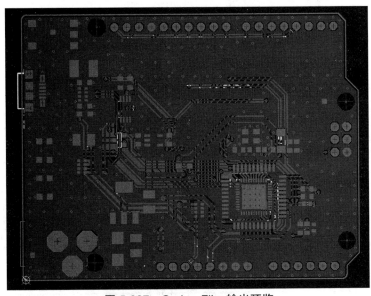

图 5-327 Gerber Files输出预览

（2）输出NC Drill Files（钻孔文件）。

①切换回PCB编辑界面，执行菜单栏中的"文件"→"制造输出"→NC Drill Files命令，进行过孔和安装孔的输出设置，如图5-328所示。

②"NC Drill设置"对话框中，单位选择"英寸"，格式选择"2:5"，其他保持默认，如图5-329所示。

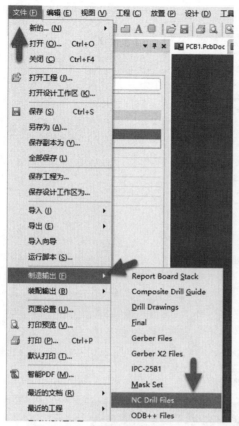
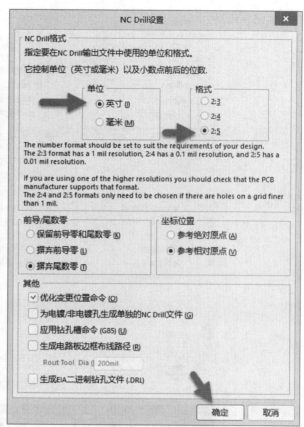

图 5-328　输出NC Drill Files　　　　　　　　图 5-329　NC Drill输出设置

③单击"确定"按钮，弹出"导入钻孔数据"对话框，直接单击"确定"按钮即可，如图5-330所示，输出效果如图5-331所示。

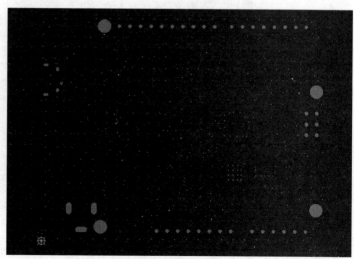

图 5-330　"导入钻孔数据"对话框　　　　　　　图 5-331　钻孔文件输出

（3）输出Test Point Report（IPC网表文件）。

①切换回PCB编辑界面，执行菜单栏中的"文件"→"制造输出"→Test Point Report命令，进行IPC网表输出，如图5-332所示。

②弹出Fabrication Testpoint Setup对话框，相应输出设置如图5-333所示。单击"确定"按钮，在弹出的对话框里直接单击"确定"按钮即可输出。

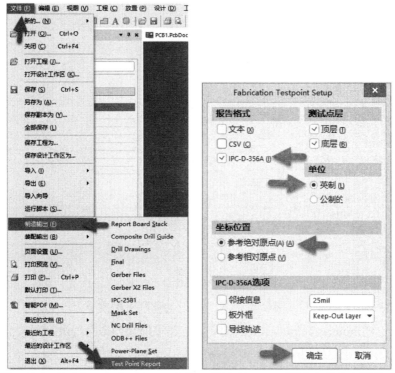

图 5-332　输出Test Point Report文件　　图 5-333　IPC网表文件输出设置

（4）输出Generates pick and place files（坐标文件）。

①切换回PCB编辑界面，执行菜单栏中的"文件"→"装配输出"→Generates pick and place files命令，进行元器件坐标输出，如图5-334所示。

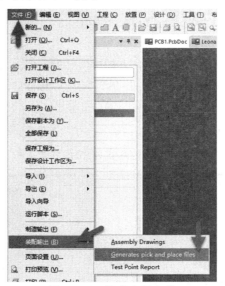

图 5-334　输出坐标文件

②相应设置如图5-335所示，单击"确定"按钮即可输出坐标文件。

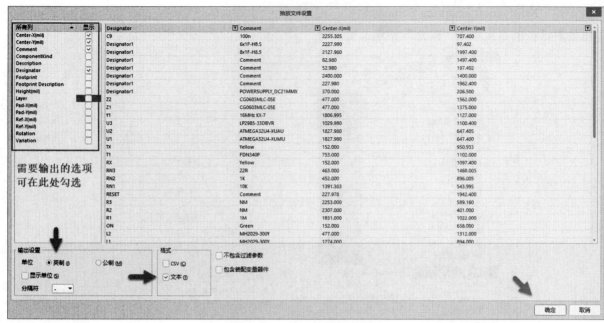

图 5-335　坐标文件输出设置

（5）至此，Gerber文件输出完成，输出过程中产生的3个扩展名为.cam文件可直接关闭，不用保存。在工程目录下的Project Outputs for Leonardo文件中的文件即为Gerber文件，如图5-336所示。将其重命名，打包发给PCB生产厂商制作即可。

图 5-336　Gerber文件夹

## 5.148　Gerber文件的检查方法

对于生成的Gerber文件，可以通过Altium Designer 19软件进行查看，还可以使用CAM350等专业Gerber编辑软件对Gerber文件进行检查。下面介绍利用Altium Designer 19软件查看Gerber文件的方法。

（1）打开Altium Designer 19软件，执行菜单栏中的"文件"→"新的"→"项目"命令，新建一个PCB_Project.Prj Pcb*文件，然后新建一个CAM文件添加到工程中，如图5-337所示。

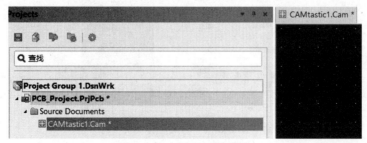

图 5-337　新建CAM文档

（2）Gerber文件的导入可以通过执行菜单栏中的"文件"→"导入"→"快速装载"命令，然后选择需要导入的Gerber文件，如图5-338所示。

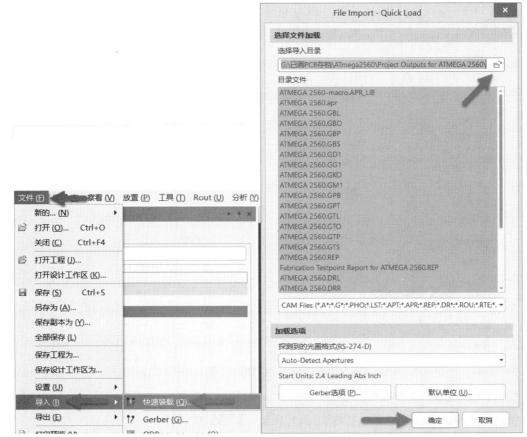

图 5-338  导入Gerber文件

（3）选择需要导入的Gerber文件后，单击"确定"按钮，软件即开始转换Gerber文件，转换成功后的Gerber文件如图5-339所示。

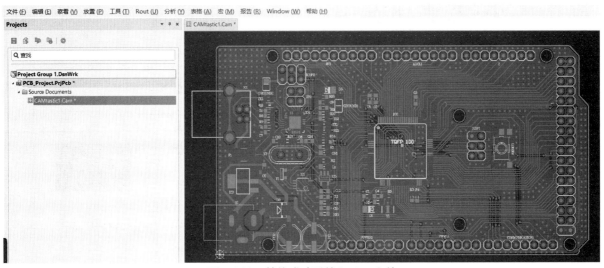

图 5-339  转换成功后的Gerber文件

## 5.149　Altium Designer PCB转换成Protel 99 PCB

（1）打开需要转换的PCB文件，执行菜单栏中的"文件"→"另存为"命令，将Altium Designer 19的PCB文件另存为PCB 4.0 Binary File(*. pcb)格式的文件，如图5-340所示。

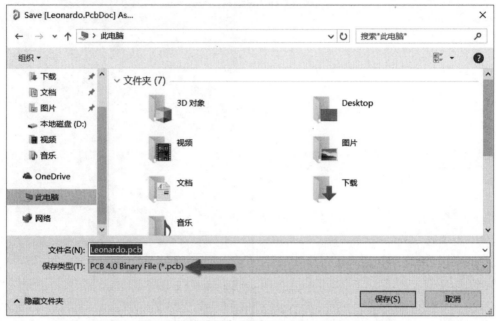

图 5-340　PCB文件另存为PCB 4.0 Binary File(*. pcb)

（2）打开Protel 99软件，执行菜单栏中的File→Open...命令，打开之前从Altium Designer 19中导出来的PCB文件，文件类型为PCB98 files (*. Pcb)，如图5-341所示。

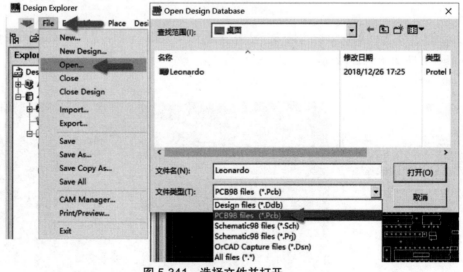

图 5-341　选择文件并打开

（3）弹出新建工程对话框，选择工程名和保存路径，单击OK按钮，如图5-342所示。

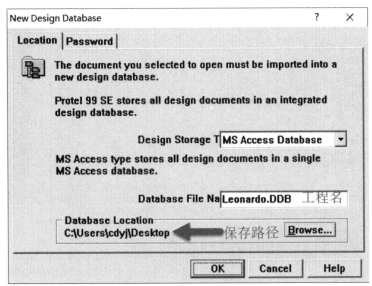

图 5-342　新建工程对话框

（4）这样即可将Altium Designer PCB文件转换成Protel 99 PCB文件，效果如图5-343所示。

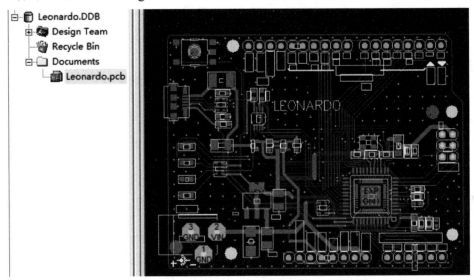

图 5-343　Altium Designer PCB转换成Protel 99 PCB

# 5.150　Altium Designer PCB转换成PADS PCB

## 1. 直接导入法

（1）打开PADS Layout，执行菜单栏中的"文件"→"导入"命令，打开文件导入界面，如图5-344所示，选择文件格式为Protel DXP/Altium Designer的设计文件（*.pcbdoc），并选择需要转换的PCB文件，即可开始转换。

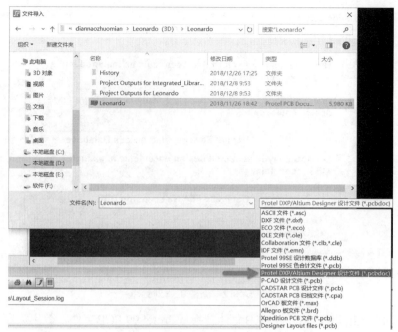

图 5-344  "文件导入"对话框

（2）转换后的效果如图5-345所示。转换后的PCB中会有很多飞线的情况，覆铜也需要重新调整，转换过来的文件需仔细检查核对方可使用。

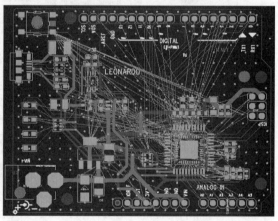

图 5-345  Altium Designer PCB转换成PADS PCB

## 2. 利用PADS自带转换工具

（1）在Windows程序中找到PADS Layout Translator VX.1.2（或者其他版本）转换工具，如图5-346所示。

图 5-346  PADS Layout Translator VX.1.2转换工具

（2）打开PADS Layout Translator转换工具，如图5-347所示。

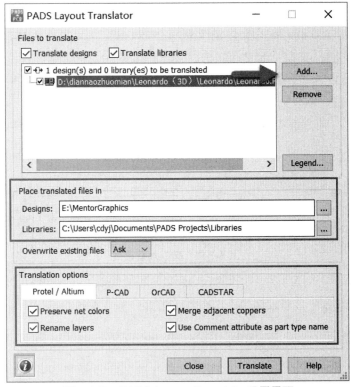

图 5-347　PADS Layout Translator设置界面

①单击右侧的Add按钮，添加需要转换的PCB文件。

②在Place translated files in处设置好文件路径和库路径。

③在Translation options选项中选择Protel/Altium，并勾选下方所有转换选项。

（3）单击Translate按钮开始转换，转换好后单击Close按钮关闭对话框即可完成转换。转换过程中，会弹出如图5-348所示的Translation Results对话框，显示出现一些警告和错误信息，这些提示信息可以方便用户在转化之后进行检查及确认。

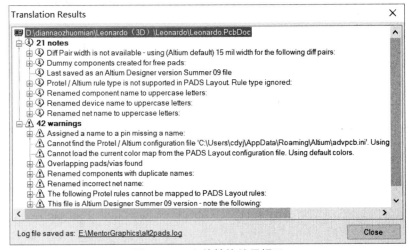

图 5-348　文件转换结果提示

## 5.151  Altium Designer PCB转换成Allegro PCB

（1）先把Altium Designer PCB文件转换成PADS PCB文件，并且从PADS中导出5.0版本的asc文件。

（2）打开Allegro PCB Editor，执行菜单栏中的Import→CAD Translators→PADSIN命令，进入如图5-349所示的导入窗口。

图 5-349　转换加载设置

（3）在导入窗口中，选择所需要导入的xxx.asc文件，加载psds_in.ini插件，并设置好输出路径。

（4）单击Translate按钮，完成转换。转换过来的文件需仔细检查核对。

小提示：插件的路径为/Cadence_SPB_16.6/tools/pcb/bin/pads_in.ini。

## 5.152  Protel 99 PCB转换成Altium Designer PCB

（1）打开Altium Designer PCB文件，执行菜单栏中的"文件"→"导入向导"命令，进入"导入向导"对话框，选择99SE DDB (*.DDB) 文件类型，如图5-350所示。

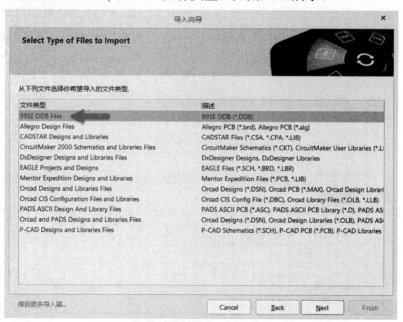

图 5-350　选择需要导入的文件类型

（2）单击Next按钮，进入"99 SE导入向导"对话框，在待处理文件一栏添加需要导入的PCB文件，如图5-351所示。

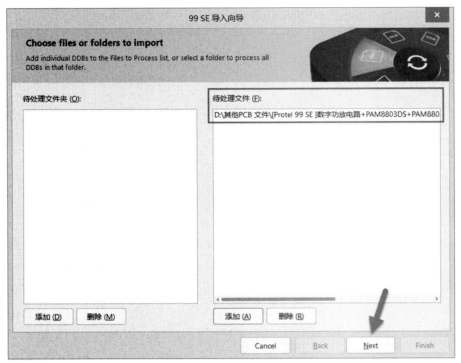

图 5-351　添加需要导入的文件

（3）单击Next按钮，设置文件的输出路径，后面的步骤保持默认设置，一直单击Next按钮，直到Finish。这样就能成功将Protel 99 PCB导入到Altium Designer 19中。

（4）双击导入的PCB文件，这时会弹出"DXP导入向导"对话框，单击Next按钮，选择板外框方式，一般保持默认选项，然后单击Next按钮直到Finish。到此即可完成Protel 99 PCB转换成Altium Designer PCB的操作。得到的PCB文件如图5-352所示，用户需仔细检查核对转换过来的PCB文件。

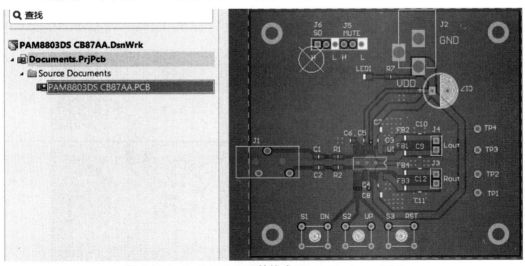

图 5-352　Protel 99 PCB转换成Altium Designer PCB

## 5.153 PADS PCB转换成Altium Designer PCB

Altium Designer软件不能直接打开PADS PCB文件，需要转换之后才能打开。

（1）用PADS Layout打开需要转换的PCB文件，执行菜单栏中的"文件"→"导出"命令，选择文件的导出路径，在弹出的"ASCII输出"对话框中，全选所有元素进行输出，选择PowerPCB V5.0格式，并且勾选"展开属性"下的复选框，单击"确定"按钮，即可导出ASCII码文件，如图5-353所示。

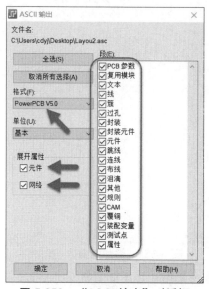

图 5-353 "ASCII输出"对话框

（2）把导出的ASCII码文件直接拖到Altium Designer19中，即可完成PADS PCB转换成Altium Designer PCB，如图5-354所示。或者打开Altium Designer 19软件，执行菜单栏中的"文件"→"导入向导"命令，选择PADS ASCII Design And Library Files文件类型，通过导入向导将刚刚导出的ASCII码文件导入到Altium Designer 19中。转换过来的PCB文件需要进行仔细检查，特别是通孔焊盘的网络。

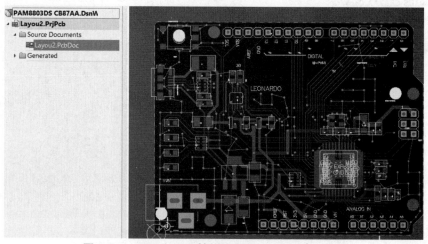

图 5-354 PADS PCB转换成Altium Designer PCB

# 5.154　Allegro PCB转换成Altium Designer PCB

（1）Allegro PCB转换PCB之前，一般需要将Allegro PCB的版本降低到16.3及以下版本，否则可能会转换不成功。用Allegro 16.6版本打开一个PCB文件，执行菜单栏中的File→Export→Downrev Design命令，导出16.3版本，如图5-355所示。

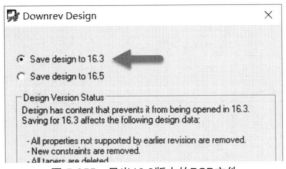

图 5-355　导出16.3版本的PCB文件

（2）把转换版本之后的扩展名为.brd的文件直接拖到Altium Designer 19软件中，会弹出"Allegro导入向导"对话框，单击Next按钮，等待软件处理文件。然后保持默认设置一直单击Next按钮，并选择工程输出目录，如图5-356所示。

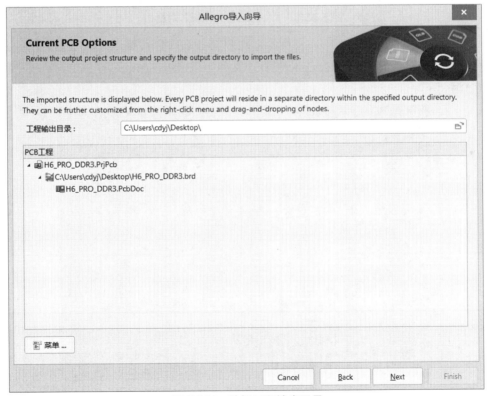

图 5-356　选择工程输出目录

（3）单击Next按钮，等待软件完全导入Allegro PCB文件，如图5-357所示，一般比较复杂的PCB文件转换的时间会更久，在转换过程中不需要设置什么，一切按照向导默认设置转换即可。

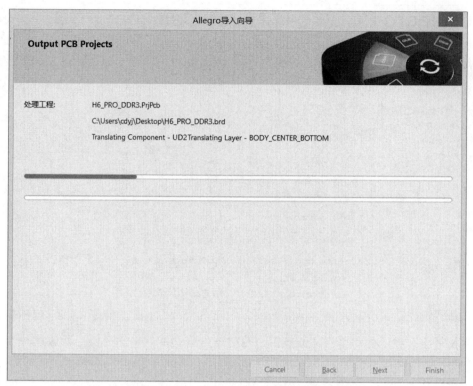

图 5-357　"Allegro导入向导"对话框

（4）转换完成之后，效果如图5-358所示。用户需仔细检查转换过来的PCB文件，尤其需要对封装进行检查，可从得到的Altium Designer的PCB文件中生成PCB封装，在PCB封装库中修改封装后再更新到PCB中即可。

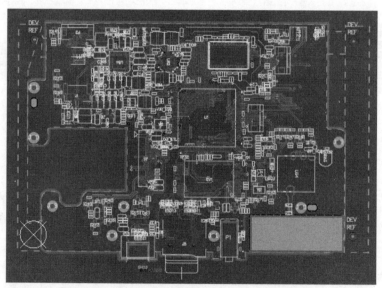

图 5-358　Allegro PCB转换成Altium Designer PCB

小提示：只有在计算机上安装了Cadence软件之后，才能将Allegro PCB转换成Altium Designer PCB，否则转换不成功。

# 5.155 Allegro PCB转换成PADS PCB

（1）打开PADS软件，执行菜单栏中的"文件"→"导入"命令，在弹出的"文件导入"对话框中选择导入格式"Allegro板文件（*.brd）"，选择需要转换的PCB文件，即可开始转换，如图5-359所示。

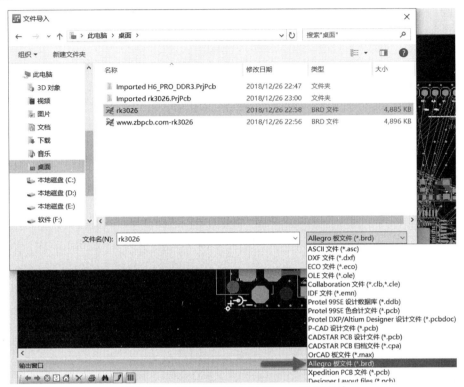

图5-359　选择需要导入的Allegro PCB文件

（2）等待软件转换完成，检查转换过程中的警告和错误信息，转换完成后需对PCB文件仔细检查核对。

（3）还可以利用各软件之间PCB转换的相互性，把Allegro PCB转换成Altium Designer PCB，再把Altium Designer PCB转换成PADS PCB。

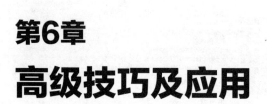

第6章
# 高级技巧及应用

# 6.1 PCB进入板子规划模式，如何恢复到2D界面？

如图6-1所示，在使用Altium Designer 18及之后的版本时，按快捷键1，PCB进入板子规划模式。按快捷键2，即可回到正常的2D模式。

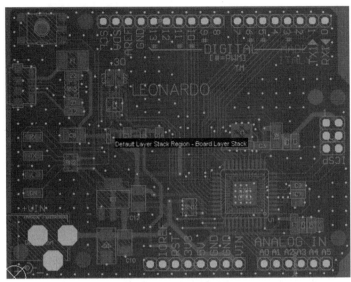

图 6-1 板子规划模式

# 6.2 Mark点的作用及放置方法

Mark点用于锡膏印刷和元器件贴片时的光学定位。根据Mark点在PCB上的作用，可分为拼板Mark点、单板Mark点、局部Mark点（也称元器件级Mark点）。

放置Mark点的3个基本要素：

（1）Mark点形状：Mark点的优选形状为直径为1 mm（±0.2 mm）的实心圆，材料为裸铜（可以由清澈的防氧化涂层保护）、镀锡或者镀镍，需注意平整度、边缘光滑、齐整，颜色与周围的背景色有明显区别。

（2）空旷区：Mark点周围应该有圆形的空旷区（空旷区的中心放置Mark点），空旷区的直径是Mark点直径的3倍。为了保证印刷设备和贴片设备的识别效果，Mark点空旷区应无其他布线、丝印、焊盘等。

（3）Mark点位置：PCB每个表贴面至少有一对Mark点位于PCB的对角线方向上，相对距离尽可能远，且关于中心不对称。Mark点边缘与PCB边距离至少3.5 mm（圆心距板边至少4 mm）。即：以两Mark点为对角线顶点的矩形，所包含的元器件越多越好（建议距板边5 mm以上）。

在Altium Designer 19中放置Mark点的方法：

（1）在PCB合适的位置放置焊盘，放置焊盘之前按Tab键修改焊盘属性，以放置一个直径为1 mm的Mark点为例，具体的设置方法如图6-2所示。

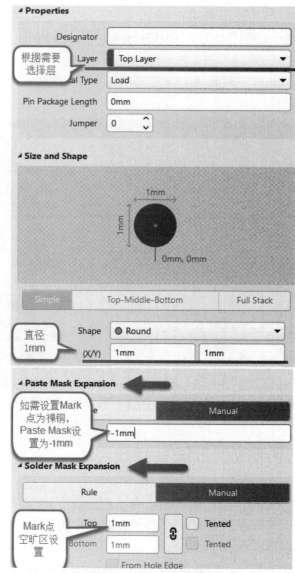

图 6-2    Mark点参数设置

（2）得到的Mark点效果如图6-3所示。

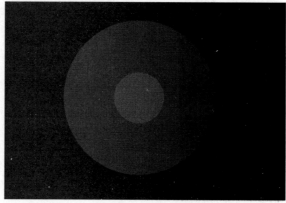

图 6-3    Mark点

（3）3D视图下的Mark点效果如图6-4所示。

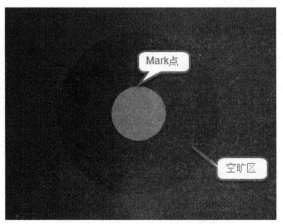

图 6-4　3D视图下的Mark点效果

小提示：如果Mark点是放在PCB覆铜（软件中"铺铜"：即为"覆铜"含义）区域内的，需要放置一个多边形覆铜挖空区域在Mark点上，防止铜皮铺到Mark点里面。可放置一个圆，然后通过转换工具将其转换成圆形的覆铜挖空区域，如图6-5所示。

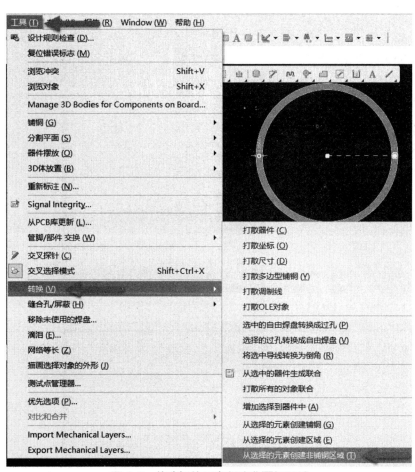

图 6-5　从选择的元素创建非覆铜区域

## 6.3 如何导出3D PDF?

Altium Designer 15.1之后的版本都会带有3D输出功能，能够直接将PCB的3D效果输出到PDF中。

（1）打开带有3D模型的PCB文件，执行菜单栏中的"文件"→"导出"→PDF3D 命令，选择导出文件的保存路径，弹出Export 3D对话框，保持默认即可，单击Export按钮等待软件导出PDF3D，如图6-6所示。

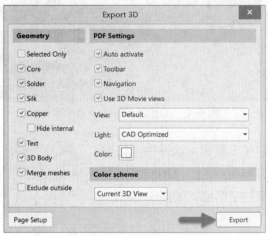

图 6-6　Export 3D对话框

（2）用Adobe Acrobat DC软件打开导出的3D PDF文件，如图6-7所示。这个3D PDF是有物理连接的并支持编辑功能，可以旋转角度。在PDF的左边，可以选择需要查看的参数，例如Silk、Components等。

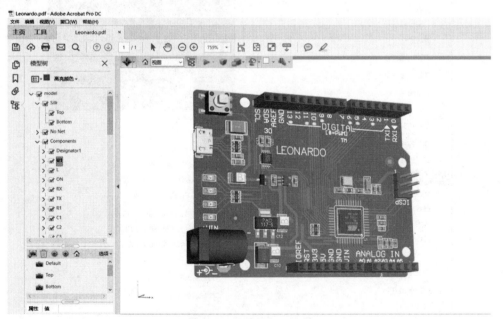

图 6-7　导出的3D PDF

**小提示：** 导出的PDF 3D 需要用能查看3D的PDF软件打开，否则看不了3D效果。

## 6.4 如何放置邮票孔?

PCB中的邮票孔一般有两种用途,一是在拼板设计时用于主板和副板的分板,或者L形板子的折断,主板和副板有时候需要筋连接,便于切割,在筋上面会开一些小孔,类似于邮票边缘的那种孔,称为邮票孔。这种孔主要是为了方便PCB的分割。二是用在PCB边的邮票孔,也叫PCB半孔,不同于拼版邮票孔,这种邮票孔主要用在核心板和模块上,用于核心板与底板的焊接或者模块的焊接。

### 1.PCB拼板邮票孔

这种孔的做法为放置孔径(包括焊盘大小)为0.5 mm的非金属化孔,邮票孔中心间距为0.8 mm,每个位置放置4~5个孔,主板与副板之间距离为2 mm。邮票孔的放置效果如图6-8所示。

图 6-8 拼板邮票孔

### 2.PCB半孔

按照图6-9所示的尺寸演示PCB半孔的设计。

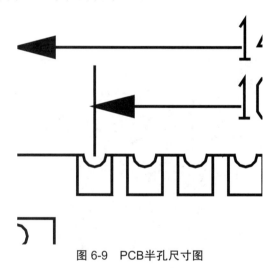

图 6-9 PCB半孔尺寸图

(1)邮票孔焊盘的制作。

从图6-9可以看出,焊盘的长为1 mm、宽为0.9 mm,钻孔半径为0.3 mm,在Altium Designer 19的焊盘属性编辑面板中输入这些数据,如图6-10所示。

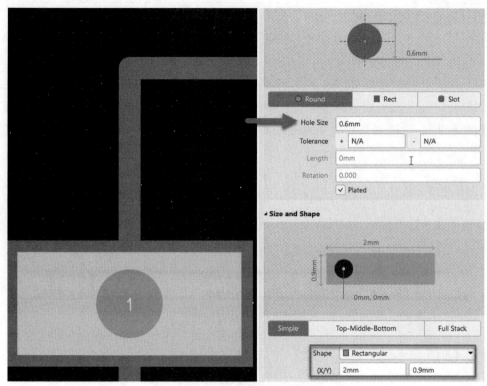

图 6-10　设置焊盘参数

（2）焊盘的定位，焊盘的定位方法与第3章中第3.7节绘制PCB封装时快速定位焊盘位置的方法一致，这里就不赘述，完成后的PCB半孔如图6-11所示。

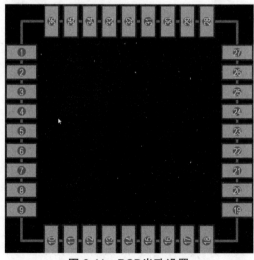

图 6-11　PCB半孔设置

## 6.5　正片与负片的区别以及优劣点分析

在Altium Designer 19中经常会使用到正片与负片，下面介绍正片与负片的区别以及优劣。

正片就是平常用于布线的信号层，布线的地方是铜线，没有布线的地方是空白区域，用Polygon Pour进行大块覆铜填充，如图6-12所示。

负片正好与正片相反，它默认覆铜，也就是生成负片时，它的一整层已经被覆铜了，布线的地方是分割线。负片能做的就是分割覆铜，再设置分割后的覆铜的网络，常用作内电层，如图6-13所示。

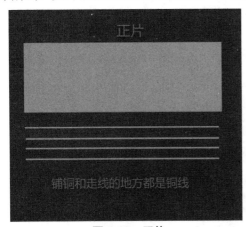

图 6-12　正片

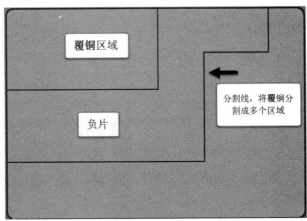

图 6-13　负片

内层负片的分割采用放置线条（无网络特性的Line）来分割，按快捷键P+L即可放置线条，分割线就相当于两块铜皮区域的间距，所以不宜太细，一般采用12～15 mil。分割覆铜时，只要用Line画一个闭合的区域，再在分割出来的区域双击铜皮就可以给铜皮添加网络。

其实正片和负片都可以用于内电层，正片通过布线和覆铜也可以实现。负片的优势在于默认就是整板的覆铜填充，添加过孔，改变覆铜大小等操作都不需要重新Rebuild覆铜，这样就省去了很多软件重新计算覆铜的时间。中间层用于GND层和电源层时，层面上大多是大块覆铜，这样使用负片的优势就体现出来了。

## 6.6　低版本Altium Designer打开高版本Altium Designer文件出现LOGO或者文本位置偏移，如何解决？

如图6-14所示，利用Altium Designer 09打开Altium Designer 19的PCB文件，文件中的LOGO发生偏移，如何解决？

图 6-14　丝印发生偏移

**解决方法:**

在Altium Designer 09软件中双击发生偏移的LOGO或者文本,取消勾选"应用倒转矩形"复选框即可将LOGO或者文本恢复正常,如图6-15所示。

图 6-15 取消勾选"应用倒转矩形"复选框

## 6.7 PCB文件输出时,边框不显示,如何解决?

在Altium Designer 19中如果是使用Keep-Out Layer作为板边框,PCB文件输出时,边框不显示,如何解决?

**解决方法:**

双击Keep-Out线,在弹出的对话框中取消勾选"使在外"复选框即可,如图6-16所示。

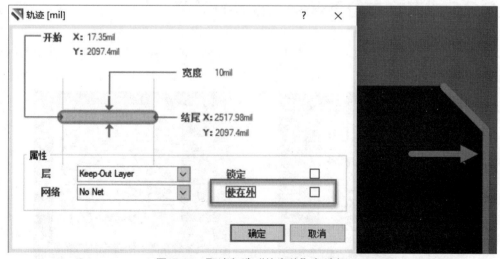

图 6-16 取消勾选"使在外"复选框

## 6.8 输出多层PCB为PDF的方法

以一个4层板为例,介绍输出多层PCB为PDF的方法

(1)打开需要输出的PCB文件,然后执行菜单栏中的"文件"→"智能PDF"命令,打开"智能PDF"导出向导,单击Next按钮,选择导出目标,在输出文件名称一栏更改文件名和保存路径,如图6-17所示。

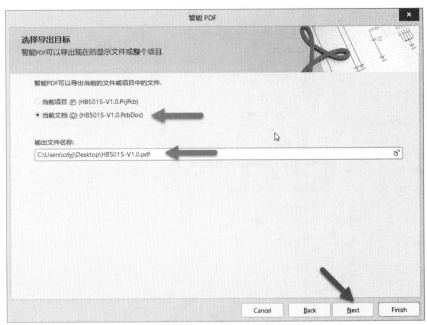

图 6-17    选择导出目标

(2)单击Next按钮,取消勾选"导出原材料的BOM表"复选框,如图6-18所示。

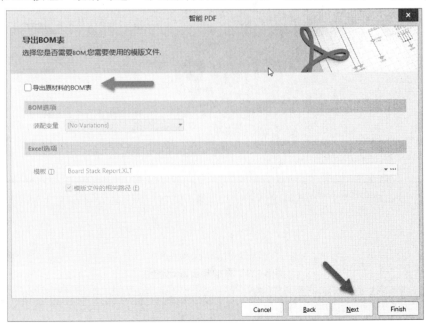

图 6-18    取消勾选"导出原材料的BOM表"复选框

（3）弹出PCB打印设置，在这里可以配置输出PCB文件的设置，如图6-19所示。在Multilayer Composite Print位置处右击，在弹出的快捷菜单中执行Insert Printout命令，同时在原先的Multilayer Composite Print处右击，在弹出的快捷菜单中执行Delete命令将其删除。

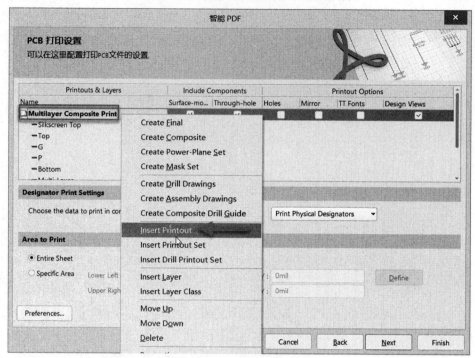

图 6-19　Insert Printout设置

（4）经过上一步设置后，得到如图6-20所示的对话框。双击Top PrintOut 1，修改"打印输出名称"（也可不改，能看懂是哪一层的设置即可），同时在右边"层"这一栏中单击"添加"按钮添加想要输出的层。在"自由元素"中可以选择对应元素显示、隐藏或者草图（半透明）。

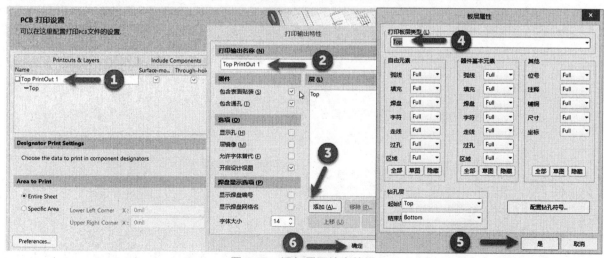

图 6-20　添加需要输出的层

（5）设置完毕后得到的效果如图6-21所示，根据情况在右边选择相应的选项（注意，Mirror是镜像设置，针对底层设置，其他层不需要镜像）。

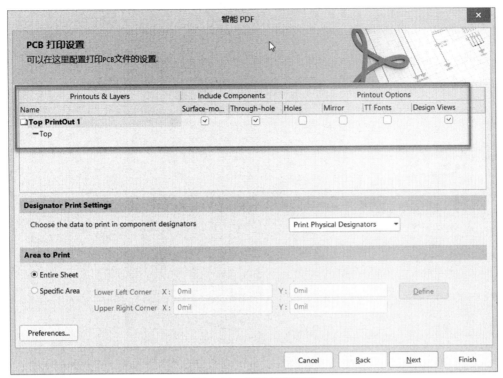

图 6-21　顶层输出设置

（6）重复步骤（3）～（5），直至添加完所有层，注意底层需要设置镜像，添加完所有层的效果如图6-22所示。

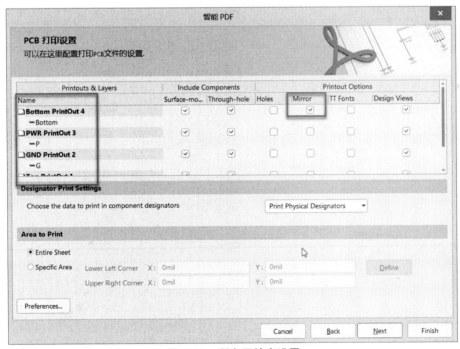

图 6-22　所有层输出设置

（7）右击，在弹出的快捷菜单中可通过执行Move Up、Move Down命令来调整层输出顺序，调整好顺序的效果如图6-23所示。

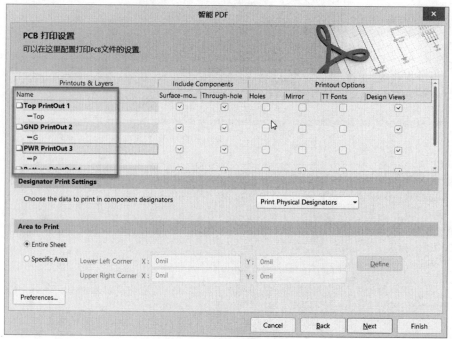

图 6-23　调整层输出顺序

（8）设置好层输出顺序后，单击Next按钮，进入PDF文件的额外设置对话框，参数保持默认，单击Next按钮，进入智能PDF输出最后步骤，选择是否打开PDF文件并且是否保存设置的Out job文件，单击Finish按钮完成PDF文件输出，如图6-24所示。

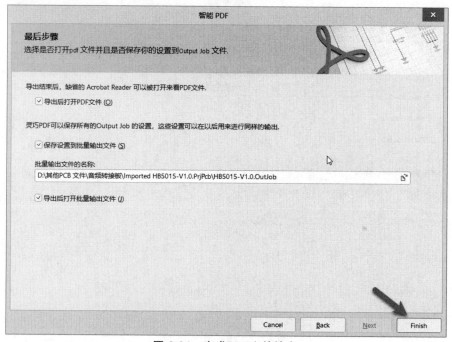

图 6-24　完成PDF文件输出

（9）输出效果如图6-25所示。

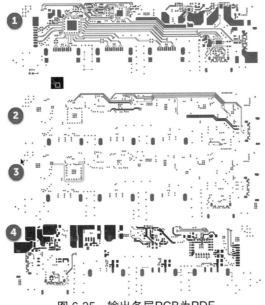

图 6-25　输出多层PCB为PDF

## 6.9　如何输出BOM表?

设计好了一个电路后，就要开始准备购置元器件了。一个工程成百上千的元器件难道要工程师自己一个一个数吗? 使用Altium Designer 19的BOM（Bill of Materials）表格输出，可以方便地生成既标准又漂亮的元器件清单。

（1）打开需要输出BOM表的原理图文件，执行菜单栏中的"报告"→Bill of Materials for Project命令，或者按快捷键R+B，弹出BOM清单对话框，如图6-26所示。

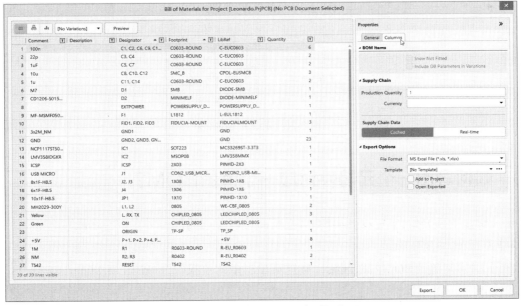

图 6-26　Bill of Materials for Project

（2）单击右边栏的Columns按钮，可对BOM清单进行配置，可以选择需要显示的选项，如图6-27所示。

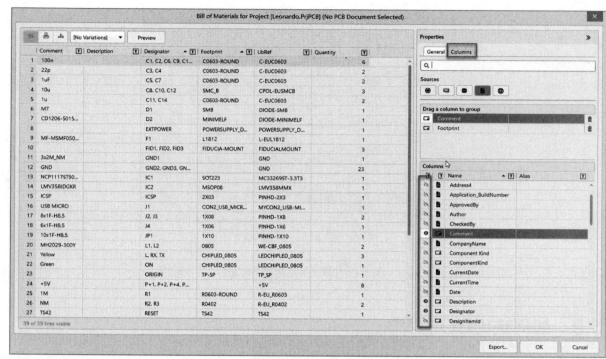

图 6-27　设置需要显示在BOM表中的选项

（3）在BOM表中单击标题并按住鼠标不放，可以拖动标题移动其在表格中的位置，设置好之后单击Export按钮，即可导出BOM表，如图6-28所示。

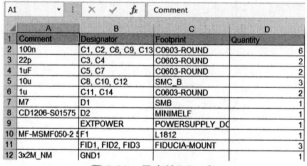

图 6-28　导出的BOM表

## 6.10　如何导出一个元器件对应一个值的BOM?

从前文输出的BOM表中可以看出BOM表里面是多个元器件位号对应一个阻值，如何输出一个元器件对应一个值的BOM呢?

（1）打开需要输出BOM的原理图，执行菜单栏中的"报告"→Bill of Materials for Project...命令，弹出BOM清单对话框。

（2）单击右边栏的Columns按钮，可对BOM清单进行配置，将Drag a column to group中的

Comment、Footprint这两项删除即可，如图6-29所示。

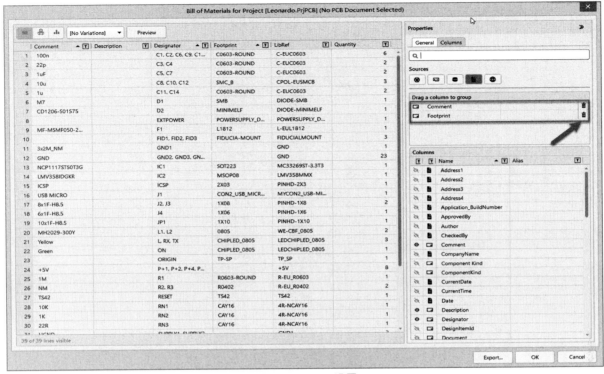

图 6-29　BOM设置

（3）这样即可得到一个元器件对应一个值的BOM，如图6-30所示。

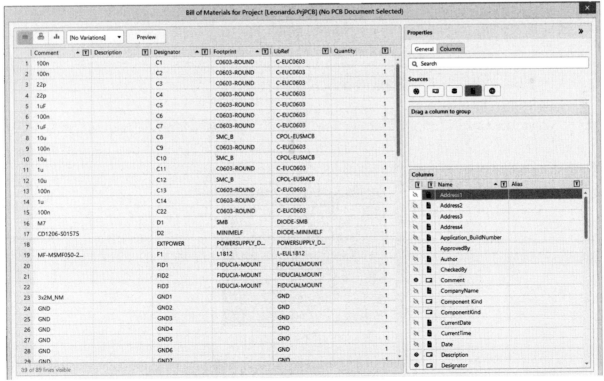

图 6-30　一个元器件对应一个值的BOM

**小提示**：如果是低版本的Altium Designer 09软件，则可将Comment、Footprint这两项从"聚合的纵队"中拖曳到"全部纵列"中即可，如图6-31所示，也可以得到一个元器件对应一个值的BOM。

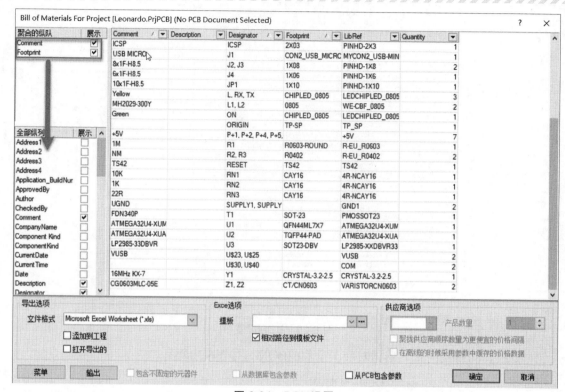

图 6-31　BOM设置

## 6.11　创建环状3D元器件体的方法

在Altium Designer 09的PCB元器件库中手工创建3D元器件体，结合基本的挤压体、圆柱体和球体等形状进行组合，可以创建较为复杂的3D模型。下面介绍如何利用Altium Designer 19软件创建一个如图6-32所示的类似"甜甜圈"形状的中空环状3D元器件体。

图 6-32　环状3D元器件体

（1）在打开的.PcbDoc或者.PcbLib文件中，将捕捉栅格设置为一个合适的尺寸（按快捷键G+G根据绘制的实际情况设置捕捉栅格）。执行菜单栏中的"放置"→"3D元器件体"命令，启动3D元器件体绘图模式。在3D Body属性编辑对话框中，将3D Model Type设置为Extruded（挤压体）。该层应该是任何可见的机械层，在Overall Height中设置3D元器件体高度，按Enter键关闭面板并进入绘图模式，如图6-33所示。

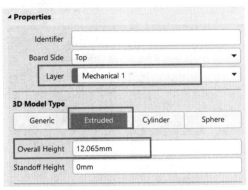

图 6-33　设置3D元器件体参数

（2）设置坐标原点（0，0）作为参考点，从原点位置开始绘制，便于在抬头显示中看到对应的数值。按"Shift +空格键"切换绘图模式，直到抬头显示中显示Line 90/90 Vertical Start With Arc(RADius:xxxmm)模式。按空格键可切换圆弧的方向，绘制形状时，按 < 或者 > 键可以减小或者增加圆弧半径。

（3）这里以绘制一个外径为500 mil，内径为300 mil的环状3D元器件体为例来演示。按快捷键G+G，将捕捉栅格设置为50 mil。观察窗口左上方显示并将光标向下移至（250，−250），长按 > 键改变圆弧半径，然后单击左键以锁定第一个弧。如图6-34所示，在Altium Designer 19中绘制第一个弧。

（4）继续移动光标到坐标位置（500，0）添加下一个弧段。如图6-35所示，在Altium Designer 19中添加第二个弧段。

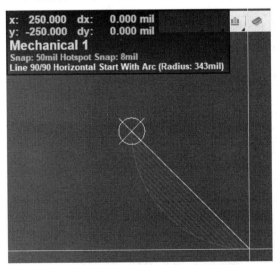

图 6-34　绘制圆环外径第一段圆弧

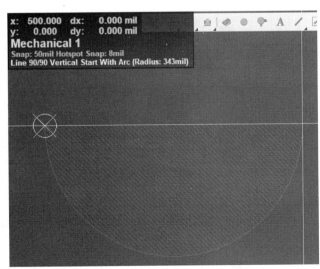

图 6-35　绘制圆环外径第二段圆弧

（5）继续按照250 mil的半径完成外环的绘制，切记此时不要结束绘图模式。如图6-36所示，圆环外径已完成，且保持绘图模式。

（6）继续完成绘制步骤，由于圆环状3D体的外径和内径分别为500 mil和300 mil，环形体的宽度计算为(500-300) / 2 = 100 （mil）。因此将光标向内移动100 mil，开始绘制内径，如图6-37所示，定位光标绘制内径。

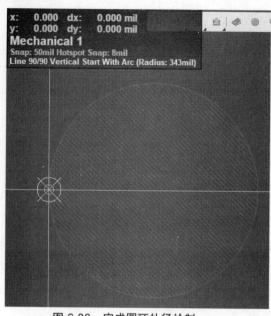

图 6-36　完成圆环外径绘制　　　　　　　　　　图 6-37　开始绘制圆环内径

（7）现在以150 mil为半径绘制环状3D元器件体的内径。将光标沿着用于外部圆的相同路径绘制。如果画的时候发现方向不一致，可按空格键切换圆弧的方向。内圈的半径为150 mil，所以注意观察显示器窗口左上角抬头显示中的坐标值，以（150，150）增量添加圆弧段。如图6-38所示，开始添加圆弧段。

（8）继续绘制圆弧段，直到内圈完成。如图6-39所示为完成好的内径和外径。

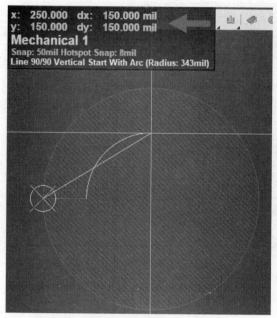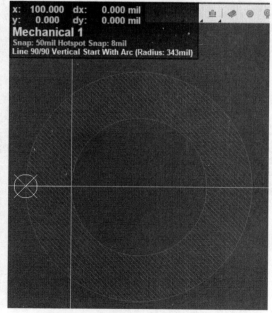

图 6-38　绘制圆环内径第一段圆弧　　　　　　　图 6-39　完成圆环外径和内径的绘制

（9）右击，完成环形3D元器件体绘制。如图6-40所示为2D视图下完成的环状体。

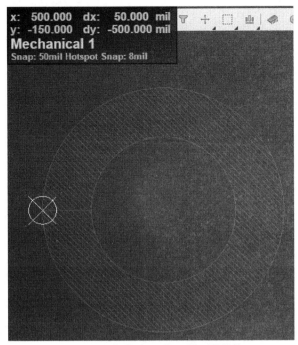

图 6-40　2D视图下的环状元器件体

（10）切换到3D模式（按快捷键3）查看结果。如图6-41所示为3D模式下显示的环状3D元器件体。

图 6-41　3D视图下的环状元器件体

即使不使用更复杂的3D机械编辑工具，仍然可以使用Altium Designer 19中灵活而强大的编辑功能轻松创建复杂的3D模型。

## 6.12　用字库添加LOGO的方法

使用字体软件Font Creator通过将LOGO图片转换成字库的方式来给PCB添加LOGO，此方法灵活、自由，并且能满足各种复杂图形的设计制作，大小自由调整，使用起来方便快捷。

首先需要准备一个Font Creator字库制作软件，这个软件不需要安装，直接打开运行。软件文件夹打开界面如图6-42所示，找到FCP4.EXE应用程序。

| | | | |
|---|---|---|---|
| 📁 Kerning | 2018/3/28 14:58 | 文件夹 | |
| 📁 Unicode | 2018/3/28 14:58 | 文件夹 | |
| 📄 FCP.TIP | 2004/4/4 13:13 | TIP 文件 | 2 KB |
| 📄 FCP4.CNT | 2003/11/30 15:59 | CNT 文件 | 6 KB |
| 📄 FCP4.EXE | 2004/4/5 16:46 | 应用程序 | 3,596 KB |
| 📄 FCP4.HLP | 2003/11/30 16:02 | 帮助文件 | 4,001 KB |
| 📄 FCPSHL.dll | 2003/12/1 16:45 | 应用程序扩展 | 158 KB |
| 📄 guidelines.dat | 2018/12/1 12:01 | DAT 文件 | 1 KB |
| 📄 History.doc | 2003/11/30 14:55 | Microsoft Word ... | 46 KB |
| 📄 License.txt | 2003/11/16 19:41 | 文本文档 | 8 KB |
| 📄 subfamily.dat | 2002/12/9 16:17 | DAT 文件 | 3 KB |
| 📄 TableOffsetOrder.txt | 2002/9/30 18:16 | 文本文档 | 1 KB |
| 📄 Vendor.doc | 2003/11/30 15:05 | Microsoft Word ... | 25 KB |

**图 6-42    Font Creator字库制作软件**

下面介绍使用该软件制作LOGO字库的详细步骤：

（1）准备好需要制作成字库的LOGO图片，如图6-43所示。

（2）双击FCP4.EXE打开软件，然后执行菜单栏中的"文件"→"新建"命令，新建一个TTF字体，并输入名称，如这里输入字体名称为LOGO，如图6-44所示。

**图 6-43    LOGO图片**              **图 6-44    新建TTF字体**

（3）其他选项保持默认，单击"确定"按钮，打开如图6-45所示的字库编辑界面。

（4）在编辑区内可以看到字符、数字以及大小写英文字母等符号，接下来要做的就是用LOGO图片替换掉字库里面的某个符号里面的内容。如将数字0替换为LOGO图片，这样在Altium Designer 19中选择名为"LOGO"的字体类型，在文本框中输入数字0，就能显示对应的LOGO图片，这就是所谓的映射（需要注意的是，用LOGO图片替换掉字库中的哪一个符号，到时候在Altium Designer 19软件中就需要输入那一个符号，才能显示对应的LOGO图片）。

（5）此处以替换字符"0"为例，双击编辑区中"0"对应的方块，如图6-46所示。

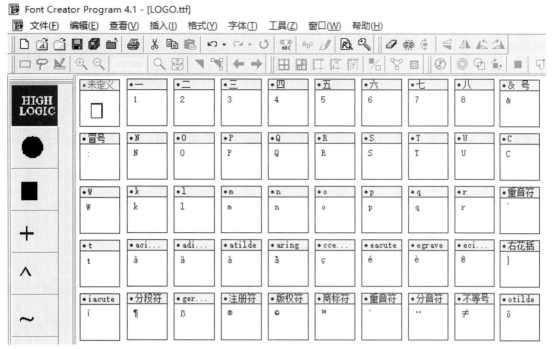

图 6-45  字库编辑界面

图 6-46  编辑符号"0"

（6）在打开的编辑界面中右击，在弹出的快捷菜单中执行"导入图像"命令，如图6-47所示。

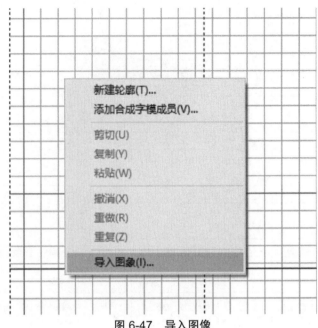

图 6-47　导入图像

（7）弹出"导入图像"对话框，单击"载入"按钮，加载之前准备好的LOGO图片，然后单击"生成"按钮，如图6-48所示。

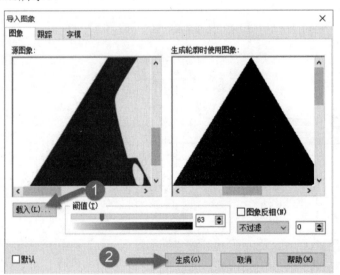

图 6-48　载入LOGO图片

（8）阈值选择为默认，其他参数也为默认，单击"生成"按钮后得到效果如图6-49所示。这个阈值或者其他参数可以根据实际情况自行调整。

（9）有一点需要特别注意的是：生成的LOGO图形，垂直标尺上有两个黑色小三角形，代表了这个符号的宽度，如果小于实际图形的话，可能会出现图片显示不完整的问题。所以需要拖动右侧的小三角符号直到刚好包含导入的图形，如图6-50所示。

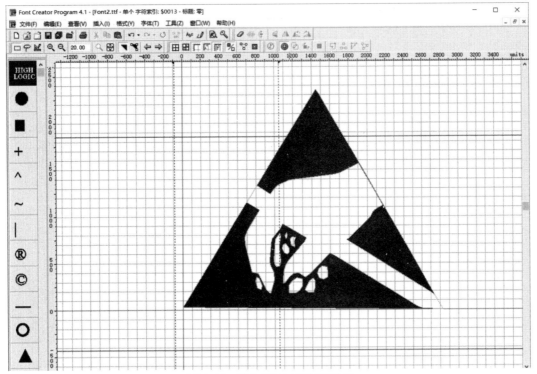

图 6-49　载入的LOGO图形效果

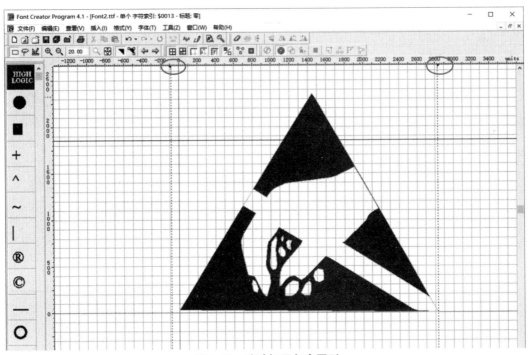

图 6-50　移动标尺包含图形

（10）这样就用一个LOGO图片替换了字库中的一个字符，关闭该符号编辑界面（注意是关闭符号编辑界面，不要将软件关闭了），返回字库编辑界面，可以看到符号"0"被替换成了LOGO图片，如图6-51所示。

图 6-51 LOOG图片替换字符

（11）单击"保存"按钮，将修改好的字库选择一个路径保存起来，如图6-52所示。

图 6-52 保存修改好的字库

（12）保存好新建的字库后，下一步就是安装字体。找到并选中需要安装的字库，右击，在弹出的快捷菜单中执行"安装"命令，将字库安装到计算机中，如图6-53所示。

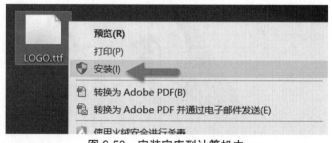

图 6-53 安装字库到计算机中

（13）最后，就是字库的应用了。打开Altium Designer 19软件，进入PCB编辑界面。选择丝印层，然后按照常规放置字符的操作，执行菜单栏中的"放置"→"字符串"命令，或者按快捷键P+S，在PCB上放置一个字符串，双击这个字符串，在弹出的窗口选择字体类型为True Type。然后在Font下拉列表框中选择之前制作的字体LOGO，在Text文本框中输入字符"0"（因为之前是用图片LOGO替换了符号0里面的内容），这样就能在PCB中显示对应的LOGO。如果需要调整LOGO的大小，只需要在文本属性编辑对话框中将Text Height这个参数设置一下，就可以实现任意大小的LOGO，如图6-54所示。

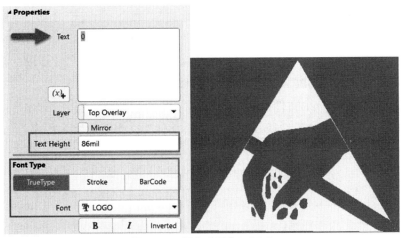

图 6-54 用字库添加LOGO

用Font Creator字库制作软件是可以添加很多LOGO图片到字库中的，打开字库软件，执行菜单栏中的"文件"→"打开"→"字体文件"命令，打开之前保存的字库文件，还可以继续编辑添加其他LOGO图片，如图6-55所示。

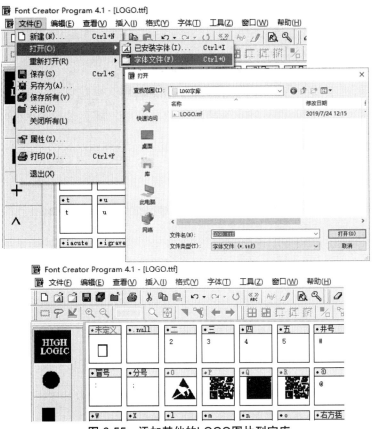

图 6-55 添加其他的LOGO图片到字库

## 6.13　通过脚本程序画蚊香形螺旋布线的方法

现在很多做微波通信产品的企业，要求在PCB中放置圆形的螺旋布线来实现高频天线的作用，并且要求能够简便地设置螺旋布线的线宽、线距、螺旋线圈数、顺时针及逆时针螺旋线。实际上任何一款EDA软件想要在PCB上直接绘制螺旋线都是非常困难的。通常可以借助AutoCAD软件来绘制螺旋线，再导入到Altium Designer 19中，虽然可以实现需求，但步骤比较烦琐，下面介绍使用脚本程序直接在Altium Designer 19的PCB环境下直接绘制螺旋线，操作非常简单。

（1）新建或者打开一个PCB文件，执行菜单栏中的"文件"→"运行脚本"命令，弹出"选择脚本运行"对话框，单击"浏览"按钮，执行"来自文件"命令添加脚本程序，如图6-56所示。

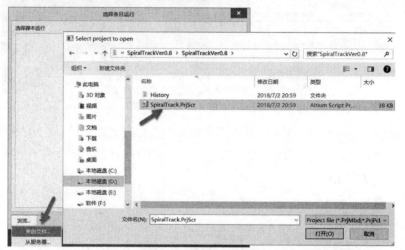

图 6-56　添加脚本程序

（2）添加进来的脚本程序如图6-57所示，双击Main程序，光标变成十字形状，在PCB中选择需要放置螺旋线的位置单击鼠标左键，弹出螺旋线设置对话框，相关参数如图6-58所示，根据需求设置对应的参数即可。

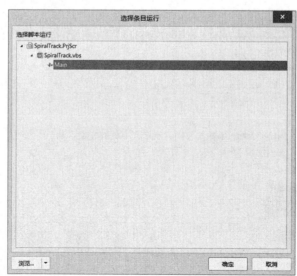

图 6-57　SpiralTrack.PrjScr脚本程序

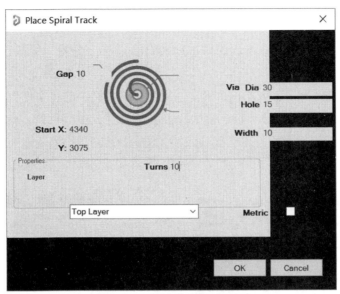

图 6-58　螺旋线设置对话框

Gap：螺旋线的间距（默认单位为英制 mil）；

Via Dia：螺旋线中间的过孔的外径，Hole为过孔的内径（默认单位为英制 mil）；

Width：螺旋线的线宽（默认单位为英制 mil）；

Start X Y：PCB中放置螺旋线的坐标位置；

Turns：螺旋线的圈数；

Layer：螺旋线放置的层设置；

Metric：公制单位选择框，如需把以上的参数单位设置为公制，需要勾选Metric复选框。

（3）设置完所需参数后，单击OK按钮，即可在PCB上放置需要的螺旋布线，如图6-59所示。

图 6-59　通过脚本程序绘制螺旋布线

## 6.14　如何在PCB中添加二维码LOGO？

在Altium Designer 19的PCB中添加二维码LOGO常见的有两种方法。

## 1. PCB Logo Creator脚本导入法

（1）根据前面的介绍利用脚本程序添加LOGO的方法，先将二维码LOGO图片转换成BMP格式。

（2）打开需要添加二维码LOGO的PCB文件，执行菜单栏中的"文件"→"脚本程序"命令，添加PCB Logo Creator脚本程序并运行，单击Logo按钮加载二维码图片，然后勾选Negative复选框（注意：必须要勾选Negative复选框，否则导入的二维码LOGO是扫描不出来的），如图6-60所示。

图 6-60　加载二维码图片

（3）单击Convert按钮，开始导入图片，等待脚本程序导入图片即可，得到的效果如图6-61所示。

图 6-61　PCB Logo Creator脚本添加二维码

## 2. 利用字库添加二维码LOGO

（1）按照前文介绍的利用字库添加LOGO的方法，将二维码图片添加到PCB中，如图6-62所示。

图 6-62　添加二维码图片到PCB

（2）这时候的二维码LOGO是扫描不出来的，因为尚未进行反向设置。

（3）双击二维码LOGO，在弹出的文本属性编辑面板的Font Type（字体类型）选项中单击Inverted（反向的）按钮，然后在Margin Border中设置二维码LOGO边缘边界的宽度即可，如图6-63所示。

（4）这样即可得到正确的二维码LOGO，3D状态下的效果如图6-64所示。

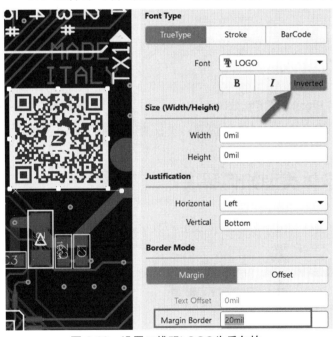

图 6-63　设置二维码LOGO为反向的

图 6-64　利用字库添加二维码LOGO

## 6.15　对Output Job File文件进行设置的几个重要步骤

Altium Designer 19可以通过Output Job File来批量生成和输出文件，只要在Altium Designer 19的Project面板中选择要操作的项目，右击，在弹出的快捷菜单中执行"添加新的Output Job file"命令，然后在该文件输出媒体（Output Media）区选择需要输出的内容即可。

## 6.16 用Protel 99打开Altium Designer 19的PCB文件覆铜丢失，如何解决？

将Altium Designer 19的PCB文件转换成Protel 99PCB文件后，PCB中的覆铜丢失了，这是因为覆铜设置导致的问题。Protel 99的覆铜选项中只有Hatched模式，如果Altium Designer的PCB文件覆铜选项为Solid模式，则转换成Protel 99后，覆铜会丢失。

**解决方法：**

在转换后的文件中双击覆铜，弹出覆铜参数设置对话框，如图6-65所示。在Grid Size和Track Width选项中根据覆铜要求设置相应的参数（如需实现实心铜的覆铜效果，Grid Size和Track Width可设置为较小的相同数值），单击OK按钮重新进行覆铜即可。

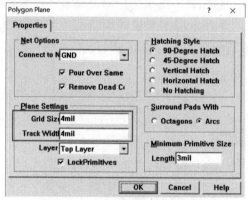

图 6-65　Protel 99覆铜参数设置

若想转换后的Protel 99文件不丢失覆铜，那么在Altium Designer 19进行覆铜时采用Hatched模式。

## 6.17 PCB中无法全局修改字体类型如何解决？

在Altium Designer 19中全局修改字体类型时，无法修改，如图6-66所示。

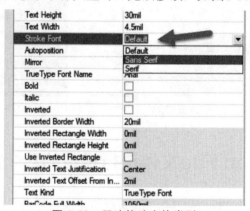

图 6-66　无法修改字体类型

**解决方法：**

在下方的Text Kind中选择Stroke Font类型，即可正常修改字体类型，如图6-67所示。

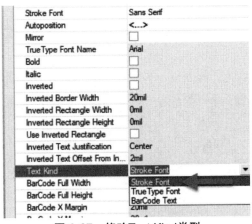

图 6-67　修改Text Kind类型

## 6.18　从封装库中直接放置元器件到PCB中默认是45°倾斜的，如何解决？

Altium Designer 19有些版本的软件在PCB编辑界面从封装库中直接放置元器件到PCB中默认是45°倾斜的，如何解决？

**解决方法：**

按快捷键O+P，打开"优选项"对话框，在PCB Editor选项下的General选项中修改"旋转步进"，如图6-68所示。将元器件摆正后，再改回原先的步进值。

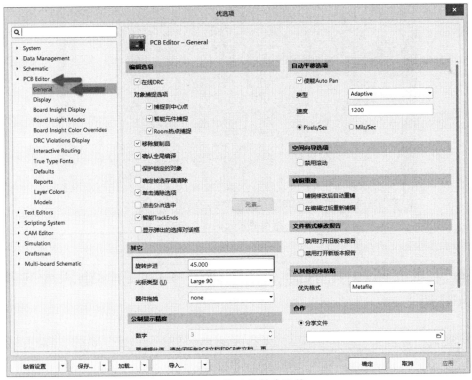

图 6-68　修改旋转步进值

## 6.19　PCB布局时元器件如何与板框对应的结构位置准确重合？

如图6-69所示，在PCB布局时，元器件如何与板框对应的结构位置准确重合？

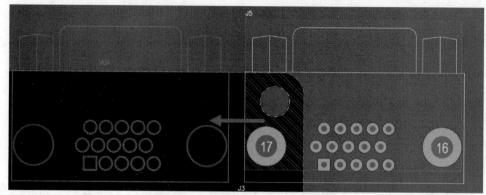

**图 6-69　元器件与其结构位置重合**

**解决方法：**

选中元器件，然后按快捷键M+S，选择元器件的边角作为捕捉点，然后移动元器件至结构相应的位置处，待光标变成捕捉到中心点的显示效果时，即可精准放置元器件至结构位置，如图6-70所示。小提示：如果软件不能进行捕捉，需要按组合快捷键Shift+E打开捕捉栅格（电气栅格）功能。

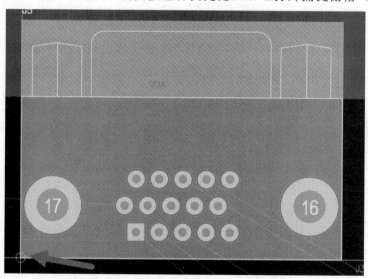

**图 6-70　精准放置元器件至结构位置**

## 6.20　原理图更新到PCB后，元器件处于PCB编辑界面左下角，如何移动到中间？

如图6-71所示，原理图更新到PCB后，元器件处于PCB编辑界面左下角，如何将其移动到PCB编辑界面中间？

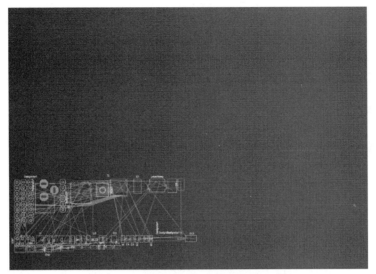

图 6-71 元器件位于编辑界面左下角

**解决方法：**

按快捷键Ctrl+A全选元器件，然后按快捷键I+L（在区域内排列器件命令），光标变成十字形状，在PCB中心区域框选一个区域，即可将元器件移动到该区域位置，如图6-72所示。

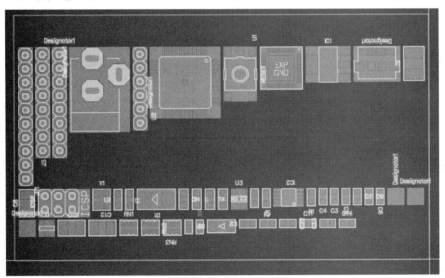

图 6-72 在区域内排列元器件

## 6.21 软件在使用的过程中出现STG:docfile已被损坏的错误提示，如何解决？

如图6-73所示，在使用Altium Designer 19的过程中出现"STG：docfile已被损坏的错误"提示，如何解决？

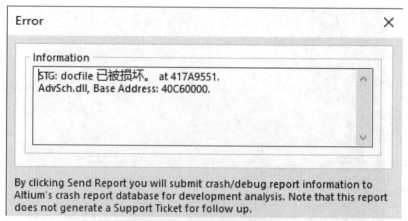

图 6-73　STG:docfile已被损坏

**解决方法：**

软件添加的元器件库出了问题，移除已经添加的元器件库，将待添加的元器件库重新选择一个存放路径，不要放置在Altium Designer 19软件的安装路径下，再重新添加元器件库即可解决。

## 6.22　在进行多层板设计时，过孔和焊盘与内电层连接不上，如何解决？

Altium Designer 19多层板打过孔连接不上内电层，内电层也设置了相应的Net，如图6-74所示，如何解决？

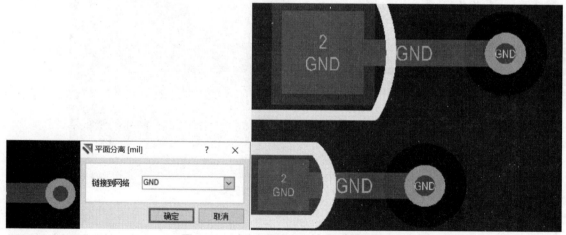

图 6-74　过孔和焊盘与内电层连接不上

**解决方法：**

按快捷键D+R，打开"PCB规则及约束编辑器[mil]"对话框，检查规则中的Plane→Power Plane Connect Style，有没有正确设置Power Plane与同网络通孔的连接方式，如图6-75所示。如设置为No Connect，则过孔和焊盘与内电层就会连接不上。

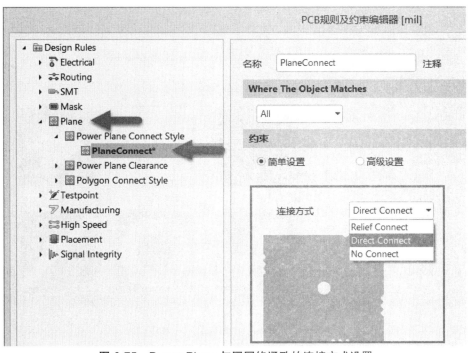

图 6-75　Power Plane 与同网络通孔的连接方式设置

## 6.23　PCB中所有的焊盘、覆铜及导线都显示小方块，如何解决?

如图6-76所示，PCB中所有的电源和焊盘、覆铜及导线都显示成小方块，怎么回事?

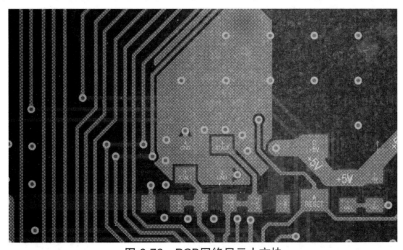

图 6-76　PCB网络显示小方块

**解决方法:**

这是因为PCB中设置了网络颜色，并且优选项中的Board Insight Color Overrides显示样式设置为"棋盘"样式，如图6-77所示。将显示样式设置为"实心（覆盖颜色）"样式，可得到更佳的显示效果。

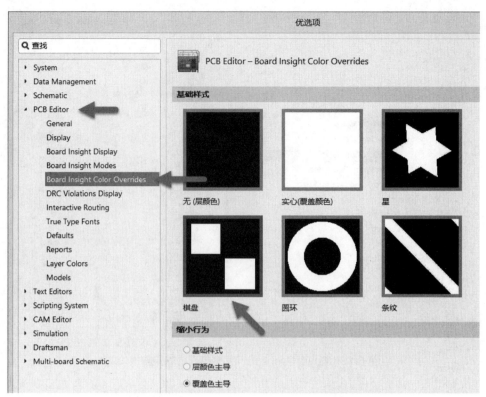

图 6-77  Board Insight Color Overrides设置

## 6.24  覆铜或者导线如何开窗？

在Altium Designer 19中如需设置覆铜或者布线开窗，可选中需要开窗的覆铜或者导线，按快捷键Ctrl+C进行复制，然后按快捷键E+A，在弹出的"选择性粘贴"对话框中勾选"粘贴到当前层"复选框，并单击"粘贴"按钮，将复制的覆铜或者导线粘贴到对应的Top Solder或者Bottom Solder层即可，如图6-78所示。

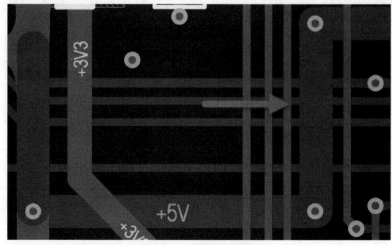

图 6-78  导线开窗设置

## 6.25 Cadence和Pads的PCB封装如何导出Altium Designer可用格式？

Cadence和Pads的PCB封装导出Altium Designer 19可用的封装，如何实现？

**解决方法：**

先将Cadence和Pads的PCB文件转换成Altium Designer的PCB文件，然后Altium可以从PCB中生成PCB库，这样即可将Cadence和Pads的PCB封装导出为Altium Designer 19可用的封装。注意，转换过来的封装需仔细检查核对才能用于项目中。

## 6.26 焊接BGA的层为何要放置禁止覆铜区域？

因为BGA封装的焊球间距比较小，从PCB制造工艺来看，BGA封装表面如果不放置禁止覆铜区域容易造成BGA焊球短路，增加不良率。从BGA贴片工艺上分析，BGA表面有覆铜也容易造成焊接短路，增加焊接难度。如图6-79所示为PCB中BGA覆铜与不覆铜的效果对比。

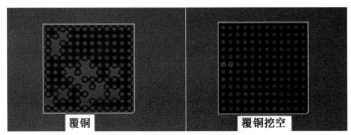

图 6-79 BGA覆铜与覆铜挖空效果对比

## 6.27 PCB中丝印标识位置错乱如何快速调整？

按快捷键Ctrl+A全选，然后按快捷键A+P，弹出"元器件文本位置"对话框，选择需要放置的位置即可快速调整丝印位置，如图6-80所示。

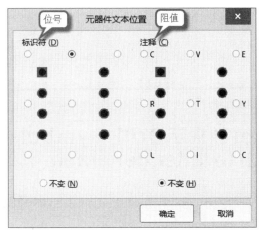

图 6-80 "元器件文本位置"对话框

## 6.28 输出Gerber时提示Gerber-Failed to Match All Shapes for...，如何解决?

Altium Designer 19输出Gerber时，提示Gerber-Failed to Match All Shapes for...，如何解决?

**解决方法:**

这是由于输出时D码格式问题，在Gerber设置界面找到"光圈"这个选项，取消勾选"嵌入的孔径（RS274)"复选框，然后单击"从PCB创建列表"按钮，重新生成D码再进行Gerber输出即可，如图6-81所示。

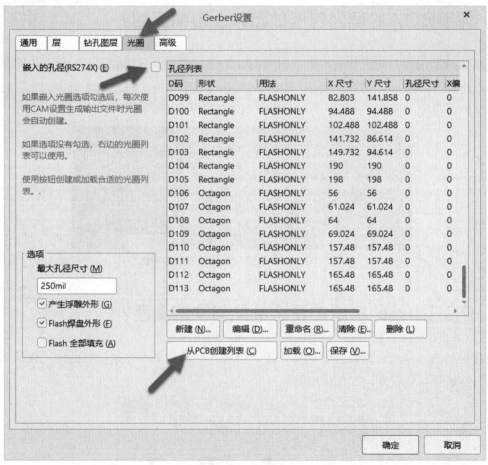

图 6-81　D码设置

## 6.29 输出Gerber时提示Drill Symbol limit exceeded. System will switch to letter generation，如何解决?

如图6-82所示，输出Gerber时提示Drill Symbol limit exceeded.System will switch to letter generation如何解决?

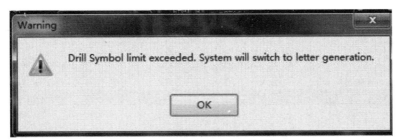

图 6-82　输出Gerber时报错

**解决方法：**

这是因为PCB中钻孔的种类太多，不能用图形方式来表示，改为用文字方式来表示，这个不会对PCB的电气特性有影响，单击OK按钮，可以继续进行Gerber文件的输出。

## 6.30　PCB中测量距离后产生报告信息如何去掉？

如图6-83所示，PCB中测量距离后产生的黄色长度报告线段如何去掉？

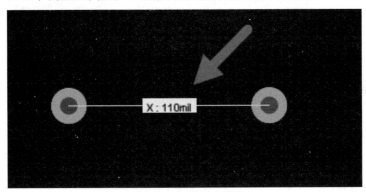

图 6-83　测量距离报告

**解决方法：**

按快捷键Shift+C即可清除测量报告。

## 6.31　原理图更新到PCB时，如何保留PCB中设置的Classes和差分对？

Altium Designer 19在PCB中设置了Classes和差分线等，从原理图中重新更新网表到PCB中时，会把原来设置的这些Classes和差分线移除，如何保留？

**解决方法：**

在原理图更新到PCB时，在弹出的工程变更指令中将对应的Classes和差分线取消勾选Remove复选框，如图6-84所示。

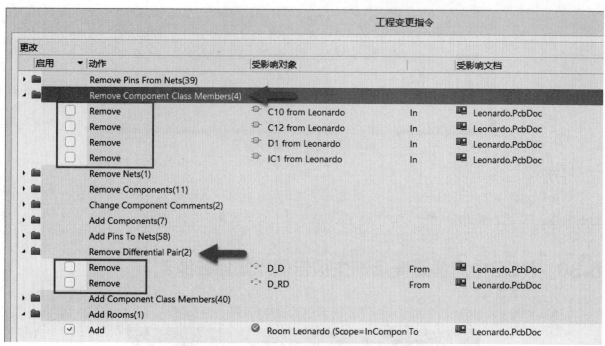

图 6-84　取消勾选移除Classes和差分线复选框

## 6.32　如何修改工程中子文件的名称

在Altium Designer 19中为工程的原理图或者PCB文件修改名称的方法如下：

（1）在工程文件上右击，在弹出的快捷菜单中执行"浏览"命令，即可打开工程文件所在路径，如图6-85所示。

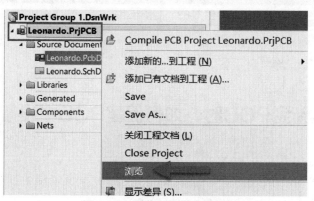

图 6-85　浏览工程所在路径

（2）在工程路径下修改原理图或者PCB文件名，如图6-86所示。

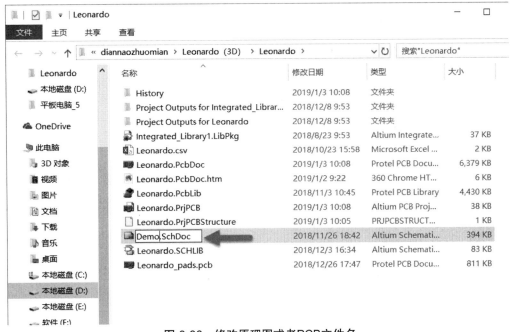

**图6-86 修改原理图或者PCB文件名**

（3）回到Altium Designer 19软件，在工程文件上右击，在弹出的快捷菜单中执行"添加已有文档到工程"命令，如图6-87所示。

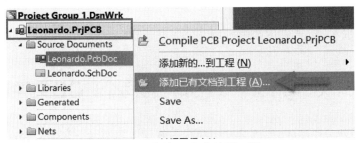

**图6-87 添加已有文档到工程**

（4）添加修改好名称的原理图文件到工程中，这时工程中还保留原有的原理图文件，选中该原理图文件，右击，在弹出的快捷菜单中执行"从工程中移除"命令，即可完成原理图或者PCB文件的重命名，如图6-88所示。

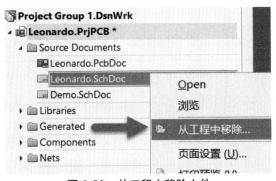

**图6-88 从工程中移除文件**

## 6.33　PCB文件如何导成DXF文件?

　　打开需要导出DXF的PCB文件,执行菜单栏中的"文件"→"导出"→DWG/DXF命令,选择导出文件的保存路径,弹出"输出到AutoCAD"对话框,如图6-89所示。选择需要导出的DXF参数,单击"确定"按钮,即可将PCB文件导成DXF文件。

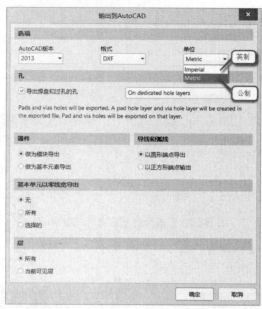

图 6-89　"输出到AutoCAD"对话框

## 6.34　Altium Designer 19中如何将两个PCB文件进行比对?

　　(1)执行菜单栏中的"工程"→"显示差异"命令,或者按快捷键C+S,在弹出的"选择比较文档"对话框中勾选"高级模式"复选框,如图6-90所示。

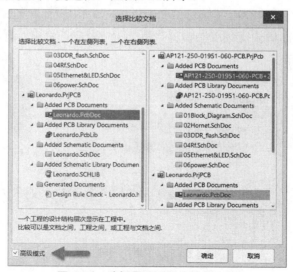

图 6-90　选择需要进行比较的文档

（2）选择需要进行比对的两个PCB文件，一个在左侧列表，一个在右侧列表，然后单击"确定"按钮。在弹出的Component Links对话框中选择Automatically Create Component Links选项，如图6-91所示。

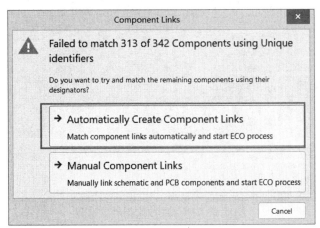

**图 6-91　Component Links对话框**

（3）在弹出的对话框中单击"是"按钮，然后在Match Nets对话框中单击"继续"按钮，即可显示两个PCB文件的比对报告，如图6-92所示。

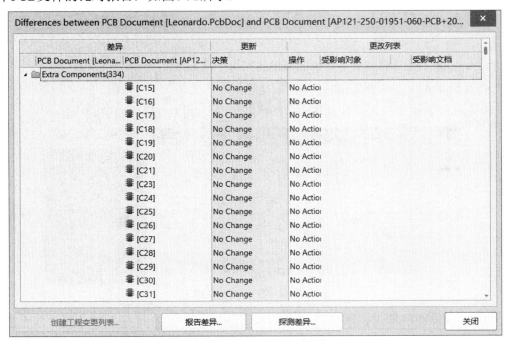

**图 6-92　PCB文件比对报告**

## 6.35　PCB中的放大镜如何关闭？

如图6-93所示，在Altium Designer 09或者其他低版本Altium Designer软件中PCB有一个"放大镜"的显示效果，如何关闭？

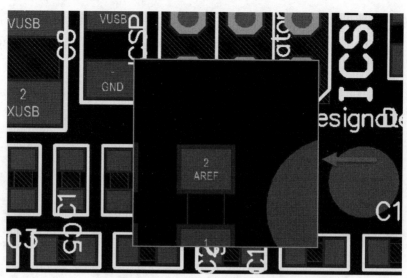

图 6-93　PCB中放大镜显示效果

**解决方法：**

按快捷键Shift+M可以打开或者关闭放大镜。

## 6.36　Altium Designer 19导入Gerber并转换成PCB的方法

Altium Designer 19导入Gerber并转换成PCB的操作步骤如下：

（1）打开Altium Designer 19软件，执行菜单栏中的"文件"→"新的"→"项目"命令，新建一个PCB_Project.PrjPcb*文件，并且新建一个CAM文档添加到工程中，如图6-94所示。

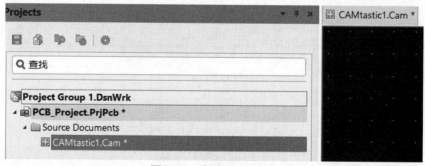

图 6-94　新建CAM文档

（2）Gerber文件的导入。这里有两种方法导入，一种是执行菜单栏中的"文件"→"导入"→"快速装载"命令，能直接将Gerber所有文件进行导入，包括钻孔文件等。另外一种是先导入Gerber文件，再导入钻孔文件，得到的效果与前面的方法一样。Gerber文件的导入如图6-95所示。

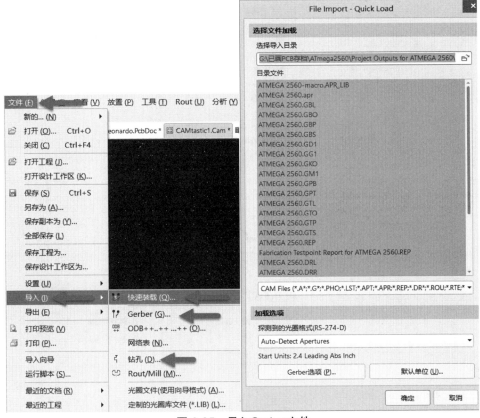

图 6-95　导入Gerber文件

（3）单击"确定"按钮，等待软件导入Gerber文件并转换，转换之后的效果如图6-96所示。

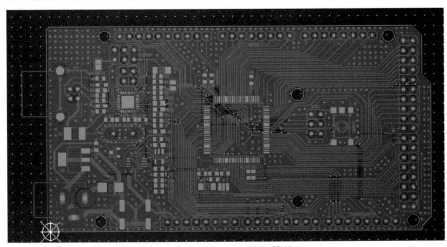

图 6-96　Gerber导入效果

（4）Gerber文件导入之后，核对层叠是否对应一致，执行菜单栏中的"表格"→"层"命令，在弹出的"层表格"对话框中设置好层顺序，如图6-97所示。

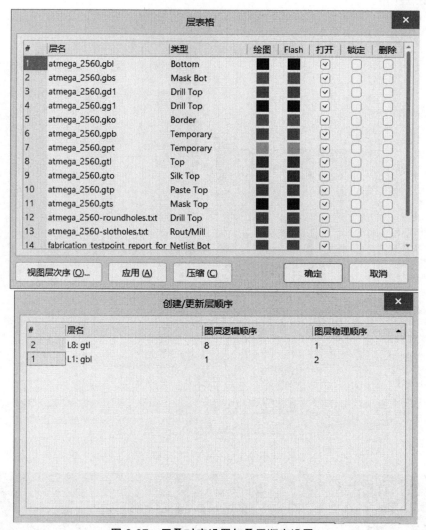

图 6-97　层叠对应设置与叠层顺序设置

　　为了更好地识别和设置对应叠层，下面提供Altium Designer 19的Gerber文件中各文件扩展名的定义。

.gbl - Gerber Bottom Layer：底层布线层；

.gbs - Gerber Bottom Solder Resist：底层阻焊层；

.gbo - Gerber Bottom Overlay：底层丝印层；

.gtl - Gerber Top Layer：顶层布线层；

.gts - Gerber Top Solder Resist：顶层阻焊层；

.gto - Gerber Top Overlay：顶层丝印层；

.gd1 - Gerber Drill Drawing：钻孔参考层；

.gm1 - Gerber Mechanical1：机械1层；

.gko - Gerber KeepOut Layer：禁止布线层；

.txt - NC Drill Files：钻孔层。

（5）提取网络表，执行菜单栏中的"工具"→"网络表"→"提取"命令，进行网络表的提取，然后可以在CAMtastic中查看添加进来的网络，如图6-98所示。

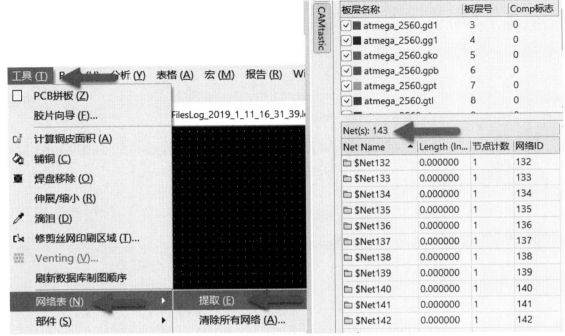

图 6-98　提取网络表

（6）如果Gerber文件中包含IPC-D-365（IPC网表文件），执行菜单栏中的"工具"→"网络表"→"重命名网络表"命令，则可以对网络进行准确的命名，若没有IPC网表文件则忽略这一步。

（7）最后一步，输出PCB文件，执行菜单栏中的"文件"→"导出"→"输出到PCB"命令，得到PCB文件如图6-99所示。至此，Gerber文件转换成PCB完成。

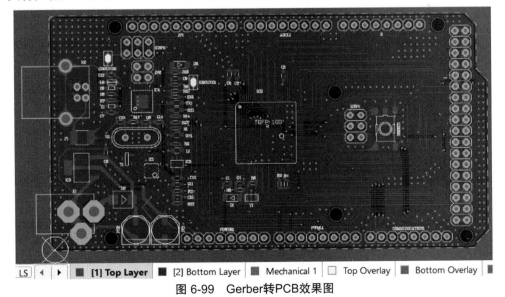

图 6-99　Gerber转PCB效果图

## 6.37　如何让元器件以任意角度旋转？

按快捷键O+P，打开"优选项"对话框，在PCB Editor选项下的General选项中修改旋转步进即可，如图6-100所示。

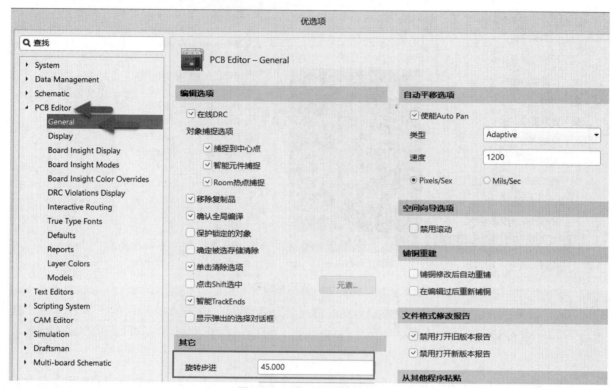

图 6-100　修改旋转步进值

## 6.38　Altium Designer 19如何进行拼板设置

电子产品从设计完成到加工制造，其中最重要的一个环节就是PCB电路板的加工。而PCB加工出来的裸板绝大部分情况是要过贴片机贴片装配的。

那么问题来了，现在的电子产品都在向小型轻便化方向发展。当设计的PCB板特别小，有的电子产品模块小到几cm那样的小块时，PCB加工制造这一环节基本没问题，但是到了PCB装配环节，那么小的面积放在贴片机上进行装配就带来了问题，无法上装配生产线。

这里就需要对小块PCB进行拼版，拼成符合装配上机要求的合适的面积，或者拼成阴阳板，更加便于贴片装配。一般情况下，制造板厂会提供拼板的服务，但很多时候为了能清晰地展示设计师的意图，需要自己进行拼板设计。

在介绍拼板设计之前，先了解一下关于拼板的知识，以便更好地实现拼板设计。

工艺边：

PCB工艺边也叫工作边，是为了SMT时留出轨道传输位置、放置拼版Mark点而设置的长条形空白板边。工艺边一般宽为5～8 mm，为了节省一点PCB成本，取消工艺边或者把工艺边设置为3 mm，这是不可取的。

在什么情况下可以取消工艺边呢？当PCB外形是规整的矩形，便于轨道传输，而且板边最近的贴片元器件的外形，离板边距离5 mm以上，就可以取消工艺边。或者PCB是类似手机板（单片板上有好几百个贴片元器件，且PCB是昂贵的多层板）也可以取消，而让SMT厂一次性花几千元做治具，取代工艺边的成本支出。

PCB工艺边一般要满足以下几个要点：

（1）宽度5～8 mm；

（2）工艺边上放置的Mark点规范合理；

（3）对PCB的支撑连接稳固可靠，能使PCB在轨道上稳定传输。

Mark点也叫光学基准点，是为了补偿PCB制作误差及设备定位时的误差，而设定的各个装配步骤共同的可测量基准点。PCB板的生产工艺决定了线路图形的精确度比外形和钻孔的精确度要高一到两个数量级，Mark点本质上属于线路图形的一部分，以Mark点作为贴片设备的识别定位基准，就能对多种偏差自动补正，减小误差，因此，Mark点对SMT生产至关重要。

Mark点形状一般是实心圆。设置方法为：设置一个元器件（把Mark点作为元器件的好处是，导出元器件坐标时，Mark点坐标也同时导出了，Mark点坐标非常重要），元器件为一个实心圆的焊盘，焊盘直径为1 mm，焊盘的阻焊窗口直径为3 mm。实心圆要求表面洁净、平整、边缘光滑、齐整，颜色与周围的背景有明显区别，表面以沉金处理为佳，3 mm阻焊窗口范围内要保持空白，不允许有任何焊盘、孔、布线、阻焊油墨或者丝印标识等，以使Mark点与PCB的基材之间出现高对比度。

Mark点位于电路板或者拼板工艺边上的4个对角，但板子四周设置的Mark点不能对称，以免造成机器不能识别板子放反的情况（不能防呆）。如图6-101所示，只要把4个Mark点当中的一个，错位1 cm左右放置就可以了。

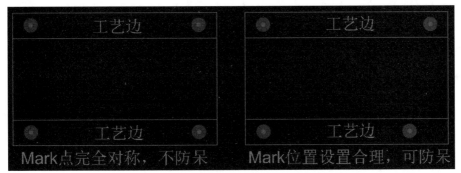

图 6-101　Mark点不完全对称放置

Mark点的实心圆的外缘，要保持离最外板边2.5 mm以上的距离，如果工艺边宽5 mm，实心圆中心要放在离最外板边3～3.5 mm的位置上，而不能居中放在2.5 mm的位置上，如果居中放置，实心圆的外缘离板边就只有2 mm，一般情况下，实心圆都会被贴片设备的夹持边压住一部分，使得贴片设备不能辨识这个Mark点，结果就会大大影响贴片装配的质量和效率。如图6-102所示，5 mm宽的工艺边上，4个Mark点的圆心的Y方向位置如下：第一个，工艺边上居中2.5 mm的，不可取；在

3.0～3.5 mm范围内皆可，第4个3.2 mm位置的Mark点的最佳。

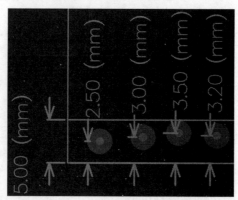

图 6-102　Mark点放置位置的选择

PCB在拼板时的V-CUT和开槽所指的是什么？

V形槽（V-CUT）和开槽都是铣外形的一种方式。在做拼板时可以很容易地将多个板子分离，避免在分离时伤害到电路板。根据拼板的单一品种的形状来确定使用哪种方式，V-CUT需要走直线，不适合尺寸不一的板子。V-CUT可以将几种板子或者相同板子在一起加工，然后加工完成后在板子间用V-CUT机割开一条V形槽，V-CUT没有将板子完全挖空，还保留一定的厚度，可以在使用时掰开。开槽指的是在板与板之间或者板子内部按需要用铣床铣空，相当于挖空。PCB拼板方式主要是V-CUT、桥连、桥连邮票孔这几种方式，拼板尺寸不能太大，也不能太小，一般很小的板子可以拼板加工或者方便焊接而拼板。

在Altium Designer 19中如何拼板？

在Altium Designer 19软件设计中进行拼板，除了更能清晰地展示设计师意图之外，还有诸多好处：

● 可以按照自己想要的方向拼板；
● 拼板文件与源板关联，源板的改动可以更新到拼板；
● 可以将几块不同的板拼在一起；
● 可以拼阴阳板（正反面交替）。

## 1. 常规外形PCB板的拼板

这里用一个例子来介绍在Altium Designer 19中利用拼板阵列实现拼板的过程和操作步骤。

（1）首先测量板子的尺寸大小。这个可以用尺寸标注来实现，执行菜单栏中的"放置"→"尺寸"→"尺寸标注"命令，如图6-103所示。以这块PCB作为范例的PCB板，尺寸是98.81 mm×49.91mm，在新建的PCB文件中拼出2×2的PCB阵列。

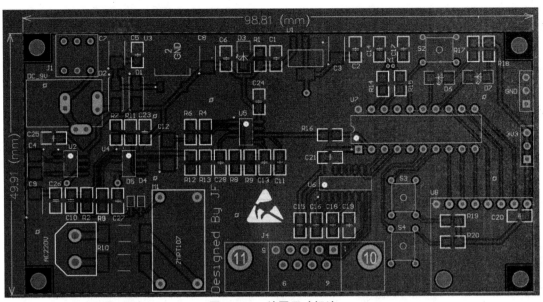

图 6-103　放置尺寸标注

（2）执行菜单栏中的"文件"→"新的"→PCB命令，创建一个新的尺寸为210 mm×110 mm的PCB文件，新建的PCB文件用于拼板的PCB，保存在原PCB文件的工程目录下，如图6-104所示。

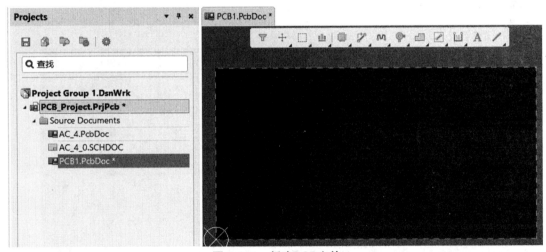

图 6-104　新建PCB文件

（3）在新建的PCB文件中，执行菜单栏中的"放置"→"拼板阵列"命令，如图6-105所示。

（4）这个就是Altium Designer 19拼板阵列实现拼板的功能，执行"拼板阵列"命令后，光标变成十字形状并附有一个阵列图形，按Tab键弹出Embedded Board Arrayi阵列拼板参数设置对话框，如图6-106所示。在PCB Document栏选择需要拼板的PCB文件，在Column Count和Row Count的行列元素输入框中输入要拼板的横排和竖排的数量，这里各自选2。然后在Column Margin和Row Margin中输入需要的参数（这个参数视自己需求而定），输入两个参数后，Row Spacing和Column Spacing这两项会随之自动改变。

图 6-105 放置拼板阵列

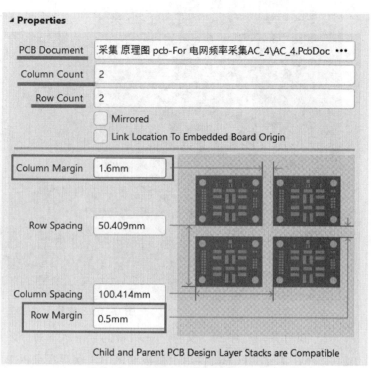

图 6-106 阵列拼板参数设置对话框

（5）设置好以上参数后，按Enter键，放置阵列拼板到PCB中，如图6-107所示。

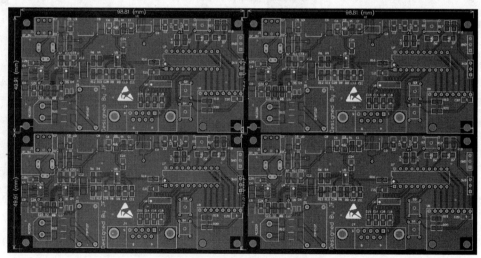

图 6-107 得到拼板阵列效果图

（6）按快捷键L，进入层颜色引理器，如图6-108所示。把Mechanical 2改名为Route Cutter Tool Layer，在这个层上绘制的线定义为铣刀铣穿PCB的布线；把Mechanical 5改名为FabNotes，在这个层上绘制的线定义为要在PCB上铣出V-Cut的布线（放置这些标注信息的Mechanical层可自行选择）。

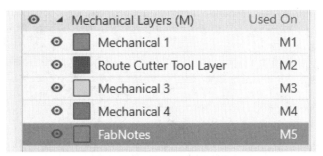

图 6-108　修改机械层名称

（7）如图6-109所示为画好细节布线的阵列拼板。

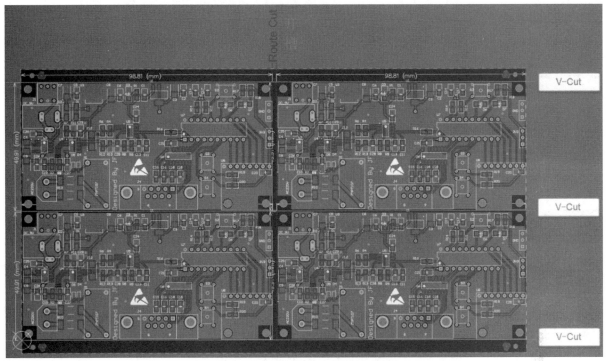

图 6-109　画好细节布线的阵列拼板

注意，在PCB阵列板上画出需要的V-Cut的布线和开槽的布线，让加工板厂CAM图纸处理的人员明白客户具体的需求和意图。但具体要走V-Cut还是开槽，以设计人员与板厂工程师的沟通和交流为准，此处只是示意图。

最后，在合适的放置工艺边和定位孔及Mark点等，将PCB文件转换成Gerber文件发给PCB加工板厂，与板厂沟通具体工艺要求和细节。

拼板与源板同步更新。

如果在源PCB上做任何改动，这些改动会在PCB拼板文件中一键更新。如图6-110所示，在源PCB中放置一个过孔。

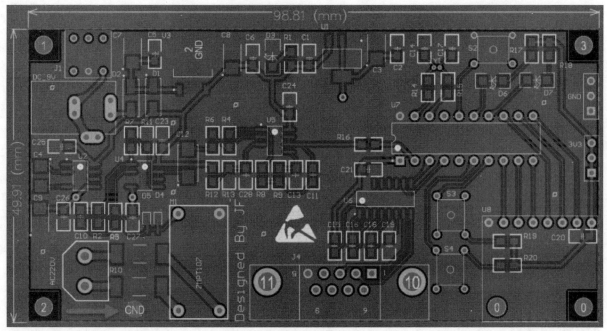

图 6-110　源板上放置一个过孔

然后回到PCB拼板文件，这些每个板子上都会多出这样一个过孔，随源板同步更新，如图6-111所示。

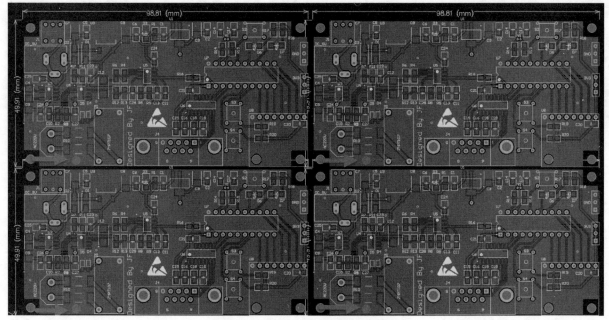

图 6-111　拼板文件随源板同步更新

如何将不同的PCB拼在一起？

将不同的PCB拼在一起，只需要选择某个PCB文件，拼出阵列。然后再选择其他的PCB文件，再拼出阵列。

如要拼阴阳板的话，方法是先用此拼板功能放置一个拼板阵列，然后再放置另外一个拼板阵列时，勾选Mirrored复选框即可。此外，阴阳板一定要保证板厚都一样才能拼在一起进行加工。

## 2. 异形PCB板的拼板

常规的比较规则的PCB板可以用阵列粘贴的方式实现拼板，而一些不规则的异形板的拼板则需要用到邮票孔拼板的方式。

邮票孔的做法为放置孔径（包括焊盘大小）为0.5 mm的非金属化孔，邮票孔中心间距为0.8 mm，每个位置放置4～5个孔，主板与副板之间距离2 mm，邮票孔伸到板内1/3，如板边有线需避开。邮票孔的放置效果如图6-112所示。

图 6-112 拼板邮票孔

根据不同的板子外形，选择不同的邮票孔连接方式，如图6-113所示为邮票孔拼板的示范。

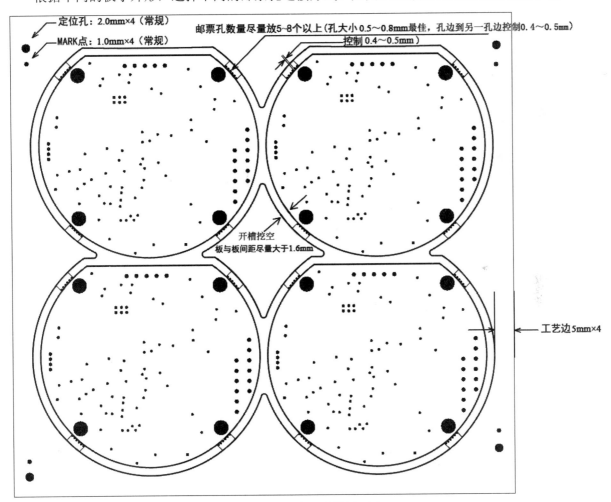

图 6-113 邮票孔拼板示例

为了让大家更方便地理解PCB拼版，下面给出一些拼板示例，如图6-114所示，以供大家参考。

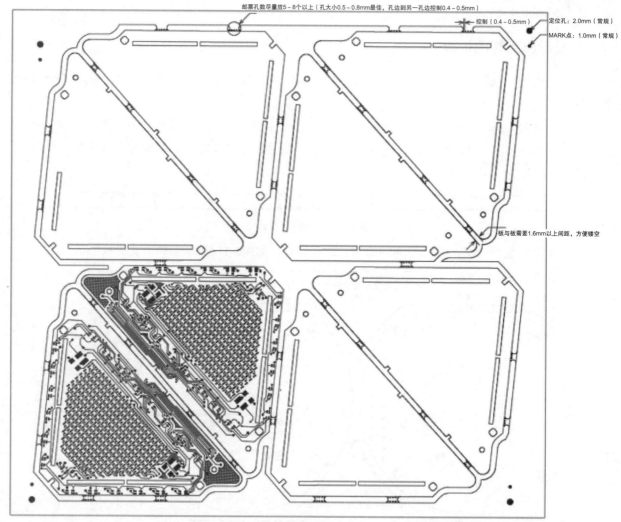

邮票孔数尽量放5~8个以上（孔大小0.5~0.8mm最佳，孔边到另一孔边控制0.4~0.5mm）

控制（0.4~0.5mm）

定位孔：2.0mm（常规）

MARK点：1.0mm（常规）

板与板需要1.6mm以上间距，方便镂空

（a）拼板示例（Ⅰ）

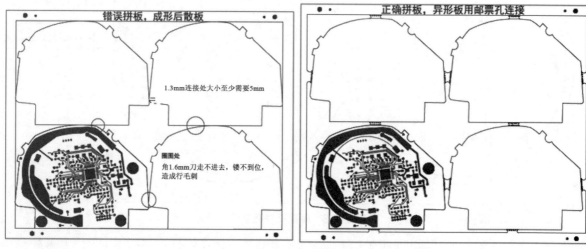

错误拼板，成形后散板

正确拼板，异形板用邮票孔连接

1.3mm连接处大小至少需要5mm

圈圈处
角1.6mm刀走不进去，镂不到位，
造成行毛刺

（b）拼板示例（Ⅱ）

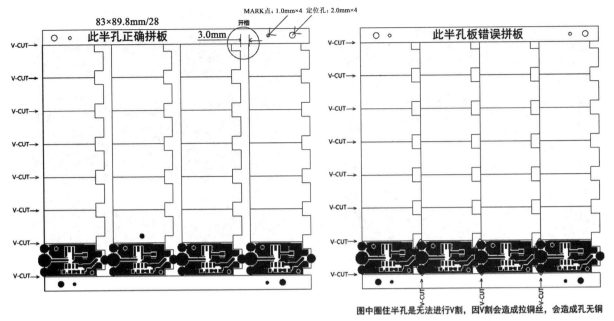

83×89.8mm/28

MARK点：1.0mm×4 定位孔：2.0mm×4

开槽

3.0mm

此半孔正确拼板

此半孔板错误拼板

图中圈住半孔是无法进行V割，因V割会造成拉铜丝，会造成孔无铜

（c）拼板示例（Ⅲ）

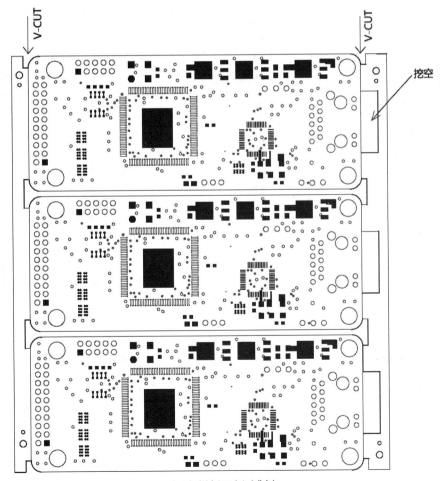

挖空

（d）拼板示例（Ⅳ）

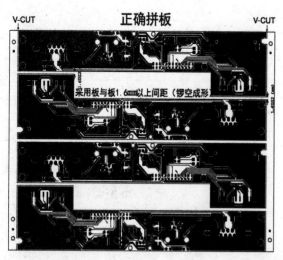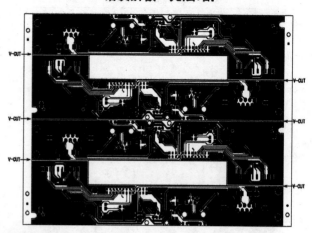

（e）拼板示例（V）

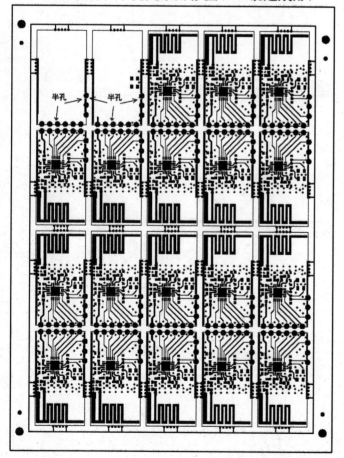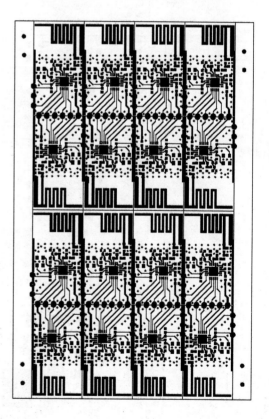

（f）拼板示例（VI）

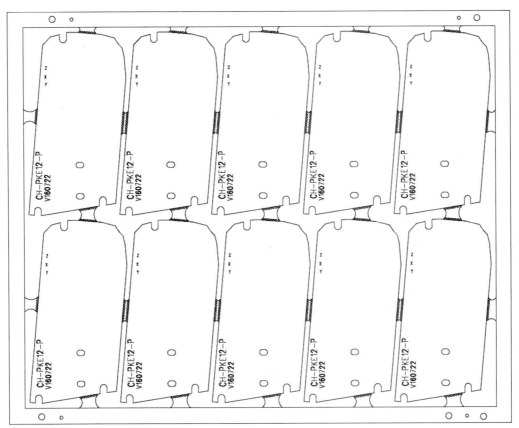

（g）拼板示例（Ⅶ）

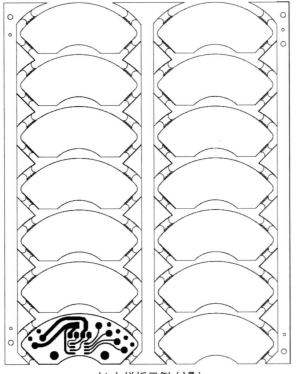

（h）拼板示例（Ⅷ）

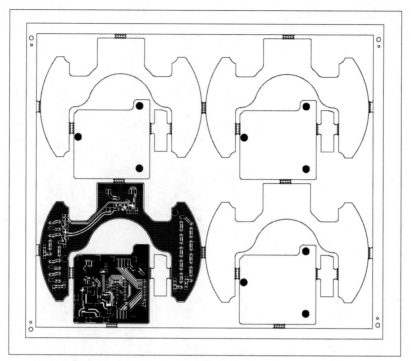

（i）拼板示例（IX）

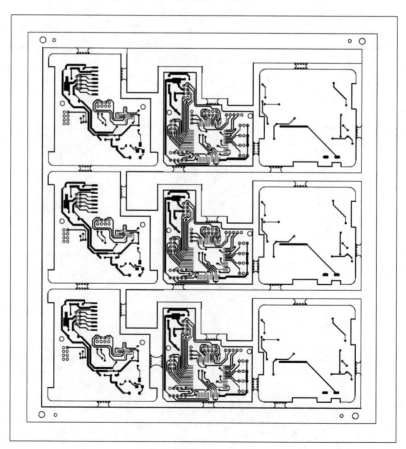

（j）拼板示例（X）

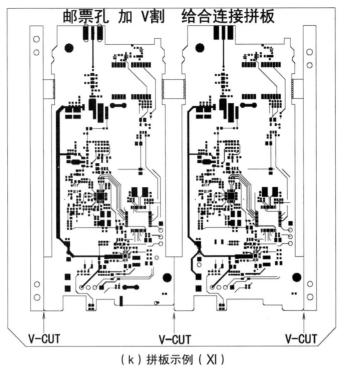

（k）拼板示例（XI）

图6-114　拼板示例样图

## 6.39　过孔如何进行中间层的削盘处理？

在进行PCB设计时，可能会遇到过孔需要削盘处理的问题。双击过孔，弹出过孔属性编辑对话框，选择Top-Middle-Bottom选项，然后选择需要削盘的层，将Diameter改为0即可，如图6-115所示。

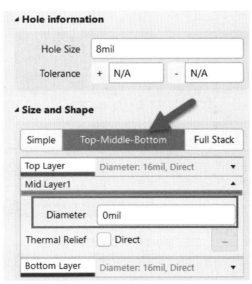

图 6-115　过孔削盘设置

## 6.40　在库列表中复制粘贴库元器件时，如何去掉重复的？

（1）打开需要提取封装的库列表，选择需要复制的封装，右击，在弹出的快捷菜单中执行Copy命令，如图6-116所示。

图 6-116　复制封装

（2）打开自己的封装库，打开PCB Library列表，右击，在弹出的快捷菜单中执行Paste 4 Components命令，将之前复制的封装粘贴进来，如图6-117所示。

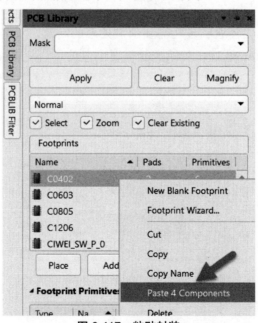

图 6-117　粘贴封装

（3）粘贴过来的封装如果有重复的，软件会在重复的封装加上DUPLICATE后缀，如图6-118所示，选中该重复的封装将其删除即可。

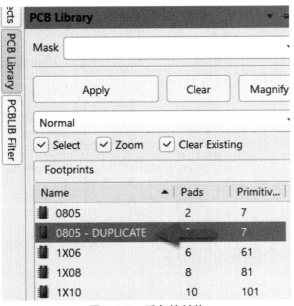

图 6-118　重复的封装

# 6.41　如何在PCB中导出钻孔图表?

在PCB中导出钻孔图表的步骤如下:

(1)切换至Drill Drawing层,放置文本Legend,这时软件会提示Legend is not interpreted until output(直到输出才会解释图例),如图6-119所示。注:Altium Designer 09或者其他版本可能不会有Legend is not interpreted until output这一提示。

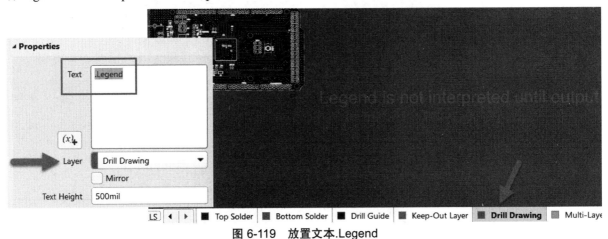

图 6-119　放置文本.Legend

(2)执行菜单栏中的"文件"→"制造输出"→Drill Drawings命令,即可输出如图6-120所示的钻孔图表。图中列出分别用了几种孔径,PTH和NPTH以及每种钻孔的图示和数量总结表。

| | | | |
|---|---|---|---|
| ○ | 3 | 55.12mil (1.400mm) | 11 |
| — | 52 | 33.47mil (0.850mm) | - |
| ☆ | 56 | 37.40mil (0.950mm) | - |
| ✕ | 623 | 10.00mil (0.254mm) | - |
| | 736 Total | | |

Slot definitions : Routed Path Length = Calculate
Hole Length = Routed Path Le

图 6-120　钻孔图表

---

## 6.42　如何绘制一个圆形的铜皮？

（1）先用工具栏中的绘图工具绘制一个圆，如图6-121所示。在圆的属性编辑对话框中可以根据需要设置圆的半径。

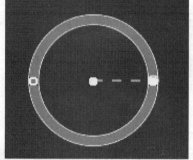

图 6-121　绘制圆

（2）选中绘制的圆，执行菜单栏中的"工具"→"转换"→"从选择的元素创建覆铜"命令，或者按快捷键T+V+G。这样即可创建圆形的覆铜，效果如图6-122所示。

图 6-122　创建圆形的覆铜

## 6.43　元器件坐标信息的导入导出及利用坐标进行布局复制的方法

元器件坐标信息可以进行导出，还可以通过导入元器件的坐标信息来实现PCB布局的复制，非常实用。

（1）打开需要导出坐标信息的PCB文件，执行菜单栏中的"文件"→"装配输出"→Generates pick and place files命令，打开坐标文件设置对话框对坐标文件进行导出，如图6-123所示。

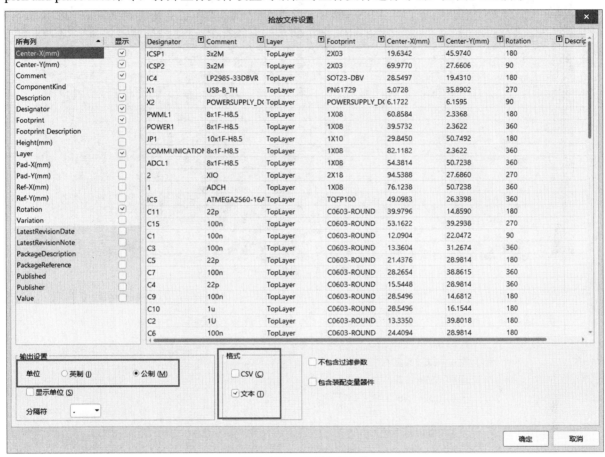

图 6-123　导出坐标文件

（2）输出的坐标文件在工程文件路径下的Project Outputs for ATMEGA 2560文件夹中，如图6-124所示。

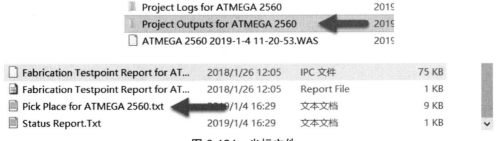

图 6-124　坐标文件

（3）将原理图文件更新到另外一个PCB文件中，这时候，所有元器件是没有布局的，如图6-125所示。

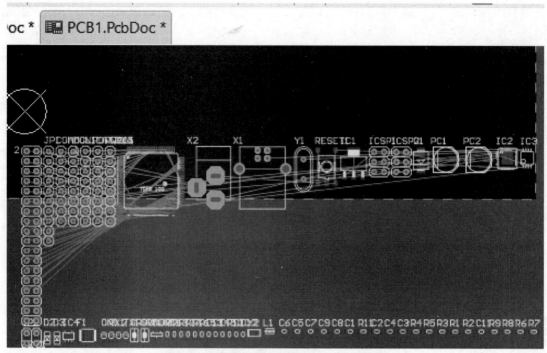

图 6-125　原理图更新到另外一个PCB文件

（4）在未布局的PCB文件中执行菜单栏中的"工具"→"器件摆放"→"依据文件放置"命令，选择之前导出的坐标文件，如图6-126所示。单击"打开"按钮。

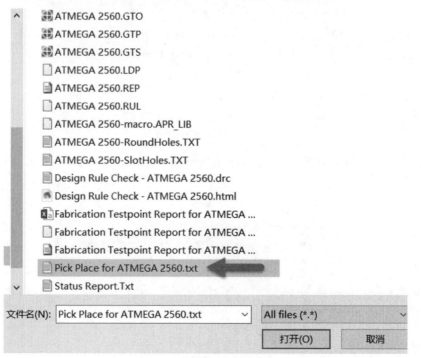

图 6-126　选择坐标文件

（5）如图6-127所示，即可完成元器件布局的导入或者复制。

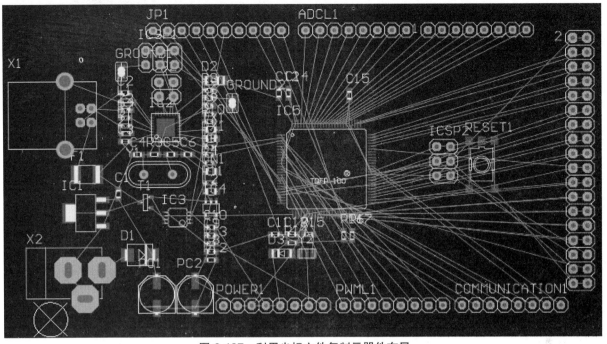

图 6-127　利用坐标文件复制元器件布局

# 6.44　PCB 3D视图翻转后镜像了，如何快速翻转回来？

按快捷键V+B或者Ctrl+F即可翻转板子。

# 6.45　Altium Designer 19中盲埋孔的定义及相关设置

随着目前便携式产品的设计朝着小型化和高密度的方向发展，PCB的设计难度也越来越大，对PCB的生产工艺提出了更高的要求。在目前大部分的便携式产品中使用0.65 mm间距以下BGA封装均使用了盲埋孔的设计工艺，那么什么是盲埋孔呢？

盲孔（Blind Vias）：盲孔是将PCB内层布线与PCB表层布线相连的过孔类型，此孔不穿透整个板子。

埋孔（Buried Vias）：埋孔则只连接内层之间的布线的过孔类型，它是处于PCB内层中的，所以从PCB表面是看不出来的。

（1）在Altium Designer 19中实现盲埋孔设计，首先按快捷键D+K进入层叠引理器，单击左下角的Via Types按钮，添加过孔的类型，如图6-128所示。

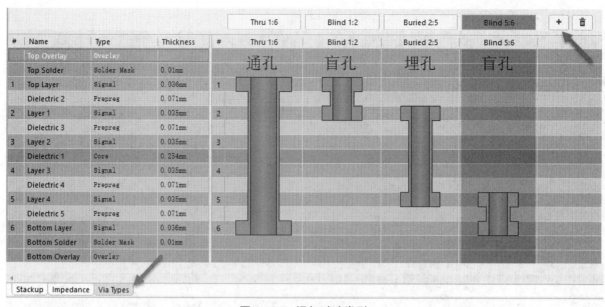

图 6-128　添加过孔类型

（2）单击"+"按钮，增加过孔类型，选择其中一个过孔类型，按键盘上的F11键设置钻孔对，可修改过孔连接的层，如图6-129所示。

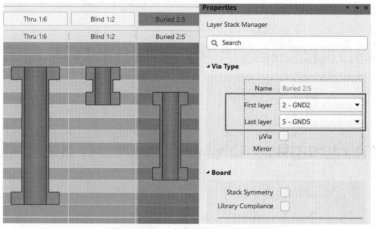

图 6-129　过孔连接层的设置

（3）在PCB中放置过孔时，在过孔属性编辑对话框中选择需要的过孔类型即可，如图6-130所示。

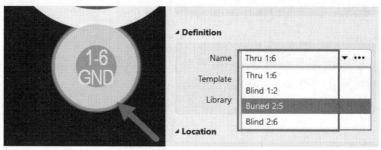

图 6-130　选择过孔类型

如果是低版本的Altium Designer 09软件，在层叠引理器中添加钻孔对的方式如图6-131所示。

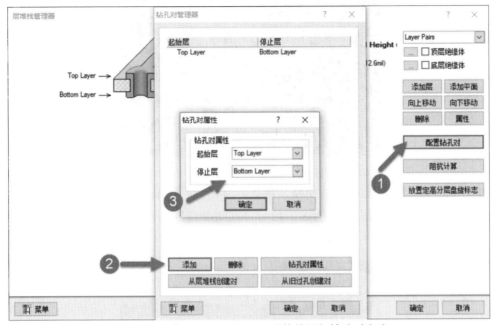

图 6-131　在Altium Designer 09软件添加钻孔对方法

## 6.46　FPGA引脚交换的方法

高速PCB设计过程中，涉及的FPGA等可编程器件引脚繁多，也因此导致布线的烦琐与困难，Altium Designer 19可实现PCB中的引脚交换，方便布线。

### 1.FPGA引脚交换的要求

（1）一般情况下，相同电压的Bank之间是可以互调的。在设计过程中，要结合实际，有些时候要求在一个Bank内调整，就需要在设计之前确认好。

（2）若Bank内的VRN、VRP引脚连接了上拉或者下拉电阻，不可调整。

（3）全局时钟要放到全局时钟引脚的P端口。

（4）差分信号的P、N需要对应正负，相互之间不可调整。

### 2.FPGA引脚交换的步骤

（1）选择需要调整的Bank，使用"交叉探针工具"按钮，单击选择要调整的Bank，PCB中相应的Bank内的引脚就会高亮，如图6-132所示。

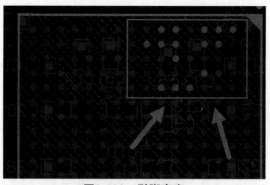

图6-132　引脚高亮

（2）为了方便识别哪些Bank需要交换及调整，最好对这些Bank进行分类（建立Class），按住Shift键，依次单击选择高亮的引脚，右击，执行"网络操作"→"根据选择的网络创建网络类"命令，即可建立Class。如图6-133所示。

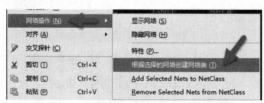

图6-133　根据选择的网络创建网络类

（3）给网络类设置颜色，以便区分不同网络。打开PCB面板，在需要设置颜色的网络类上右击，在弹出的快捷菜单中执行Change Net Color命令，修改网络颜色，如图6-134所示。修改好后要显示颜色，在网络类后面右击，执行"显示替换"→"选择的打开"命令，如图6-135所示。然后按F5键，网络颜色就可以显示出来了（或者在机械层进行划分标注）。

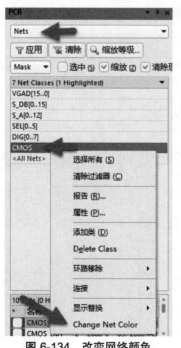

图 6-134　改变网络颜色

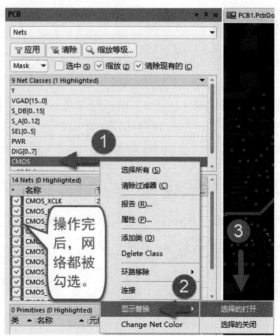

图 6-135　显示网络颜色

（4）PCB编辑界面下，执行菜单栏中的"工程"→"元器件关联"命令，进行器件匹配，如图6-136所示。

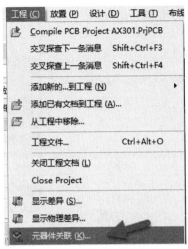

图 6-136　器件匹配命令

（5）在打开的匹配对话框中，通过单击"移动"按钮 > 将左边两个矩形框的元器件全部移动到右边已匹配元器件栏中，确保左边方框无器件，然后单击"执行更新"按钮，如图6-137所示。若是左边窗口存在器件，且不可移动，代表这个器件没有导入到PCB中，需要进行原理图更新到PCB的操作，再重复确认元器件是否匹配。

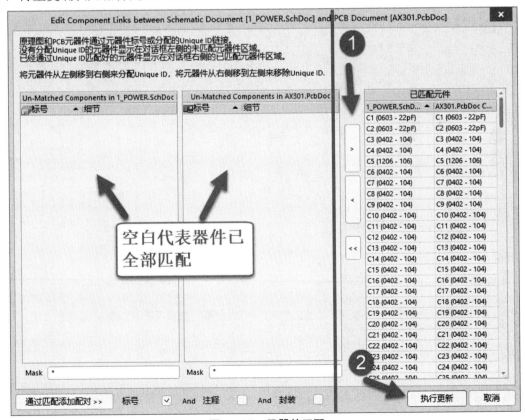

图 6-137　元器件匹配

（6）执行菜单栏中的"工具"→"引脚/部件交换"→"配置"命令，如图6-138所示。

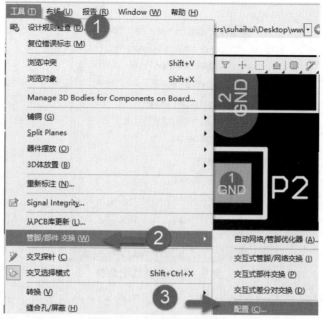

**图 6-138　元器件配置指令**

（7）在弹出的"在元器件中配置引脚交换信息"对话框中勾选需要交换的元器件，如图6-139所示。

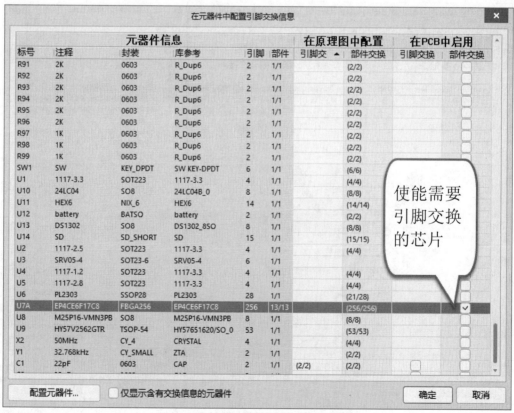

**图 6-139　勾选需要引脚交换的元器件**

（8）双击该元器件（如本例的U7A），会出现Configure Pin Swapping For...对话框，将需要的引脚选中（也可以全选），右击，执行"添加到引脚交换群组"命令将它们归为一组，然后单击"确定"按钮，如图6-140所示。

（9）添加好群组之后，对应引脚的"引脚群组"会出现一个1。如果还有另一个组，数字会依次增加（添加到群组里边的引脚同样可以移除），如图6-141所示。

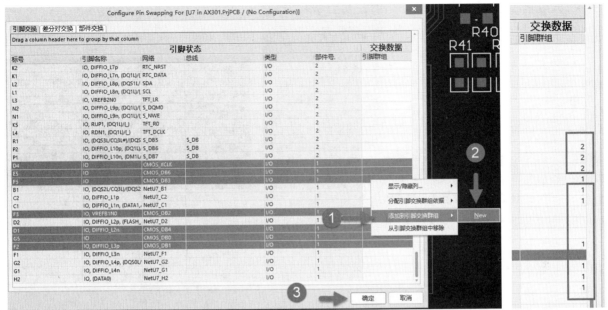

图 6-140 使能交换的引脚　　　　　图 6-141 引脚群组

（10）回到Configure Pin Swapping For对话框，选择需要引脚交换的元器件，勾选"引脚交换"复选框，单击"确定"按钮就可以进行引脚交换了，如图6-142所示。按正常出线方式将BGA里边的布线引出来，同时将接口或者模块的连线同样引出来，形成对接状态，如图6-143所示。

| 元器件信息 | | | | | | 在原理图中 | | 在PCB中启用 | |
|---|---|---|---|---|---|---|---|---|---|
| 标号 | 注释 | 封装 | 库参考 | 引 | 部 | 引脚... | 部件交 | 引脚交换 | 部件交换 |
| U13 | DS1302 | SO8 | DS1302_8SO | 8 | 1/1 | | (8/8) | | |
| U14 | SD | SD_SHORT | SD | 15 | 1/1 | | (15/15) | | |
| U2 | 1117-2.5 | SOT223 | 1117-3.3 | 4 | 1/1 | | (4/4) | | |
| U3 | SRV05-4 | SOT23-6 | SRV05-4 | 6 | 1/1 | | | | |
| U4 | 1117-1.2 | SOT223 | 1117-3.3 | 4 | 1/1 | | (4/4) | | |
| U6 | PL2303 | SSOP28 | PL2303 | 28 | 1/1 | | (21/28) | | |
| U8 | M25P16-VMN3 | SO8 | M25P16-VMN3P | 8 | 1/1 | | (8/8) | | |
| U9 | HY57V2562GTR | TSOP-54 | HY57651620/SO | 53 | 1/1 | | (53/53) | | |
| X2 | 50MHz | CY_4 | CRYSTAL | 4 | 1/1 | | (4/4) | | |
| Y1 | 32.768kHz | CY_SMALL | ZTA | 2 | 1/1 | | (2/2) | | |
| C1 | 22pF | 0603 | CAP | 2 | 1/1 | (2/2) | (2/2) | | |
| C2 | 22pF | 0603 | CAP | 2 | 1/1 | (2/2) | (2/2) | | |
| X1 | 12M | CY_2S | CRYSTAL | 2 | 1/1 | (2/2) | (2/2) | | |
| U7A | EP4CE6F17C8 | FBGA256 | EP4CE6F17C8 | 256 | 13/13 | (45/256) | | ✓ | ✓ |

配置元器件... 　□ 仅显示含有交换信息的元器件　　　　确定　取消

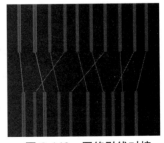

图 6-142 勾选引脚交换复选框　　　　　图 6-143 网络引线对接

（11）选择手动交换，执行菜单栏中的"工具"→"引脚/部件交换"→"交互式引脚/网络交换"命令，如图6-144所示。光标变为十字形状，分组的引脚高亮，将光标连续单击在需要进行相互交换的两根导线上，就可以实现交换，如图6-145所示。

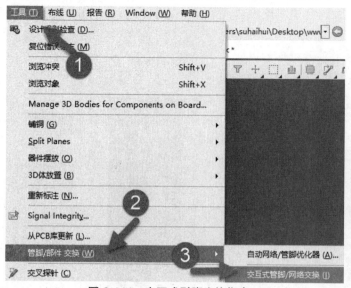

图 6-144　交互式引脚交换指令

图 6-145　交换后的引脚

（12）也可以选择自动交换，执行菜单栏中的"工具"→"引脚/部件交换"→"自动网络/引脚优化器"命令，如图6-146所示。自动交换后的引脚连接情况如图6-147所示。从图中箭头处可看出，虽然大部分引脚能够交换好，但也有可能会存在一些问题，因此，在交换时，建议选择手动交换。

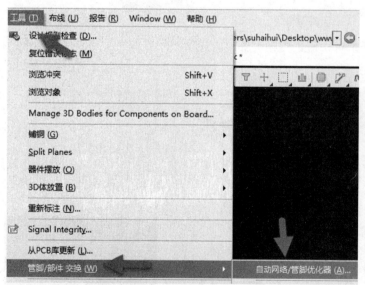

图 6-146　自动网络/引脚优化器

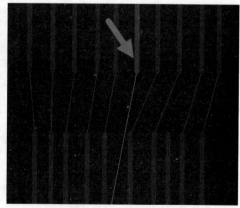

图 6-147　自动交换效果图

（13）引脚交换完之后，需要对原理图进行同步更新。执行菜单栏中的"工程"→"工程选项"命令，选择Options选项，勾选"改变原理图引脚"复选框，如图6-148所示。在PCB编辑界面执行菜单栏中的"设计"→Update Schematic in A×301.PrjPCB命令，如图6-149所示。弹出"工程变更指令"对话框，单击"执行变更"按钮，再单击"确定"按钮，即可完成原理图的同步更新。反导前后的原理图对比如图6-150所示（注：有时反导操作可能不完全，所以在变更之后再通过正向的导入方式进行核对）。

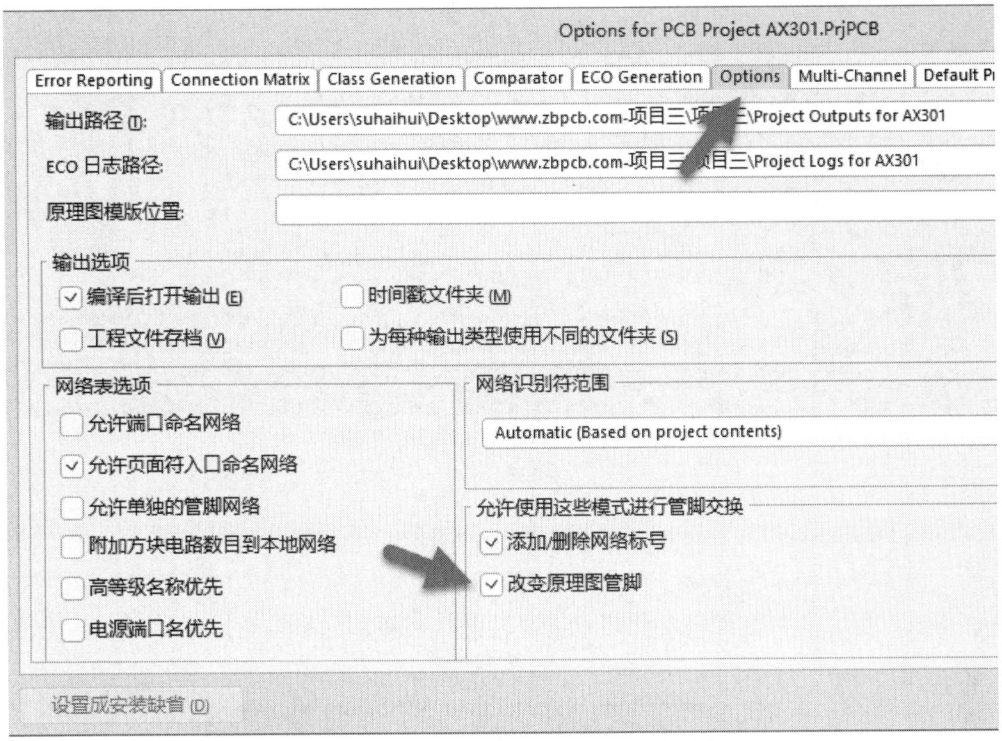

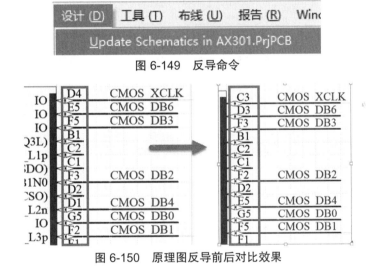

图 6-148　勾选"改变原理图引脚"复选框

图 6-149　反导命令

图 6-150　原理图反导前后对比效果

## 6.47　PCB编辑界面中直接复制粘贴具有电气属性的对象，网络丢失，如何解决？

如图6-151所示，在PCB编辑界面中直接复制粘贴具有电气属性的对象（元器件、导线过孔等），这样粘贴得到的元素是没有网络的，如何解决？

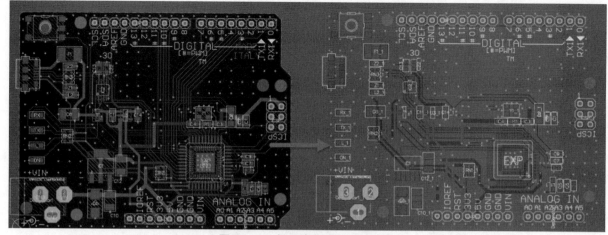

图 6-151　复制粘贴PCB中的对象

**解决方法：**

使用Altium Designer 19的特殊粘贴功能，选中需要复制的对象执行复制命令，然后执行菜单栏中的"编辑"→"特殊粘贴"命令，或者按快捷键E+A，弹出如图6-152所示的"选择性粘贴"对话框。勾选"保持网络名称"复选框，然后单击"粘贴"按钮，这样粘贴过来的对象就能保持原有的网络名称。

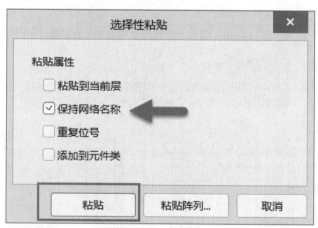

图 6-152　特殊粘贴

## 6.48　如何查看PCB中各网络的布线总长度？

在使用Altium Designer 19布线完成后，可以使用软件自带的工具查看PCB中各网络的布线长度。

（1）打开PCB面板，如PCB面板被关闭了，可在PCB编辑界面右下角中打开，如图6-153所示。

（2）在PCB面板中选择Nets选项，并在下方的框中选择All Nets，即可查看PCB中所有的Nets数量及各网络的布线长度（Routed Length），如图6-154所示。

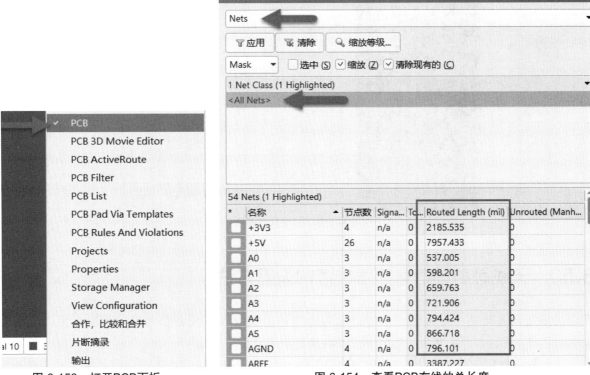

图 6-153　打开PCB面板　　　　　图 6-154　查看PCB布线的总长度

## 6.49　进行网络等长调节时提示Target Length Shorter Than Old Length，如何解决？

如图6-155所示，在做蛇形等长时，提示Target Length Shorter Than Old Length，如何解决？

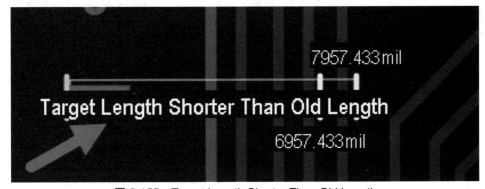

图 6-155　Target Length Shorter Than Old Length

**解决方法：**

这是因为等长设置的目标长度小于已有布线的长度，按Tab键，在Target Length中设置正确的目标长度即可，如图6-156所示。

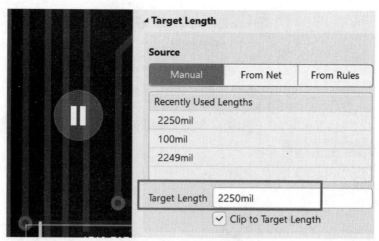

图 6-156　设置目标长度

## 6.50　天线等射频信号隔层参考的设置方法

在多层板设计当中，天线等射频信号为了满足阻抗控制，通常都要设置隔层参考，那么在 Altium Designer 19中如何实现天线射频信号的隔层参考设置呢？

（1）这里以一个6层板为例，内电层采用负片的形式。在Top层选中射频信号布线，执行"复制"命令，如图6-157所示。

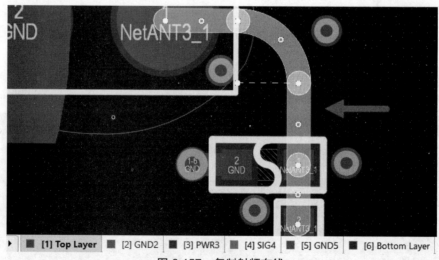

图 6-157　复制射频布线

（2）切换到射频布线的第二层GND02（如果射频布线在底层，则切换到上一层），执行"特殊粘贴"命令，按快捷键E+A。将射频布线粘贴到GND02层，相当于在GND02层绘制了与射频布线同等宽度的分割线，这样就能将射频布线下的GND02层挖空一个与射频布线等宽的区域，让其参考到第三层，如图6-158所示。通过3D状态下的效果图，可以清楚地看到实现了天线射频信号的隔层参考设置。

410

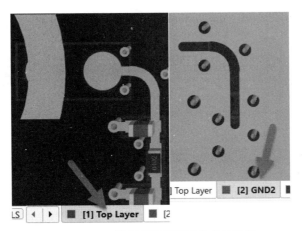

图 6-158　天线射频信号隔层参考的设置

小提示，如果内电层采用正片的形式，则是在天线射频信号的相邻层放置"多边形覆铜挖空区域"来实现隔层参考设置。

## 6.51　如何高亮网络类？

Altium Designer 19可以通过创建网络类来实现同一类型网络的归类，方便我们后期对其操作。那么，在PCB中如何高亮整个网络类呢？

打开PCB面板，选择Nets选项，单击任意一个网络类，即可高亮整个网络类，如图6-159所示。注意：需选择Mask模式才能高亮网络类。

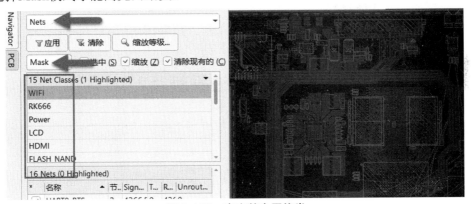

图 6-159　高亮整个网络类

## 6.52　如何设置指定器件的覆铜间距规则？

打开"PCB规则及约束编辑器[mil]"对话框，或者按快捷键D+R，在Clearance选项中新建一个规则，自定义Custom Query查询语句，可单独设置某个器件的覆铜间距，如图6-160所示。

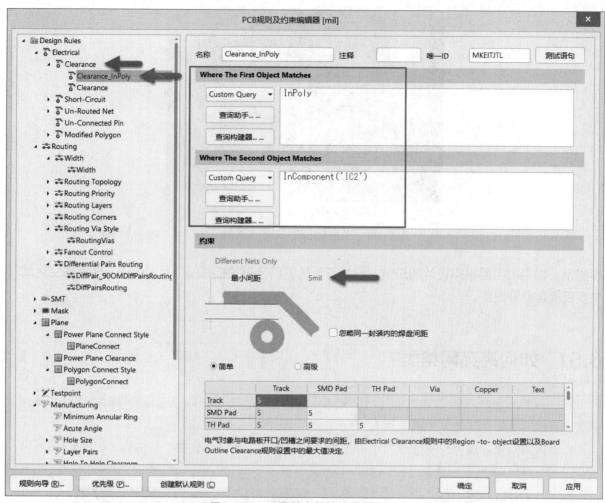

图 6-160　设置某个器件的覆铜间距

## 6.53　PCB 3D显示时，如何改变油墨颜色？

PCB在3D视图状态下，PCB上的默认油墨颜色是可以更改的，单击工具栏上的视图切换工具，可以切换不同颜色3D效果，如图6-161所示。

图 6-161　切换不同的3D效果

## 6.54 如何快速地放置圆形的覆铜挖空区域？

在Altium Designer 19放置多边形覆铜挖空区域时，直接放置是无法放置圆形区域的。这时可以借助Altium软件自带的转换工具将圆转换成圆形的Cutout。先绘制一个圆，然后选中该圆，执行菜单栏中的"工具"→"转换"→"从选择的元素创建非覆铜区域"命令，或者按快捷键T+V+T，即可生成圆形的覆铜挖空区域，如图6-162所示。

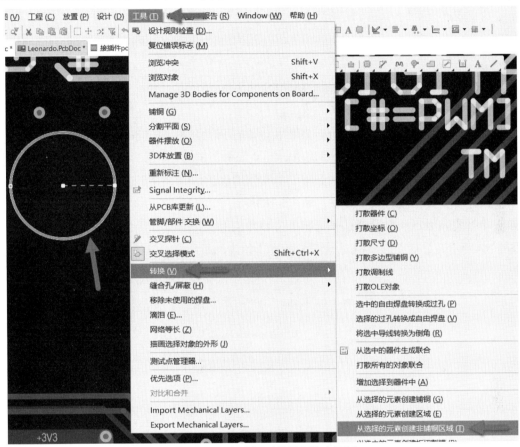

图 6-162　创建圆形的覆铜挖空区域

## 6.55 Altium Designer 19中Fill、Polygon Pour、Polygon Pour Cutout、Plane的区别是什么？

Fill：填充区域。表示绘制一块实心的铜皮，将区域中的所有连线和过孔连接在一块，而不考虑是否属于同一个网络。假如所绘制的区域中有VCC和GND两个网络，用Fill命令会把这两个网络的元素连接在一起，这样就有可能造成短路了。

Polygon Pour：覆铜。它的作用与Fill相近，也是绘制大面积的铜皮。但是区别在于覆铜能主动区分覆铜区域中的过孔和焊点的网络。如果过孔与焊点同属一个网络，覆铜将根据设定好的规则将过孔、焊点和铜皮连接在一起。反之，则铜皮与过孔和焊点之间会自动避让以保持安全距离。覆铜还能够自动删除死铜。

Polygon Pour Cutout：覆铜挖空区域。例如某些重要的网络或者元器件底部需要作挖空处理，如常见的RF信号、变压器下方区域、RJ-45下方区域通常需要作覆铜挖空处理。

Plane：平面层（负片）。适用于整板只有一个电源或者地网络。如果有多个电源或者地网络，则可以用无电气属性的线条在某个电源或者地区域画一个闭合框，然后双击这个闭合框，给这一区域分配相应的电源或者地网络（电源分割）。它比正片层可以减少很多工程数据量，在处理高速PCB时电脑的反应速度更快，在改板或者修改的过程中可以深刻体会到Plane的好处。

简言之，在电路板设计过程中，将各个工具互相配合使用可大大提高设计效率。

# 6.56　PCB中如何进行全局修改？

在电路设计过程中，往往需要修改一些参数，在相同元素数量较多的情况下，如果每个都单独修改，那么效率就会非常低，这时可以利用Altium全局修改的方法。

（1）可以使用"查找相似对象"功能，实现全局修改，选择某一对象，然后右击，在弹出的快捷菜单中执行"查找相似对象"命令，如图6-163所示。

在弹出"查找相似对象"对话框中选择需要设置的对象，将其改为Same，然后单击"确定"按钮，如图6-164所示，最后在弹出的对话框中修改其参数，即可统一修改具有相同属性的对象。

图 6-163　查找相似对象

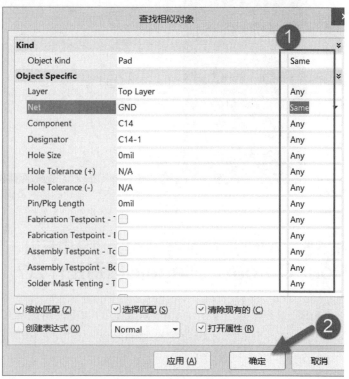

图 6-164　设置相似项

（2）还可以选中一部分内容，按快捷键F11，在弹出的对话框的All objects中筛选约束项，如图6-165所示，也能实现相似项统一修改的功能。

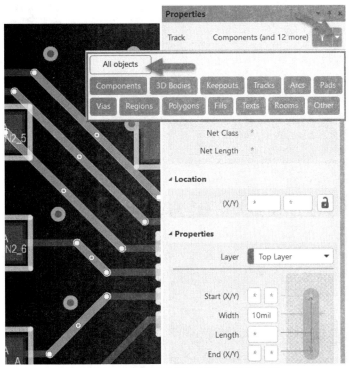

图 6-165　使用F11键实现统一修改参数

## 6.57　保存文件时提示File Save Failed无法保保存，如何解决？

Altium Designer 19软件在保存文件时，提示File Save Failed无法保存，这时候可以执行菜单栏中的"文件"→"另存为"命令，然后再将另存出去的文件添加到工程中即可，如图6-166所示。

图 6-166　添加已有文档到工程

## 6.58　BOM无法导出，提示Failed to open Excel template，如何解决？

如图6-167所示，Altium Designer 19输出BOM时，提示Failed to open Excel template，如何解决？

图 6-167　Failed to open Excel template

**解决方法:**

检查电脑中是否安装了Excel软件,如果没安装,则会提示导出报错。

## 6.59　PCB中存在违反规则的地方,软件却没有报错,如何解决?

PCB中违反规则不报错,基本都是DRC检查项设置问题,一般从三个方面去检查。

(1)按快捷键O+P,打开"优选项"对话框,检查"在线DRC"选项是否打开,如图6-168所示。

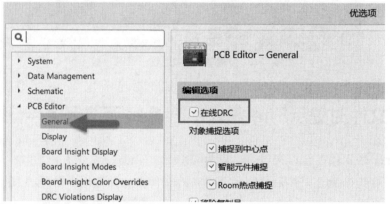

图 6-168　在线DRC选项

(2)按快捷键T+D,打开"设计规则检查器[mil]"对话框,查看对应的在线检查项是否被打开,如图6-169所示。

图 6-169　在线DRC检查项

（3）按快捷键O+P，打开"优选项"对话框，在PCB Editor选项下的DRC Violations Display选项中检查对应的"冲突细节"和"冲突Overlay"是否打开，如图6-170所示。

图 6-170　选择DRC冲突显示样式

## 6.60　PCB筛选功能的使用方法

Altium Designer 19软件在PCB属性Properties面板运用全新的对象过滤器，如图6-171所示。使用该过滤器，用户可以筛选想要在PCB中显示的对象。单击下拉列表中的对象，没有被使能的对象将被筛选出来，在PCB中将不会被用户选中。

图 6-171　过滤器工具

# 6.61  PCB Filter功能的使用方法

在Altium Designer 19的PCB编辑器中，使用PCB Filter面板，根据输入的查询条件，整体选中符合条件的PCB板内对象，然后利用PCB list或者PCB inspector可以整体编辑，修改选中对象的属性。如图6-172所示为PCB Filter面板。

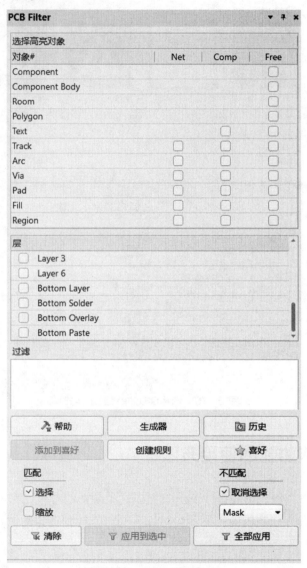

图 6-172　PCB Filter面板

"选择高亮对象"在"对象"栏勾选对应的复选框，在中间"过滤"栏中自动生成查询语句，然后单击底部的"全部应用"按钮，即可在PCB编辑界面中显示高亮状态，如图6-173所示。

"帮助"按钮，单击"帮助"按钮弹出查询助手对话框，如图6-174所示。在Categories（类别）中选择需要的类，在列出的分类中双击需要的选项，软件会自动生成查询语句，显示在上面的Query栏中，单击左下角的Check Syntax语法检查，可以检验语法是否正确，正确无误后单击OK按钮，运行过滤。

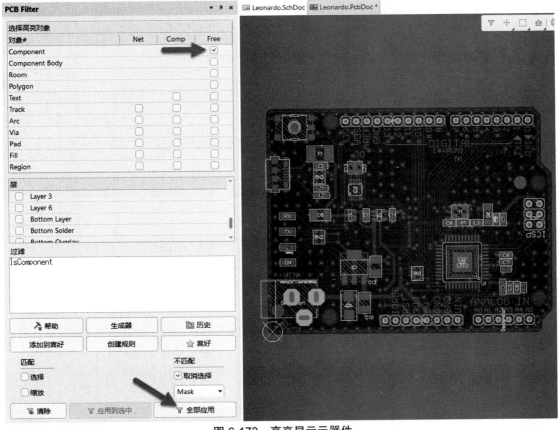

图 6-173 高亮显示元器件

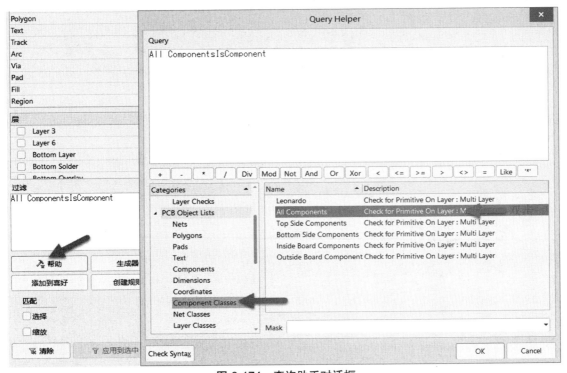

图 6-174 查询助手对话框

单击"生成器"按钮，可以在条件类型/操作符下面选择需要的对象，Query查询预览自动生成的查询逻辑语句并显示在"过滤"矩形框中。单击"确定"按钮，即可得到相应的过滤语句，如图6-175所示。

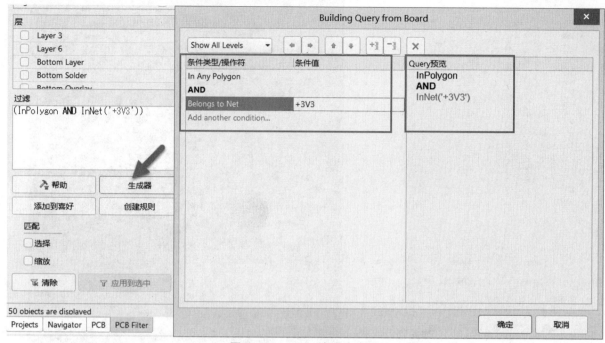

**图 6-175　Query查询生成器**

单击History按钮，可以查看之前的查询语句。单击"Add To Favorites"按钮，把现在的查询语句收藏起来供以后使用，如图6-176所示。

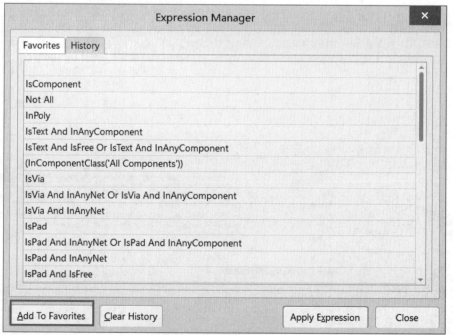

**图 6-176　历史查询语句**

单击Favorites按钮，可以打开收藏夹，可以使用之前收藏进来的查询语句，如图6-177所示。

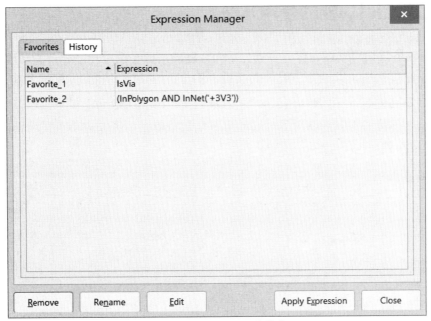

图 6-177　查询语句收藏夹

单击"创建规则"按钮，可以对现在查询到的网络或者元器件等设立规则，如图6-178所示。

图 6-178　为查询到的对象设立规则

勾选"匹配"下面的"选择"或者"缩放"复选框，可以将匹配到的过滤对象变成被选中的高亮状态。

单击Mask按钮：把不匹配的对象屏蔽，被屏蔽的对象将不能被选择和编辑。在某些场合，屏蔽的功能很有用。例如，用户可以先将不需要的对象屏蔽，这样就可以更快地选中需要的对象。

## 6.62　PCB List功能的使用方法

PCB List面板可以让用户以表格的方式显示当前PCB文档中的设计对象，当与PCB Filter面板结合使用时，更是检视和编辑多个设计对象的强有力工具。与PCB Inspector面板不同，在PCB List面板中，对象不必以它们被选中的顺序显示（或者编辑）。PCB List面板显示了PCB中的全部对象，每一个对象的属性条目特别多，以至于远远超出屏幕显示范围，需要拉动水平滚动条查看超出屏幕的条目。PCB List面板如图6-179所示。

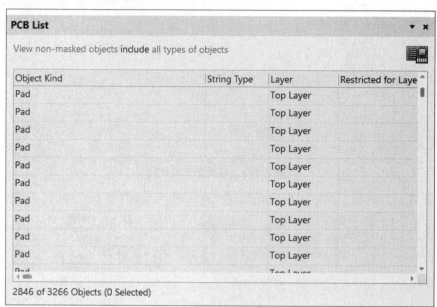

图 6-179　PCB List面板

图中左上角的View表示当前只能查看，不能修改。单击View可以切换成Edit，此时List表中的各项数据可以编辑、修改。

non-masked objects：显示非屏蔽对象。

selected objects：显示选中的对象。

all objects：显示PCB全部对象。

include all types of objects：显示全部的对象类型，单击它，还可以选择"仅显示"选项。切换为"仅显示"状态，选中Component和PAD，则PCB List仅显示元器件和焊盘。PCB板内全部零件和焊盘，都显示在List列表中，可以对任一元器件、任一焊盘的任一项参数进行修改。

当用户在 PCB 编辑器中选择了对象，那么相应地在表格区域的这些对象行也会处于选中状态。这些选中对象的所有单元格将会使用灰色的背景色与其他的对象加以区别。在编辑模式下，可以在面板的相应单元格对对象的属性进行编辑。可以单击单元格选中它，然后右键选择Edit，或者再单击一次可以直接编辑属性值。根据不同的属性，有时需要键入数值，有时需要切换复选框的状态，有时需要从下拉菜单中确定选项。按Enter键或者单击被编辑单元格外的任意地方，会使变化生效。

使用 PCB List 面板的一个好处是，当编辑对象属性时，面板始终处于打开状态，如果需要的话，可以对不同属性逐个进行编辑，而不需要每次都关闭，然后重新打开对象的属性对话框。

使用 PCB List 面板的另一个好处是可以在同一个地方编辑不同对象的属性，而不需要每次编辑时一次次打开相应对象的属性对话框。被选中的对象可以是相同或者不同类型，所有这些被选中对象的共有属性会被显示在面板中。在需要修改的对象中选中需要修改的单元格，确定需要修改的共有属性，然后右击，执行 Edit 命令或者直接按 F2 键（或者空格键），对聚焦对象的属性进行编辑（该单元格会以虚线轮廓显示）。单击该单元格外的任何地方或者按 Enter 键，使更改生效，用户所作的更改随后将会立即应用到其他的被选中对象上。

## 6.63　如何打开/关闭PCB白色页面？

（1）执行菜单栏中的"设计"→"板参数选项"命令，或者按快捷键D+O，打开"板选项[mil]"对话框，如图6-180所示。

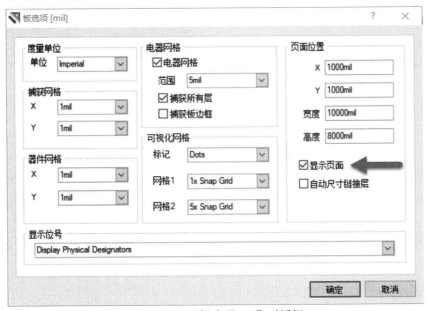

图 6-180　"板选项[mil]"对话框

（2）在"板选项[mil]"对话框中勾选/取消勾选"显示页面"复选框，即可在PCB中打开/关闭白色页面，如图6-181所示。

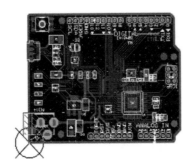

图 6-181　显示页面效果

## 6.64　如何修改PCB中板子外形（黑色区域）的大小？

在PCB中定义了PCB的外形后，如需进行拼板设计，该如何调整PCB中板子外形（黑色区域）的大小？

如果是Altium Designer 09软件，直接执行菜单栏中的"设计"→"板子形状"→"重新定义板子外形"命令，或者按快捷键D+S+R，如图6-182所示。

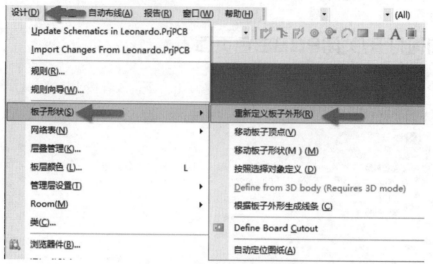

图 6-182　重新定义板子外形

这时光标变成十字形状，并且PCB编辑界面变成灰色，用光标重新绘制一个闭合区域即可调整板子外形的大小。

如果是Altium Designer 19版本的软件，在2D模式下"设计"菜单栏下是没有"重新定义板子外形"这一选项的，需在PCB编辑界面按数字键1，进入板子规划模式，然后才能调整板子外形大小。执行菜单栏中的"设计"→"重新定义板子形状"命令，或者按快捷键D+R，光标变成十字形状，重新绘制一个闭合区域即可调整板子外形大小。

## 6.65　Altium Designer 19如何设置板边间距规则？

定义PCB上的布线，覆铜等到PCB边的距离，除了可以按照上文中的方法设定查询语句规则外，在Altium Designer 19中已经可以直接设定PCB边间距规则，使用起来更加的方便快捷。

（1）打开"PCB规则及约束编辑器[mil]"对话框，或者按快捷键D+R，在Manufacturing选项下的Board Outline Clearance规则就是定义板边间距的规则，如图6-183所示。

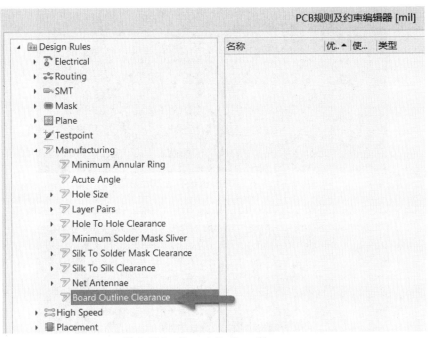

图 6-183　Board Outline Clearance

（2）在Board Outline Clearance上右击，在弹出的快捷菜单中选择"新建规则"命令，可以看到规则中可以定义各对象到板边的距离，为方便演示，这里将所有对象到板边的距离设定为20 mil，如图6-184所示。

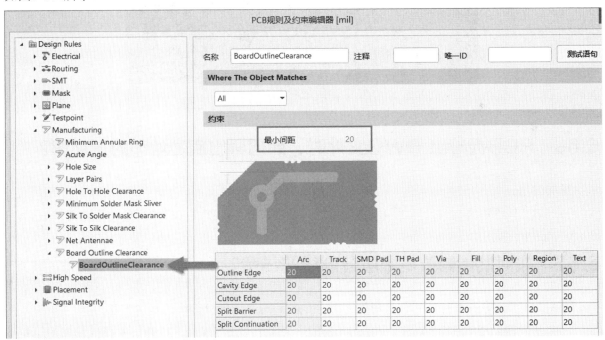

图 6-184　设定板边间距

（3）规则设定好之后，在PCB中布线靠近板边，如果小于20 mil的规则设定值，则出现DRC报错，如图6-185所示。

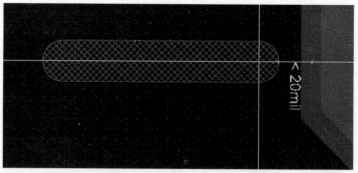

图 6-185　布线距离板边小于20mil报错

（4）在PCB中覆铜，铜皮也是按照20 mil的板边间距内缩，如图6-186所示。

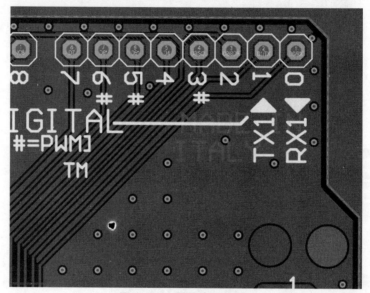

图 6-186　覆铜内缩20mil

## 6.66　PCB板导出.DWG文件时，如何导出底层丝印的正视图？

**解决方法：**

在PCB文件中将底层的器件丝印做镜像处理，或者在导出的DXF文件中再做镜像处理。

## 6.67　如何批量修改电源层分割线的线宽？

在Altium Designer 19版本中修改电源层划分电源和地平面的分割线的线宽方法为：

首先在电源层中选中需要修改线宽的分割线，然后按快捷键F11，在弹出的属性编辑对话框的右上角将过滤器调出来，然后只选择Tracks选项，即可弹出线宽修改对话框，如图6-187所示。

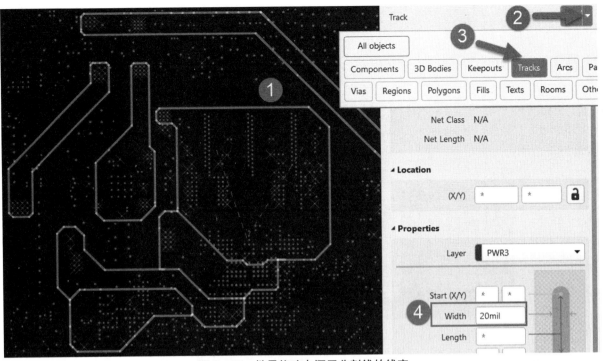

图 6-187  批量修改电源层分割线的线宽

在Altium Designer 19版本中修改电源层划分电源和地平面的分割线的线宽方法为：

首先在电源层中选中需要修改线宽的分割线，然后按快捷键F11，弹出PCB Inspector面板，在Include only中选择Track，即可弹出统一修改线宽的对话框，如图6-188所示。

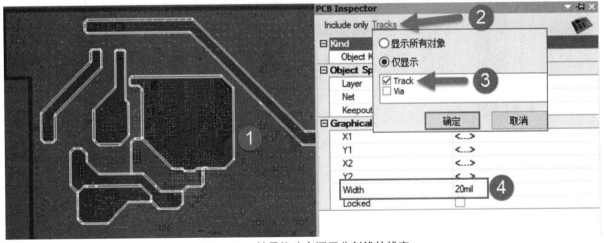

图 6-188  批量修改电源层分割线的线宽

## 6.68  Altium Designer 19中From-To Editor无法显示长度，如何解决？

这是因为新版本Altium Designer 19软件的From-To Editor功能不能用，需要低版本的Altium

Designer 09软件才能使用。

## 6.69　Altium Designer 19三种测量距离方式的区别

在Altium Designer 19中主要有三种测量距离的方式，第一种是点到点的距离测量，执行菜单栏中的Reports（报告）→Measure Distance（测量距离）命令，或者按快捷键为R+M或者Ctrl+M。依次点选两个电阻的焊盘中心，就可以测量出这两个焊盘的中心距离，如图6-189所示。

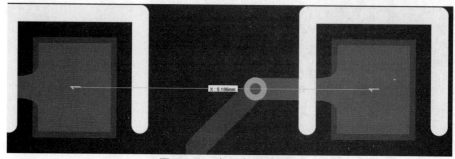

图 6-189　点到点测量距离

另一种是边缘到边缘的距离测量，执行菜单栏中的Reports（报告）→Measure Primitives（测量）命令，或者按快捷键为R+P。光标先变成十字形状，然后选中需要测量距离的两个对象，软件会计算两个对象之间的最短距离，如图6-190所示，执行测量命令，依次选中两个焊盘后得到焊盘边缘到边缘的距离。

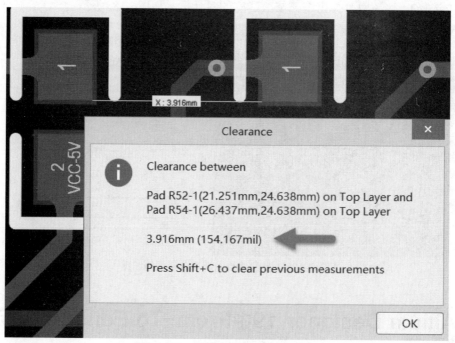

图 6-190　测量边缘到边缘的距离

最后一种主要可以用来测量线的总长度，执行菜单栏中的Reports（报告）→Measure Selected Objects（测量选中的对象）命令，或者按快捷键R+S。首先选中要测量的线，可包含圆弧等其他曲线，使用测量命令后，可得到线的总长度，如图6-191所示。这个功能还可以用于测量等长布线的总长度。

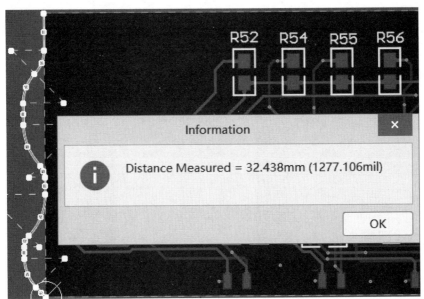

图 6-191　测量选中对象的长度